教材+教案+授课资源+考试系统+题库+教学辅助案例
一站式 IT 系列就业应用课程

PHP 程序设计基础教程

PHP CHENGXU SHEJI JICHU JIAOCHENG

传智播客高教产品研发部　编著

中国铁道出版社有限公司
CHINA RAILWAY PUBLISHING HOUSE CO., LTD.

内 容 简 介

PHP 是一种运行于服务器端并完全跨平台的嵌入式脚本编程语言，是目前开发各类 Web 应用的主流语言之一。本书就是面向 PHP 初学者特别推出的一本入门教材。本书站在初学者的角度，以形象的比喻、丰富的图解、实用的案例、通俗易懂的语言详细讲解了 PHP 语言。

全书共分 12 章，第 1～6 章主要讲解了 PHP 的基础知识，包括开发环境的搭建、PHP 基本语法、PHP 函数、数组、面向对象编程思想以及如何在 PHP 开发过程中处理错误和调试代码。第 7～12 章则围绕 PHP 在 Web 开发中的一些高级知识展开讲解，包括 HTTP 协议、PHP 与 Web 页面交互，PHP 会话技术、正则表达式、文件操作以及强大的图像处理技术。

本教材附有配套视频、源代码、习题、教学课件等资源，而且为了帮助初学者更好地学习本教材中的内容，还提供了在线答疑，希望得到更多读者的关注。

本书适合作为高等院校计算机相关专业程序设计技术或者面向对象程序设计课程的教材，也可作为 PHP 技术基础的培训教材，是一本适合广大计算机编程爱好者的优秀读物。

图书在版编目（CIP）数据

PHP 程序设计基础教程 / 传智播客高教产品研发部编著. — 北京：中国铁道出版社，2014.8（2022.8 重印）
ISBN 978-7-113-18570-1

Ⅰ. ①P… Ⅱ. ①传… Ⅲ. ①PHP 语言-程序设计-高等学校-教材 Ⅳ. ①TP312

中国版本图书馆 CIP 数据核字（2014）第 188733 号

书　　名：PHP 程序设计基础教程
作　　者：传智播客高教产品研发部

策　　划：严晓舟　翟玉峰	编辑部电话：（010）83517321	
责任编辑：翟玉峰　贾淑媛		
封面设计：徐文海		
封面制作：白　雪		
责任印制：樊启鹏		

出版发行：中国铁道出版社有限公司（100054，北京市西城区右安门西街 8 号）
网　　址：http://www.tdpress.com/51eds/
印　　刷：三河市兴博印务有限公司
版　　次：2014 年 8 月第 1 版　2022 年 8 月第 16 次印刷
开　　本：787mm×1092mm　1/16　印张：17.25　字数：412 千
印　　数：65 001～69 000 册
书　　号：ISBN 978-7-113-18570-1
定　　价：40.00 元（含盘）

本书的创作公司——江苏传智播客教育科技股份有限公司（简称"传智教育"）作为第一个实现 A 股 IPO 上市的教育企业，是一家培养高精尖数字化专业人才的公司，公司主要培养人工智能、大数据、智能制造、软件、互联网、区块链、数据分析、网络营销、新媒体等领域的人才。公司成立以来紧随国家科技发展战略，在讲授内容方面始终保持前沿先进技术，已向社会高科技企业输送数十万名技术人员，为企业数字化转型、升级提供了强有力的人才支撑。

公司的教师团队由一批拥有 10 年以上开发经验，且来自互联网企业或研究机构的 IT 精英组成，他们负责研究、开发教学模式和课程内容。公司具有完善的课程研发体系，一直走在整个行业的前列，在行业内竖立起了良好的口碑。公司在教育领域有两个子品牌：黑马程序员和院校邦。

一、黑马程序员——高端 IT 教育品牌

"黑马程序员"的学员多为大学毕业后想从事 IT 行业，但各方面条件还不成熟的年轻人。"黑马程序员"的学员筛选制度非常严格，包括了严格的技术测试、自学能力测试，还包括性格测试、压力测试、品德测试等。百里挑一的残酷筛选制度确保了学员质量，并降低了企业的用人风险。

自"黑马程序员"成立以来，教学研发团队一直致力于打造精品课程资源，不断在产、学、研三个层面创新自己的执教理念与教学方针，并集中"黑马程序员"的优势力量，有针对性地出版了计算机系列教材百余种，制作教学视频数百套，发表各类技术文章数千篇。

二、院校邦——院校服务品牌

院校邦以"协万千名校育人、助天下英才圆梦"为核心理念，立足于中国职业教育改革，为高校提供健全的校企合作解决方案。主要包括：原创教材、高校教辅平台、师资培训、院校公开课、实习实训、协同育人、专业共建、传智杯大赛等，形成了系统的高校合作模式。院校邦旨在帮助高校深化教学改革，实现高校人才培养与企业发展的合作共赢。

（一）为大学生提供的配套服务

（1）请同学们登录"高校学习平台"，免费获取海量学习资源。平台可以帮助高校学生解决各类学习问题。

高校学习平台

（2）针对高校学生在学习过程中的压力等问题，院校邦面向大学生量身打造了 IT 学习小助手——"邦小苑"，可提供教材配套学习资源。同学们快来关注"邦小苑"微信公众号。

"邦小苑"微信公众号

（二）为教师提供的配套服务

（1）院校邦为所有教材精心设计了"教案+授课资源+考试系统+题库+教学辅助案例"的系列教学资源。高校老师可登录"高校教辅平台"免费使用。

高校教辅平台

（2）针对高校教师在教学过程中存在的授课压力等问题，院校邦为教师打造了教学好帮手——"传智教育院校邦"，可搜索公众号"传智教育院校邦"，也可扫描"码大牛"老师微信（或 QQ：2770814393），获取最新的教学辅助资源。

"码大牛"老师微信号

三、意见与反馈

为了让教师和同学们有更好的教材使用体验，如有任何关于教材的意见或建议请扫描下方二维码进行反馈，感谢对我们工作的支持。

"教材使用体验感反馈"二维码

黑马程序员

PHP 是一种运行于服务器端并完全跨平台的嵌入式脚本编程语言，具有开源免费、易学易用、开发效率高等特点，是目前 Web 应用开发的主流语言之一。

PHP 广泛应用于动态网站开发，在互联网中常见的网站类型，如门户、微博、论坛、电子商务、SNS（社交）等都可以用 PHP 实现。目前，从各大招聘网站的信息来看，PHP 的人才需求量还远远没有被满足。PHP 程序员还可以通过混合式开发 App 的方式，将业务领域扩展到移动端的开发（兼容 Android 和 iOS），未来发展前景广阔。

为什么要学习本书

对于网站开发而言，在浏览器端使用 HTML、CSS、JavaScript 语言，在服务器端使用 PHP 语言、MySQL 数据库，就能够完整开发一个网站。

本书讲解了 PHP 语言的基础部分。作为一种技术的入门教程，最重要也最难的一件事情就是要将一些非常复杂、难以理解的思想和问题简单化，让初学者能够轻松理解并快速掌握。本教材对每个知识点都进行了深入的分析，并针对每个知识点精心设计了相关案例，然后模拟这些知识点在实际工作中的运用，真正做到了知识的由浅入深、由易到难。

如何使用本书

本书面向具有 HTML+CSS 网页制作、JavaScript 编程基础的读者，还不熟悉相关内容的读者可以配合同系列教材进行学习。

全书共分为 12 个章节，接下来分别对每个章节进行简单地介绍，具体如下：

（1）第 1 章主要介绍了 PHP 语言的特点及 PHP 开发环境的搭建。通过本章的学习，初学者可以简单地认识 PHP 语言，熟练地使用编辑工具编写一个简单的 PHP 程序。

（2）第 2 章主要讲解了 PHP 的基本语法。无论任何一门语言，其基本语法都是最重要的内容。在学习基本语法时，一定要做到认真学习每一个知识点，切忌走马观花，粗略地阅读章节内容，那样达不到任何学习效果。

（3）第 3 章、第 4 章主要讲解了 PHP 中的函数与数组，这两章在 PHP 开发中也是至关重要的，只有掌握好这部分内容，才能在 PHP 开发中实现特定的功能。

（4）第 5 章主要讲解了面向对象编程，由于这章内容以编程思想为主，初学者需要花费大量的精力来理解其中讲解的内容。

（5）第 6 章主要讲解了错误处理及其调试。在 PHP 开发中，难免遇到程序出错的情况，掌握好错误的处理方式及其调试，在后续开发中尤为重要。

（6）第 7 ~ 12 章为 PHP 中的 Web 开发，认真学习这些章节的内容可以帮助初学者开发一些简单的应用，具备一些实用的开发经验。

在上面所提到的 12 个章节中，第 1 ~ 6 章主要是针对 PHP 基础进行讲解，这些章节的知识点多而细，需要多动手练习，奠定扎实的 PHP 基础。第 7 ~ 12 章是对 PHP 中 Web 知识的相关讲解，这些章节的内容比较复杂，希望初学者多加思考，认真完成教材中所讲解的每个案例。

在学习过程中，读者一定要亲自实践本书中的案例代码。如果不能完全理解书中所讲知识，读者可以登录高校学习平台，通过平台中的教学视频进行深入学习。学习完一个知识点后，要及时在高校学习平台上进行测试，以巩固学习内容。

另外，如果读者在理解知识点的过程中遇到困难，建议不要纠结于某个地方，可以先往后面学习。通常来讲，通过逐渐的学习，前面不懂和疑惑的知识也就能够理解了。在学习编

程语言的过程中，一定要多动手实践，如果在实践的过程中遇到问题，建议多思考，理清思路，认真分析问题发生的原因，并在问题解决后总结出经验。

致谢

本书的编写和整理工作由传智播客教育科技有限公司高教产品研发部完成，主要参与人员有徐文海、高美云、陈欢、张绍娟、王春生、贡宗新、王龙、马丹、黄云、孙洪乔、韩顺平、王超平、郭冠召、韩忠康等，全体人员在这近一年的编写过程中付出了很多辛勤的汗水，在此一并表示衷心的感谢。

意见反馈

尽管我们尽了最大的努力，但本教材中难免会有不妥之处，欢迎各界专家和读者朋友们来信来函给予宝贵意见，我们将不胜感激。您在阅读本书时，如发现任何问题或有不认同之处可以通过电子邮件与我们取得联系。

请发送电子邮件至：itcast_book@vip.sina.com。

传智播客教育科技有限公司　高教产品研发部

2014-06-10 于北京

目录

学习目标

- 熟悉 PHP 语言的特点。
- 掌握 PHP 开发环境的搭建。
- 掌握 PHP 程序的编写。

PHP 是一种服务器端的脚本编程语言。自 PHP5 正式发布以来，PHP 以其方便快速的风格、丰富的函数功能和开放的源代码迅速在 Web 系统开发中占据了重要地位，成为世界上最流行的 Web 应用编程语言之一。本章将针对 PHP 的特点、开发环境以及如何开发一个简单的 PHP 程序进行详细讲解。

1.1 PHP 基础知识

1.1.1 Web 技术

在揭开 PHP 语言的神秘面纱之前，先来认识一下什么是 Web 技术。Web 的本意是蜘蛛网，在计算机领域中称为网页。Web 是一个由许多互相链接的超文本文件组成的系统，通过互联网访问。在这个系统中，每个有用的文件，称为一样"资源"，并且由一个"通用资源标识符"（URI）进行定位，这些资源通过超文本传输协议（Hypertext Transfer Protocol，HTTP）传送给用户，而用户通过单击链接来获得资源。

在学习 PHP 开发之前，有必要先了解一下 Web 开发过程中涉及的基础知识，如软件架构、URL、HTTP 等。这些知识在 Web 开发中非常重要，下面分别进行讲解。

1. B/S 和 C/S 架构

在进行软件开发时，会有两种基本架构，即 C/S 架构和 B/S 架构。C/S 架构是 Client/Server 的简写，即客户机/服务器端的交互；B/S 架构是 Browser/Server 的简写，即浏览器/服务器端的交互。

2. URL 地址

在 Internet 上的 Web 服务器中，每一个网页文件都有一个访问标记符，用于唯一标识它的访问位置，以便浏览器可以访问到，这个访问标记符称为 URL（Uniform Resource Locator，统一资源定位符）。在 URL 中，包含了 Web 服务器的主机名、端口号、资源名以及所使用的网络协议，具体示例如下：

```
http://www.itcast.cn:80/index.html
```

在上面的 URL 中，"http"表示传输数据所使用的协议，"www.itcast.cn"表示要请求的服务器主机名，"80"表示要请求的端口号，"index.html"表示要请求的资源名称。

3. HTTP 协议

浏览器与 Web 服务器之间的数据交互需要遵守一些规范，HTTP 就是其中的一种规范，它是由 W3C 组织推出的，它专门用于定义浏览器与 Web 服务器之间数据交换的格式。

1.1.2 PHP 概述

PHP 是全球网站使用最多的脚本语言之一，全球前 100 万的网站中，有超过 70%的网站是使用 PHP 开发的，表 1-1 列举了一些国内外大型网站使用的开发语言。

表 1-1　大型网站使用的开发语言

网　站	语　言	网　站	语　言
新浪	PHP/Java	猫扑	PHP/Java
雅虎	PHP	赶集网	PHP
网易	PHP/Java	百度	PHP/Java/C/C++
谷歌	C/Python/Java/PHP	Facebook	PHP/C++/Java/Python
腾讯	PHP/Perl/C/Java	阿里巴巴	Java/PHP
搜狐	PHP/C/Java	淘宝网	Java/PHP

从表 1-1 中的数据可以看出，这些知名大型网站都使用 PHP 作为其开发的脚本语言之一，可见 PHP 的使用非常广泛。PHP 能如此流行的主要原因是它易学、易用、易扩展。那么，PHP 是从何而来的呢？PHP 最初为 Personal Home Page 的缩写，表示个人主页，于 1994 年由 Rasmus Lerdorf 创建。程序最初用来显示 Rasmus Lerdorf 的个人履历以及统计网页流量。后来又用 C 语言重新编写，并可以访问数据库。它将这些程序和一些表单直译器整合起来，称为 PHP/FI。

从最初的 PHP/FI 到现在的最新版本 PHP 5.6，PHP 经过多次重新编写和改进，发展十分迅猛，一跃成为当前最流行的服务器端 Web 程序开发语言，并且与 Linux、Apache 和 MySQL 一起共同组成了一个强大的 Web 应用程序平台，简称 LAMP。随着开源潮流的蓬勃发展，开放源代码的 LAMP 已经与 Java EE 和.NET 形成三足鼎立之势，并且该软件开发的项目在软件方面的投资成本较低，因此受到整个 IT 界的关注。从网站的流量上来说，70%以上的访问流量是由 LAMP 来提供的，LAMP 是最强大的网站解决方案。

PHP 之所以应用广泛，受到大众的欢迎，是因为它具有很多突出的特点，具体如下：

1. 开源免费

和其他技术相比，PHP 是开源的，并且免费使用，所有的 PHP 源代码都可以免费得到。

2. 跨平台性

PHP 的跨平台性很好，方便移植，在 Linux 平台和 Windows 平台上都可以运行。

3. 面向对象

由于 PHP 提供了类和对象的特征，使用 PHP 进行 Web 开发时，可以选择面向对象方式编程，在 PHP4、PHP5 中，面向对象方面都有了很大的改进，现在 PHP 完全可以用来开发大型商业程序。

4. 支持多种数据库

由于 PHP 支持 ODBC，因此 PHP 可以连接任何支持该标准的数据库，如 Oracle、SQL Server、DB2 和 MySQL 等。其中，PHP 与 MySQL 是最佳搭档，使用得最多。

5. 快捷性

PHP 中可以嵌入 HTML，而且编辑简单、实用性强、程序开发快，更适合读者。目前有很多流行的基于 MVC 架构模式的 PHP 框架，国外的如 Zend Framework、CakePHP、Yii、Symfony、CodeIgniter 等，国内也有比较流行的框架，例如 ThinkPHP。

1.1.3　常用编辑工具

工欲善其事，必先利其器，一个好的编辑器或开发工具，能够极大提高程序开发效率。在 PHP 中，常用的编辑工具有 Editplus、Notepad++和 Zend Studio，接下来将分别介绍它们的特点。

1. Editplus

EditPlus 是一款由韩国 Sangil Kim（ES-Computing）出品的小巧但是功能强大的可处理文本、HTML 和程序语言的 Windows 编辑器，甚至可以通过设置用户工具将其作为 C、Java、PHP 等语言的一个简单的 IDE。

2. Notepad++

Notepad++是一款 Windows 环境下免费开源的代码编辑器，支持的语言包括 C/C++、Java、C#、XML、HTML、PHP、JavaScript 等。

3. Zend Studio

Zend Studio 是专业开发人员在使用 PHP 整个开发周期中唯一的集成开发环境（IDE），它包括了 PHP 所有必需的开发组件。通过一整套编辑、调试、分析、优化和数据库工具，Zend Studio 加速开发周期，并简化复杂的应用方案。

在上述三种编辑工具中，Editplus 和 Notepad++的特点是小巧，占用资源较少，非常适合读者使用。而 Zend Studio 虽然功能强大，但过于庞大，占用较多资源，使用也较为复杂，适合于专业的开发人员使用。推荐读者使用 Editplus，本书的代码均是使用 Editplus 来进行编辑的。

1.2　PHP 开发环境搭建

在使用 PHP 语言开发程序之前，首先要在系统中搭建开发环境。通常情况下开发人员使用的都是 Windows 平台，在 Windows 平台上搭建 PHP 环境需要安装 Apache 服务器和 PHP 软件。通常有两种安装方式：一种是集成安装；一种是自定义安装。采用集成开发环境安装的方式非常简单，但不够灵活，同时也不利于学习，所以本节将以自定义安装为例讲解如何搭建 PHP 开发环境。

1.2.1　Apache 的安装

Apache 是一款 Web 服务器软件，它几乎可以运行在所有的计算机平台上，由于其跨平台和安全性，所以被广泛应用。Apache 有很多版本，本书以 Apache 2.2.22 版本为例，来详细讲解 Apache 软件的安装步骤。

1. 准备工作

首先在系统 C 盘根目录下创建一个名为 lamp 的文件夹，作为 PHP 开发环境的安装位置，并创建 apache2 子文件夹，将 Apache 安装到此文件夹中进行管理。

2. 开始安装

双击从 Apache 官网下载的安装文件"httpd-2.2.22-win32-x86-no_ssl.msi"，进入安装向导的欢迎界面，如图 1-1 所示。

单击图 1-1 中的"Next"按钮即可到下一步安装，如图 1-2 所示。

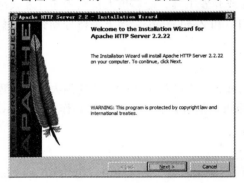

图 1-1　Apache 安装向导的欢迎界面　　图 1-2　安装使用许可条款对话框

选择图 1-2 中的"I accept the terms　in the license agreement"单选按钮，即确认同意软件安装使用许可条例，单击"Next"按钮，弹出 Apache 安装到 Windows 上的使用须知对话框，如图 1-3 所示。

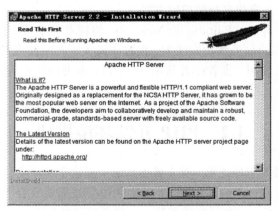

图 1-3　Apache 使用须知对话框

单击图 1-3 中的"Next"按钮继续安装，弹出设置系统信息对话框，要求输入网络域名、服务器的主机名和 Web 服务器管理员的电子邮件地址三个基本的配置参数，以及是否要使用 80 端口的选项。这些信息是必须添写的，需要填写的这三条信息均可任意填写，无效的也行。

在第一个输入框中输入域名，第二个输入框中填入服务器名称，第三个输入框中要填入的是电子邮件地址，当系统出现故障时会自动发送邮件到该地址。最后要选择 Web 服务器的端口，使用默认的 80 端口，并作为系统服务自动启动。另外一个选项是仅为当前用户安装使用端口 8080，手动启动。

单击图 1-4 中的"Next"按钮，弹出选择安装类型对话框，"Typical"为默认安装，"Custom"为用户自定义安装，这里选择"Typical"类型，如图 1-5 所示。

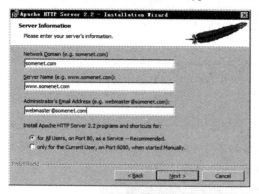
图 1-4　设置系统信息对话框

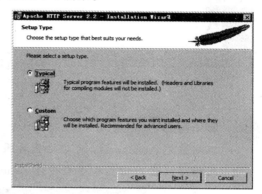
图 1-5　选择安装类型对话框

单击图 1-5 中的"Next"按钮，弹出选择安装位置对话框，这里可以选择安装的位置。这里将 Apache 安装的位置设置为前面创建好的"C:\lamp\apache2"目录下，如图 1-6 所示。

单击图 1-6 中的"Next"按钮，弹出确认安装对话框，如图 1-7 所示。

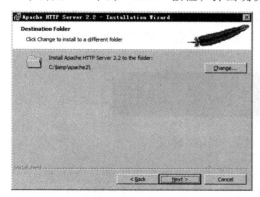
图 1-6　选择安装位置对话框

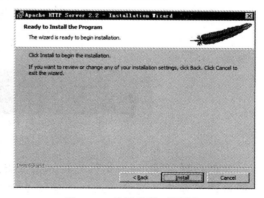
图 1-7　确认安装对话框

3. 安装完成

单击图 1-7 中的"Install"按钮开始安装，弹出正在安装界面，请耐心等待，直到出现如图 1-8 所示安装向导成功完成的画面，说明安装完成。这时，在 Windows 系统任务栏右下角状态栏应该出现 Apache 的绿色小图标管理工具，表示 Apache 服务已经开始运行，单击"Finish"按钮结束 Apache 的软件安装。

在浏览器地址栏中输入"http://localhost/"后按【Enter】键，如果看到图 1-9 所示的画面，说明 Apache 安装成功。

图 1-8　安装结束界面

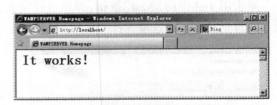

图 1-9　在浏览器中访问 localhost

脚下留心

　　在安装完 Apache 后，可能会出现服务启动不了的情况，这时需要查看一下端口号占用情况，在 cmd 控制窗口中输入 netstat -ano，如图 1-10 所示。

图 1-10　80 端口被占用的进程

　　看到是进程 ID 为 3664 的程序占用了 80 端口，然后按【Ctrl+ C】组合键结束当前操作，再输入 tasklist，这时会显示所有的进程和对应的 PID，如图 1-11 所示。

图 1-11　进程 ID 对应的程序名称

　　然后找到 3664，看到是 tomcat 占用了 80 端口，在任务管理器中找到这个 PID 所对应的程序，将其停止，这里以示例环境为例，读者在启动时可能会是其他的程序占用了端口 80，请根据实际情况灵活运用，然后再重新启动 Apache。

多学一招：启动 Apache 服务

　　默认情况下，Apache 是随 Windows 系统开机而启动的，实际上经常需要关闭或者重启 Apache 服务，以下几种方式都可以完成这些操作。

　　（1）使用 Apache 自带的 Monitor 工具，如图 1-12 所示。

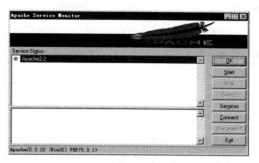

图 1-12　Apache Service Moniter 操作界面

（2）单击"开始"按钮，选择"所有程序"→"Apache HTTP Server 2.2"→"Control Apache Server"下面的"Stop"停止、"Start"开启或者"Restart"重新启动。

（3）还可以使用 Windows 服务来管理，右击"我的电脑"，在弹出的快捷菜单中选择"管理"→"服务和应用程序"→"服务"命令，找到 Apache2.2 服务，如图 1-13 所示，右击，在弹出的快捷菜单中可以进行停止、开启或者重新启动等操作。

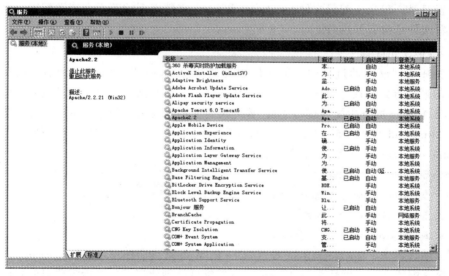

图 1-13　通过 Windows 服务器管理 Apache

1.2.2　Apache 的配置

在 1.2.1 节已经详细讲解了 Apache 的安装方法，除了安装步骤本身之外，其服务器的配置也是十分重要的。本节以 Windows 平台下安装的 Apache 服务器为例，介绍其配置和使用的基本过程，包括 Apache 服务器的目录结构、虚拟主机配置以及访问权限配置。

1. Apache 服务器目录结构

在正式配置 Apache 服务器之前，首先了解一下 Apache 的目录结构，各目录的作用及说明如表 1-2 所示。

表 1-2　Apache 各目录作用说明

目 录 名	说 　　　明
bin	Apache 执行文件所在目录，如 httpd.exe、ApacheMonitor.exe 等
cgi-bin	CGI 网页程序存放目录
conf	Apache 服务器配置文件所在目录
error	错误文件目录，用于保存因服务器设置或浏览器请求的数据错误时而产生的错误
htdocs	默认 Web 文档根目录，就是存放默认首页的位置
icons	Apache 预设的一些小图标存放目录
logs	Apache 日志文件存放目录，主要包括访问日志 access.log 和错误日志 error.log
manual	Apache 服务器配置文件的帮助手册所在目录
modules	Apache 服务器支持的动态加载模块所在目录

　　在表 1-2 中列出了 Apache 的目录结构，其中 htdocs 和 conf 是需要重点关注的两个目录，其中 htdocs 是默认文档根目录，在前面访问"http://localhost"时所看到的"It Works"页面就存放在该目录下，后续编写的 PHP 文件都可以放在这个目录下。而 conf 目录就是 Apache 服务器配置目录，包括主配置文件 httpd.conf 和 extra 文件夹下的若干个辅助配置，默认情况下辅助配置文件是没有开启的。

　　2. 虚拟主机配置

　　在实际访问网站的过程中，都是使用类似 http://www.sina.com.cn 或者 http://news.sina.com.cn 的域名方式，而非 http://localhost:80 的方式去访问网站，要想通过域名访问网站，需要通过在 Apache 服务中配置虚拟主机。首先需要启用辅助配置 httpd-vhosts.conf，找到 Apache 主配置 httpd.conf 中的"#Include conf/extra/httpd-vhosts.conf"，将前面的注释"#"去掉，然后在 httpd-vhosts.conf 中增加如下代码：

```
<VirtualHost *:80>
    DocumentRoot "C:/lamp/apache2/htdocs"
    ServerName www.bz.test
</VirtualHost>
```

　　在上述代码中，DocumentRoot 是 Apache 的 Web 站点所在目录，ServerName 是要配置的域名，保存配置文件，然后重启 Apache，虚拟目录就创建好了，然后需要对配置的域名进行强制解析转向到虚拟目录。打开 C:\Windows\System32\drivers\etc 文件夹下的 hosts 文件，在最后添加上面配置的域名和 IP 地址的映射关系，具体如下：

```
127.0.0.1 www.bz.test
```

　　此处的 127.0.0.1 也可以使用 localhost 替代。然后在浏览器中输入上面配置的域名"www.bz.test"（见图 1-14），就可以访问站点了。

注意： 在 Windows 7 系统中，打开 hosts 文件进行编辑可能会遇到不能保存的问题，可以先将 hosts 文件复制到其他目录下，然后添加配置的域名，保存后再复制回源目录下，中间会提示目标文件夹拒绝访问，需要提供管理员权限，单击继续即可。

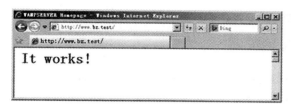

图 1-14　使用域名访问默认根目录下的站点

3. 访问权限配置

如果需要自定义站点目录，即把站点配置到其他的位置，例如 E 盘，就需要对访问权限进行配置，在配置虚拟主机时指定 DocumentRoot 即可，具体配置如下：

```
<VirtualHost *:80>
    DocumentRoot "E:/bz"
    ServerName www.bz.test
</VirtualHost>
```

在上面的配置文件中，将原根目录下的 index.html 页面复制到 "E:/bz" 目录下，再次在浏览器中使用 "www.bz.test" 访问，访问结果如图 1-15 所示。

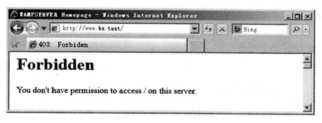

图 1-15　403 Forbidden 页面

在图 1-15 中可以看出，浏览器提示 "You don't have permission to access / on this server."，即没有权限访问这台服务器，因为 Apache 提供了严格的目录访问权限控制机制，它对当前目录及其子目录有效，如果没有针对某个目录进行访问权限配置，则使用默认配置，默认配置在 httpd.conf 中，如下：

```
<Directory />
    Options FollowSymLinks
    AllowOverride None
    Order deny,allow
    Deny from all
</Directory>
```

在上述配置中，首先要明白其含义，目录访问权限控制是通过 Directory 指令段来实现的。是否有访问权限是由配置的后两行指令决定的，即 "Order deny,allow" 和 "Deny from all"，其中 Order 的作用是指定判断权限的顺序,先判断逗号之前的,然后判断逗号之后的,如"Order deny,allow"表示先判断 deny 语句再判断 allow 语句。然后就是 deny 和 allow 的配置了,如"Deny from all"表示拒绝所有的，由于没有 allow 语句，所以最终的判断结果就是拒绝所有。

下面给出几个实例：

第 1 章　PHP 开篇

```
//下面配置表示允许所有的客户端来访问
Order deny,allow
Allow from all
//下面配置表示允许所有的客户端来访问，除了 IP 地址为 192.168.1.42 之外
Order allow,deny
Allow from all
Deny from 192.168.1.42
```

首先要明确在哪里进行配置，在 Apache 中，有两种方式来配置目录权限：一是独立使用 Directory 段来配置，如上面列出的默认配置；二是在对应的 VirtualHost 中配置，建议使用这种方式来配置，在 VirtualHost 中配置的具体代码如下：

```
<VirtualHost *:80>
    DocumentRoot "E:/bz"
    ServerName www.bz.test
    <Directory "E:/bz">
        Order allow,deny
        Allow from all
    </Directory>
</VirtualHost>
```

配置完成后，就可以在浏览器中正常访问 "www.bz.test" 页面，访问结果如图 1-16 所示。

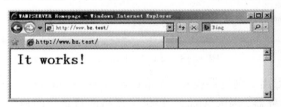

图 1-16　使用域名访问自定义目录站点

脚下留心

通常情况下，采取上述方式配置自定义站点目录的虚拟主机就可以了，但在学习过程中，经常会在站点目录下创建了很多 php 文件，然后直接在浏览器地址栏中访问站点根目录，期望得到所有文件的目录列表。

还是以上面配置的 "www.bz.test" 为例，在 "E:/bz" 目录下新建 a.php 和 b.php 两个空文件，然后在浏览器中输入 "http://www.bz.test" 访问，结果还是显示如图 1-16 所示的默认首页面，并没有显示索引列表。将 index.html 重命名为 index.php，再次访问，结果出现如图 1-15 所示的 Forbidden 页面。

因为在浏览器中直接访问某个目录时，首先会检测当前是否存在目录索引页，如果存在则直接请求该索引页，Apache 服务器默认的索引页为 index.html，而目录下并没有 index.html，只有 index.php。如需要增加索引页 index.php，则可以通过 DirectoryIndex 指令来设置，在主配置文件 httpd.conf 中，具体配置如下：

```
<IfModule dir_module>
    DirectoryIndex index.html index.php
</IfModule>
```

上述配置表示在访问网站根目录的时候，首先会检查是否存在 index.html，如果有则显示，否则就继续检查是否存在 index.php，如果有则显示，否则就以目录列表的方式显示该目录下的所有文件和文件夹，前提是允许 Apache 显示目录列表，可以通过 Options 指令来设置，具体配置如下：

```
<VirtualHost *:80>
    DocumentRoot "E:/bz"
    ServerName www.bz.test
    <Directory "E:/bz" >
        Options Indexes FollowSymLinks
        Order allow,deny
        Allow from all
    </Directory>
</VirtualHost>
```

其中 Options 指令中的 Indexes 就表示可以索引"www.bz.test"站点下的目录，包括根目录和子目录。将"E:/bz"目录下的 index.php 删掉，只保留 a.php 和 b.php，再次访问 www.bz.test，就可以显示该站点根目录下所有文件列表，如图 1-17 所示。

图 1-17　站点目录列表

1.2.3　PHP 的安装

安装好 Apache 之后，开始安装 PHP 模块。它是开发和运行程序的核心。在 Windows 中 PHP 有两种安装方式：一种方式是使用 CGI 二进制文件；另一种方式是使用 Apache 模块 DLL。其中，使用第二种方式较为常见，接下来将详细讲解 PHP 作为 Apache 模块的安装。

1. 准备工作

在 lamp 文件夹下创建 php5 子文件夹。将从 PHP 官网下载的安装包"php-5.3.13-Win32-VC9-x86.zip"解压到前面创建好的"C:\lamp\php5"目录下。

2. 在 Apache 中引入 PHP 模块

在"C:\lamp\apache2\conf"文件夹中，打开 httpd.conf 配置文件，添加对 Apache 2.x 的 PHP 模块的引入，具体代码如下所示：

```
LoadModule php5_module "C:/lamp/php5/php5apache2_2.dll"

AddType application/x-httpd-php .php .phtml

PHPIniDir "C:/lamp/php5"
```

上述代码中，第一行配置，表示将 PHP 作为 Apache 的一个模块来加载，第二行配置是添加对 PHP 文件的解析，告诉 Apache 将哪些扩展名的文件作为 PHP 文件来解析。这里的配置使 Apache 将任何具有.php 或者.phtml 扩展名的文件交给 PHP 处理。第三行配置，是指定 PHP 配置文件 php.ini 的位置。配置代码添加后，如图 1-18 所示。

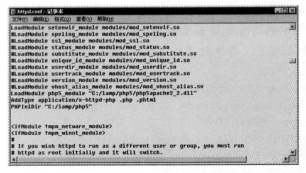

图 1-18　httpd.conf 配置文件

3.　创建 PHP 配置文件

在 PHP 的安装目录 "c:\lamp\php5" 中有两个配置文件模板，如图 1-19 所示。

其中，php.ini-development 适合在开发程序时使用，php.ini-production 适合在产品上线时使用。

创建 PHP 配置文件时，直接复制一份 php.ini-development，然后将复制后的文件改名为 php.ini 即可。

4.　重新启动 Apache 服务器

重启 Apache 服务器，使配置生效。先单击右下角 Apache 服务器图标，选择 Apache2.2，单击 Restart 就可以重启成功，如图 1-20 所示。

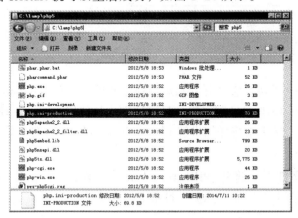

图 1-19　PHP 配置文件模板

图 1-20　重新启动 Apache 服务器

5.　测试 PHP 模块是否安装成功

以上步骤已经将 PHP 安装为 Apache 的一个扩展模块，并随 Apache 服务器一起启动。如果想检查一下 PHP 是否安装成功，可以在 Apache 服务器的 Web 应用目录 C:\lamp\apache2\htdocs 下，使用文本编辑器创建一个名为 test.php 的文件，并在文件中写入下面的内容。

```php
<?php //PHP 脚本开始标记
```

```
    phpinfo();//PHP 内部函数, 用于打印 PHP 的状态信息
?> //PHP 脚本结束标记
```

当上述代码编写完毕后保存为 php 扩展名, 如图 1-21 所示。

图 1-21　test.php

然后使用浏览器访问地址 "http://localhost/test.php"。如果上述配置过程没有错误, 表明 PHP 安装成功, 如图 1-22 所示。

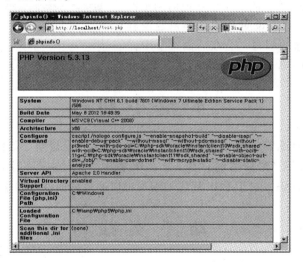

图 1-22　测试 PHP 是否安装并启动成功

注意: 在 Apache 中引入 PHP 模块时, 只需要添加短短三行配置信息, 但很多读者在配置完成之后重启 Apache, 却出现启动失败的情况。因此, 在配置时需要注意以下几点:

（1）路径尽量使用双引号括起来, 有些读者可能会创建如 php 5（php 和 5 之间有空格）这样的文件夹, 如果没有双引号, 则 Apache 在解析该配置的时候, 会以空格分隔指令各个部分, 造成解析错误。

（2）注意不要把 php5apache2_2.dll、php5apache2.dll 和 php5apache.dll 混淆, php5apache.dll 只适用于 Apache 2.0 以前的版本, PHP 5 压缩包里的 php5apache2.dll 只适用于 Apache2.0.* 版本, 如果是 2.0 以上的版本, 必须使用 php5apache2_2.dll。

1.3 编写 HelloWorld 程序

1.2 节中已经搭建好了 PHP 的开发环境，为了让读者快速熟悉 PHP 开发工具的使用并了解 PHP 语言的特点，接下来编写一个"Hello World！"程序，具体实现步骤如下：

1. 编写程序

首先在服务器根目录下新建一个文件，命名为 helloworld.php，然后打开 Editplus 编辑器，在其中编辑 helloworld 程序，具体代码如例 1-1 所示。

【例 1-1】

```php
<?php
    echo 'Hello World!';
?>
```

上述代码中，PHP 代码要写在"<?php"和"?>"之间，"echo"表示向浏览器输出字符串。

2. 运行程序

在浏览器中输入 http://localhost/helloworld.php，结果如图 1-23 所示。

由运行结果可以看出，例 1-1 成功地向浏览器输出"Hello World！"，这就说明 PHP 环境搭建没有问题。关于 PHP 程序的编写，会在后面章节中详细讲解，本例只是做一个简单的测试。

图 1-23 运行结果

本 章 小 结

本章首先讲解了什么是 Web 技术及 PHP 语言，然后重点讲解了如何在 Windows 系统平台中搭建 PHP 开发环境，最后实现了第一个 PHP 程序。通过本章的学习，读者能够对 PHP 语言有一个概念上的认识。对于 PHP 程序的编写可以通过后面章节的学习逐渐掌握。

动 手 实 践

学习完前面的内容，下面来动手实践一下吧：

问题：将 php 程序伪装成 jsp。

描述：请尝试使用扩展名为 jsp 的文件运行 php 程序，输出"Hello World！"。

图 1-24 实现效果

说明：动手实践参考答案可从中国铁道出版社教育资源数字化平台网址（http://www.tdpress.com/51eds/）下载。

→ PHP 基本语法

学习目标
- 熟悉 PHP 的语法风格。
- 掌握 PHP 中的常量和变量。
- 掌握 PHP 的运算符。
- 掌握 PHP 的流程控制语句。

在第 1 章中讲解了 PHP 的基本概念及运行环境的搭建。所谓千里之行始于足下，掌握 PHP 的基本语法是学好 PHP 非常重要的一步，只有掌握好 PHP 的基本知识，才能游刃有余地学习后续章节。本章将针对 PHP 中的基本语法进行详细讲解。

2.1　PHP 语法风格

每一种编程语言都有自己的基本格式，PHP 语言也不例外。PHP 支持多种风格的标记和注释，本节将针对它们进行详细讲解。

2.1.1　PHP 标记

在学习 PHP 语法之前，先来看一段代码，具体示例如下：

```html
<html>
   <body>
     <p>Hello HTML </p>
     <p><?php echo "Hello,PHP"; ?></p>
   </body>
</html>
```

在上述代码中，"<?php echo "Hello,PHP"; ?>"是一段 PHP 代码，它是嵌入到 HTML 结构中使用的，其中，echo 是输出语句，用于输出字符串，"<?php"和"?>"是一种标记，专门用来包含 PHP 代码。PHP 有四种风格的标记，具体如表 2-1 所示。

表 2-1　PHP 开始和结束标记

标记类型	开始标记	结束标记
标准标记	<?php	?>
短标记	<?	?>
ASP 式标记	<%	%>
Script 标记	<script language="php">	</script>

从表 2-1 中可以看出，PHP 的标记分为四种，接下来，针对这四种风格的标记进行详细讲解。

1. 标准标记

标准标记格式以 "<?php" 开始，以 "?>" 结束，具体示例如下：

```
<?php echo "Hello,PHP"; ?>
```

这是最常用的标记类型，服务器不能禁用这种风格的标记。它可以达到更好的兼容性、可移植性、可复用性，所以 PHP 推荐使用这种标记。本书中的代码均采用此种标记风格。

2. 短标记

短标记格式省略了标准标记格式中的 "php" 字符，是以 "<?" 开始，以 "?>" 结束，具体示例如下：

```
<? echo "Hello,PHP"; ?>
```

短标记非常简单，但是使用短标记，必须在配置文件 php.ini 中启用 short_open_tag 选项。另外，因为这种标记在许多环境的默认设置中是不支持的，所以 PHP 不推荐使用这种标记。

3. ASP 标记

ASP 标记格式是以 "<%" 开始，以 "%>" 结束，具体示例如下：

```
<% echo "Hello,PHP"; %>
```

ASP 式标记在使用时与短标记有类似之处，必须在配置文件 php.ini 中启用 asp_tags 选项。另外，这种标记在许多环境的默认设置中是不支持的，因此在 PHP 中不推荐使用这种标记。

4. Script 标记

Script 标记格式是以 "<script language="php">" 开始，以 "</script>" 结束，具体示例如下：

```
<script language="php"> echo "Hello,PHP"; </script>
```

Script 标记类似于 JavaScript 语言的标记，由于 PHP 一般不推荐使用这种标记，只需了解即可。

需要注意的是，在上述四种标记中，只有标准标记和 Script 标记能够保证对任何配置都有效。而短标记和 ASP 式标记只能在 php.ini 中显式地启用。

注意：

（1）若脚本中包含 XML 语句，应避免使用短标记（<? ... ?>），而使用标准标记（<?php ... ?>）。因为字符序列 "<?" 是 XML 解析器的一个处理指令，如果脚本中包含 XML 语句并且使用短标记格式，PHP 解析器就可能会混淆 XML 处理指令和 PHP 开始标记的代码。

（2）PHP 代码是嵌入 HTML 中使用的，为了避免重复的、大篇幅的 HTML 代码，本书涉及的案例都只书写 PHP 代码部分。

2.1.2 PHP 注释

在 PHP 开发中，经常需要对程序中的某些代码进行说明，这时，可以使用注释来完成。注释可以理解为代码的解释，它是程序不可缺少的一部分，并且在解析时会被 PHP 解析器忽略。PHP 支持 C、C++、Shell 三种风格的注释，下面针对这些风格的注释进行详细讲解。

（1）C++风格的单行注释"//"，具体示例如下：

```php
<?php
    echo "Hello,php";   //输出一句话
?>
```

上述代码中，"//输出一句话"就是一个单行注释，它以"//"开始，到该行结束或 PHP 标记结束之前的内容都是注释。

（2）C 风格的多行注释"/*......*/"，具体示例如下：

```php
<?php
    /*
    echo "Hello,php";
    $c = 10;
    */
?>
```

在上述代码中，"/* "和"*/"标记之间的内容为多行注释，多行注释以"/*"开始，以"*/"结束。

（3）Shell 风格的注释"#"，具体示例如下：

```php
<?php
    echo "Hello,php";   #输出一句话
?>
```

在上述代码中，"#输出一句话"就是一个 Shell 风格的注释，Shell 风格的注释以"#"开始，到该行结束或 PHP 标记结束之前的内容都是注释。

脚下留心

多行注释"/*...*/"中可以嵌套单行注释，但不能嵌套"/*...*/"多行注释，示例如下：

```
/*
/* echo "Hello,php"; */
    $c = 10;
*/
```

PHP 解析上述代码时会报告错误，这是因为第一个"/*"会以它后面第一次出现的"*/"作为与它配对的结束注释符。试图注释掉一大块代码时很容易出现该错误，需要引起读者的注意。

2.2　PHP 标识符与关键字

2.2.1　PHP 标识符

在 PHP 程序中需要自定义一些符号来标记一些名称，如变量名、函数名、类名等，这些符号被称为标识符。在 PHP 中，定义标识符有一些简单的规则，具体如下：

（1）标识符可以是任意长度，只能由字母、数字、下划线组成。

（2）标识符不能以数字开始。

（3）标识符不能包含空格。

（4）如果标识符由多个单词组成，那么应该使用下划线进行分隔（例如：user_name）。

在 PHP 中，标识符是区分大小写的，比如，$username 与$Username 是不同的。但函数名称例外，它是不区分大小写的。为了让读者有一个清晰的把握，下面列举一些合法的标识符：

```
username
username123
user_name
_userName
```

另外，下面是一些非法的标识符。

```
123username
user name
```

2.2.2 关键字

关键字是编程语言里事先定义好并赋予特殊含义的单词，也称作保留字。和其他语言一样，PHP 中保留了许多关键字，例如 class、public 等，下面列举的是 PHP（5）中所有的关键字。

and	or	xor	__FILE__	exception
__LINE__	array()	as	break	case
class	const	continue	declare	default
die()	do	echo	else	elseif
empty()	enddeclare	endfor	endforeach	endif
endswitch	endwhile	eval()	exit()	extends
for	foreach	function	global	if
include	include_once	isset()	list()	new
print	require	require_once	return	static
switch	unset()	use	var	while
__FUNCTION__	__CLASS__	__METHOD__	final	php_user_filter
interface	implements	extends	public	private
protected	abstract	clone	try	catch
throw	this			

上述列举的关键字中，每个关键字都有特殊的作用，例如，class 关键字用于定义一个类，extends 关键字用于实现继承，function 关键字用于定义一个函数。在本书后面的章节中将陆续对这些关键字进行讲解，这里只需了解即可。

2.3　PHP 常量

2.3.1　常量的定义

生活中有些事物需要用数值表示，例如价格、时间等。在程序中，同样也会出现一些数值，例如，3.14、'a'等，这些值都是不可变的，通常将它们称为常量。在 PHP 中，常量一般使用 define()函数来声明，声明方式如下所示：

```
bool define ( string $name , mixed $value [, bool $case_insensitive=
false ] )
```

在上述声明中，参数$name 和$value 是必选的，分别用于指定常量的名称和值。参数 $case_insensitive 是可选的，用于指定常量名称是否对大小写敏感，如果$case_insensitive 的值设置为 true，表示在调用该常量时，常量名对大小写不敏感，否则，表示常量名对大小写敏感。默认情况下，$case_insensitive 的值为 false。

为了帮助大家熟悉常量的用法，接下来通过一个案例来演示常量的定义与使用，具体如例 2-1 所示。

【例 2-1】

```
1 <?php
2     //定义名为 GREETING 的常量，true 表示常量大小写不敏感
3     define("GREETING", "Hello you.", true);
4     echo GREETING;    // 输出常量值
5     echo Greeting;    // 输出常量值
6     //定义名为 CONSTANT 的常量，默认常量大小写敏感
7     define("CONSTANT", "Hello world");
8     echo CONSTANT;    // 输出常量值
9     echo Constant;    // 输出常量值
10?>
```

运行结果如图 2-1 所示。

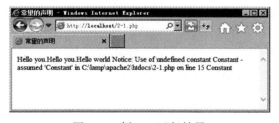

图 2-1   例 2-1 运行结果

在例 2-1 中，第 3 行和第 7 行代码分别定义了常量 GREETING 和 CONSTANT，然后使用 echo 语句输出 GREETING、Greeting、CONSTANT 和 Constant 的值。从图 2-1 中可以看出，GREETING、Greeting 和 CONSTANT 的值都正常输出了，而 Constant 的值没有输出，这是因为定义常量 GREETING 时，将其设置为对大小写不敏感，而定义的常量 CONSTANT 默认对大小写是敏感的，在第 9 行代码使用的变量名 Constant 与定义的 CONSTANT 不一致，所以会出现错误，提示调用了一个未定义的常量。

2.3.2 预定义常量

在 PHP 中，除了开发人员可以自己定义常量外，PHP 中还提供了很多预定义常量。这些

常量专门用于获取 PHP 中的信息，并且是不允许开发人员随意修改的。接下来，通过一张表列举 PHP 中常见的预定义常量，如表 2-2 所示。

表 2-2　PHP 中预定义常量的名称及其作用

常　量　名	功能描述
__FILE__	默认常量，PHP 程序文件名
__LINE__	默认常量，PHP 程序中的当前行号
PHP_VERSION	内建常量，PHP 程序的版本，如 "5.3.13"
PHP_OS	内建常量，执行 PHP 解析器的操作系统名称，如 "WINNT"
TRUE	该常量是一个真值（true）
FALSE	该常量是一个假值（false）
NULL	一个 null 值
E_ERROR	该常量指到最近的错误处
E_WARNING	该常量指到最近的警告处
E_PARSE	该常量指到解析语法有潜在问题处
E_NOTICE	该常量为发生不寻常，但不一定是错误处

表 2-2 列举了 PHP 中的预定义常量，其中 __FILE__ 和 __LINE__ 中的 "__" 是两条下划线，而不是一条 "_"。为了帮助大家更好地理解预定义常用的作用，接下来通过一个案例来演示 PHP 中预定义常量的使用，具体如例 2-2 所示。

【例 2-2】

```
1 <?php
2     //使用 __FILE__ 常量获取当前文件路径
3     echo "当前文件路径为：".__FILE__;
4     echo "<br>";
5     //使用 PHP_VERSION 常量获取当前 PHP 版本
6     echo "当前 PHP 版本信息为：".PHP_VERSION;
7     echo "<br>";
8     //使用 PHP_OS 常量获取当前操作系统
9     echo "当前操作系统为：".PHP_OS;
10?>
```

运行结果如图 2-2 所示。

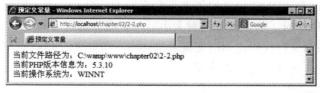

图 2-2　例 2-2 运行结果

从图 2-2 中可以看出，使用预定义常量可以很方便地获取到了当前文件的路径、当前 PHP

版本和当前操作系统这些信息。

2.4 PHP 变量

在程序运行期间，随时可能产生临时数据，此时可以使用变量来存储这些临时数据。PHP 中的变量可看做是计算机的内存单元，程序一旦设置了变量，就可以借助变量名访问内存中的数据。本节将针对 PHP 的变量进行详细讲解。

2.4.1 变量的定义

如果把计算机内存想象成一条街道，那么街道中的每一家住户就可以看做是一个变量，住户所对应的门牌号可以看做是变量名。在 PHP 中，变量是由$和变量名组成的，并且变量名的命名规则与标识符相同，例如，下列定义的变量是合法的。

```
$text;

$number;

$ABC_123;

$_book;
```

由于 PHP 是一种弱语言，不需要显式地声明，因此，通常情况下，变量的定义与赋值是同时进行的，即直接将一个数值通过"="赋给变量。为了帮助大家更好地理解变量赋值的方式，接下来通过一个案例来演示如何在定义变量的同时进行赋值，如例 2-3 所示。

【例 2-3】

```
1 <?php
2     $number=10;            //定义变量$number，并且赋值为10
3     $result=$number;       //定义变量$result，并将 number 的值赋给 result
4     echo $number;          //输出变量$number
5     echo "<br>";
6     echo $result;          //输出变量$result
7 ?>
```

运行结果如图 2-3 所示。

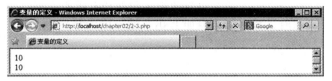

图 2-3 例 2-3 运行结果

在例 2-3 中，定义了两个变量$number 和$result，并且使用赋值操作符（=）来为它们赋值，其中，变量$number 的值为 10，并把该变量赋给了变量$result。从图 2-3 中可以看出，变量$number 和$result 的值是一样的。

PHP 程序设计基础教程

多学一招：变量的引用赋值

变量默认总是传值赋值。也就是说，将一个表达式的值赋予一个变量时，整个原始表达式的值被赋值到目标变量。除了传值赋值外，变量还有一种赋值方式是引用赋值，表示新变量简单引用了原始变量，这时，如果一个变量改变，另一个变量也随之变化。要想实现变量的引用赋值，需要将"&"符号加到要赋值的变量前，具体示例如下：

$txt='Hello';
$new_txt=&$txt;   //$new_txt 引用$txt，此后两变量的值同时变化
```

### 2.4.2  PHP 的数据类型

在 PHP 语言中，由于数据存储时所需要的容量各不相同，因此，为了区分不同的数据，需要将数据划分为不同的数据类型。PHP 的数据类型共有八种，具体如图 2-4 所示。

从图 2-4 中可以看出，boolean、integer、float 和 string 类型属于标量类型，它们都只能存储一个数据，array 和 object 属于复合类型，可以存储一组数据。接下来，本节只针对标量类型进行详细讲解，关于其他数据类型将在后面的章节中讲解。

标量类型：boolean（布尔型）、integer（整型）、float（浮点型）、string（字符串型）
复合类型：array（数组）、object（对象）
resource（资源）
NULL（空值）

图 2-4  PHP 的数据类型

**1. boolean 布尔型**

布尔型是 PHP 中较常用的数据类型之一，它的值只有 true 和 false，并且这两个值是不区分大小写的，具体示例如下：

$bool1=true;  //把 true 值赋给变量$bool1
$bool2=false; //把 false 值赋给变量$bool2
```

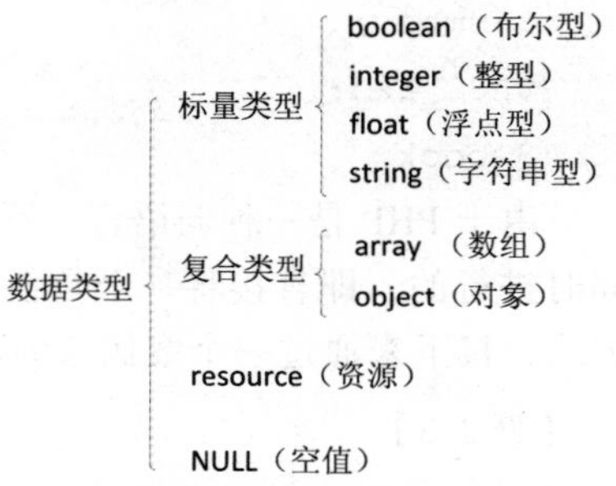

需要注意的是，在某些特殊情况下，不仅 true 和 false 可以表示 boolean 值，其他类型的数据也可以表示 boolean 值。例如，可以用 0 表示 false，用非 0 表示 true。

2. integer 整型

整型用来表示不包含小数部分的数，它可以用十进制、十六进制、八进制或二进制指定，并且前面可加上"+"或"-"号表示正数或负数。当使用八进制表示时，数字前必须加上 0（零），使用十六进制表示时，数字前必须加上 0x（零 x），具体示例如下：

$a=123;   //十进制数，数值为 123
$b=-123;   //十进制负数，数值-123
$c=0123;   //八进制数，等于十进制的 83
$d=0x123;   //十六进制数，等于十进制的 291
```

需要注意的是，对变量进行赋值时，如果给定的数字超出了 integer 类型所能表示的最大范围，就会发生数据溢出，导致数据丢失精度。而不同平台的整型数值范围也是不同的，例如，在 32 位平台下的取值范围为：$-2^{31} \sim 2^{31}-1$（大约 20 亿，10 位），在 64 位平台下取值范围为：$-2^{63} \sim 2^{63}-1$（大约为 9E18）。
```

3．float 浮点型

浮点型可以存储整数，也可以存储小数，它的数值范围和平台有关，在 32 位操作系统中，其有效的取值范围是 1.7E-308 ~ 1.7E+308。在 PHP 中，浮点数有两种书写格式，具体示例如下：

方式一：标准格式

```
$a=3.1415
$b=3.5831
```

方式二：科学计数法格式

```
$c=3.58E1
$d=849.52E-3
```

上述两种格式中，不管采用哪种格式表示浮点数，它们都只具有 14 位数十进制数字的精度。精度是从最左边开始，第一个非 0 数就是精度开始，从精度开始后的第 15 位数按照四舍五入的原则来决定是否向前一位进 1。

4．string 字符串型

字符串是连续的字符序列，它可以由字母、数字和符号组成。在 PHP 中，最常用的字符串定义方式是单引号和双引号，具体示例如下：

```
$a='字符串';
$b="字符串";
```

在上述代码中，包含在双引号中的字符串会被解析，而包含在单引号中的字符串不会解析，只会输出其字符本身。接下来通过一个案例来验证，具体如例 2-4 所示。

【例 2-4】

```
1  <?php
2      $a=9;
3      $char1='hello$a';
4      $char2="hello$a";
5      echo 'char1 的输出结果为：'.$char1;  //<br>为换行显示，以明显区分输出结果
6      echo '<br>char2 的输出结果为：'.$char2;
7  ?>
```

运行结果如图 2-5 所示。

图 2-5　例 2-4 运行结果

在例 2-4 中，变量$char1 和$char2 的定义几乎是一样的，唯一的区别是字符串$char1 是由单引号来定义，而$char2 由双引号来定义，但从图 2-5 中可以看出，变量的输出结果是不同的。由此可见，使用单引号的字符串会认为它是纯文本，使用双引号的字符串会被解析。

除此之外，单引号和双引号在使用转义字符时也不一样，使用单引号时，只对单引号进

行转义即可，但使用双引号时，还需要$、""等字符的使用，这些字符都需要通过转义符"\\"来显示。接下来，通过一张表来列举 PHP 中常见的转义字符，如表 2-3 所示。

表 2-3　转义字符

序列	含　　义	序列	含　　义
\n	换行（ASCII 字符集中的 LF 或 0x0A (10)）	\f	换页（ASCII 字符集中的 FF 或 0x0C (12)）
\r	回车（ASCII 字符集中的 CR 或 0x0D (13)）	\\	反斜线
\t	水平制表符（ASCII 字符集中的 HT 或 0x09 (9)）	\$	美元标记
\v	垂直制表符（ASCII 字符集中的 VT 或 0x0B (11)）	\"	双引号
\e	Escape（ASCII 字符集中的 ESC 或 0x1B (27)）		

在表 2-3 列举的转义字符中，\n 和\r 在 Windows 系统中没有什么区别，但在 Linux 系统中，\n 表示换到下一行，却不会回到行首，而\r 表示光标回到行首，但仍在本行。

 脚下留心

在双引号定义的字符串中，还有一种用花括号"{"和"}"包围变量的形式也能解析变量。由于"{"无法被转义，只有"$"紧挨着"{"时才会被识别。接下来通过一个案例来演示，如例 2-5 所示。

【例 2-5】

```php
1 <?php
2     $a="world";
3     echo "hello,{ $a}"; //花括号会被当成纯文本
4     echo "<br/>hello,{$a}";
5     echo "<br/>hello,${a}";
6 ?>
```

运行结果如图 2-6 所示。

图 2-6　例 2-5 运行结果

从图 2-6 中可以看出，只要"$"紧挨着"{"就可以被解析，无论是在其左边还有右边，并且中间不能有任何其他字符。

2.4.3　检测变量的数据类型

变量的数据类型是在赋值的时候确定的，为了检测变量所赋的值是否符合期望的数据类型，在 PHP 中，提供了一组 is_*()函数，括号里参数为要检测的变量。如果检测的变量符合，则返回 true，否则返回 false。表 2-4 列举了 PHP 中检测数据类型的相关函数。

表 2-4　检测数据类型的相关函数

函数名称	功能描述	函数名称	功能描述
is_bool	检测变量是否属于布尔类型	is_array	检测变量是否属于数组
is_string	检测变量是否属于字符串类型	is_resource	检测变量是否属于资源
is_float	检测变量是否属于浮点类型	is_object	检测变量是否属于对象类型
is_integer	检测变量是否属于整型	is_numeric	检测变量是否属于数字或数字组成的字符串
is_null	检测变量是否属于空值		

表 2-4 列举了一系列函数，这些函数的功能和用法是类似的。接下来，通过一个案例来演示这些函数的使用，具体如例 2-6 所示。

【例 2-6】

```
1  <?php
2      $a=NULL;
3      echo '检查是否为空：'.is_null($a);        //检测变量 a 是否属于空值类型
4      $a='test';
5      echo '<br>';
6      echo '检查是否为字符串：'.is_string($a);//检测变量 a 是否属于字符串类型
7      $a=5;
8      echo '<br>';
9      echo '检查是否为整型：'.is_int($a);        //检测变量 a 是否属于整型
10     $a=5.04;
11     echo '<br>';
12     echo '检查是否为浮点数：'.is_float($a); //检测变量 a 是否属于浮点类型
13     $a='110';
14     echo '<br>';
15     echo '检查是否为数字或数字字符串：'.is_numeric ($a);
                                    //检测变量 a 是否属于数字或数字字符串
16     $a=true;
17     echo '<br>';
18     echo '检查是否为布尔型：'.is_bool($a); //检测变量 a 是否属于布尔类型
19?>
```

运行结果如图 2-7 所示。

图 2-7　例 2-6 运行结果

在例 2-6 中，通过为变量 $a 赋予不同类型的值，使用 is_*()函数判断变量的数据类型，从图 2-7 中可以看出，程序的输出结果都为 1，这是因为 is_*() 函数的返回值为布尔类型，布尔类型的值 true 可以用 1 表示，false 可以用 0 表示。

2.4.4 可变变量

定义一个变量时，需要使用$符号表示，例如，$a 就是一个变量。在 PHP 中，还可以将一个变量的值作为另一个变量的名称，即可变变量，它的实现过程就是在变量的前面加一个$符号，例如，$$a 。

可变变量是一种特殊的变量，它的名称不是事先定义好的，而是可以动态地设置与使用。例如，定义一个变量$txt，具体代码如下：

```
$txt='abc';
```

要把普通变量（$txt）的值（abc）作为一个可变变量的变量名，就需要在$txt 前面加一个$符，$txt 就可以作为一个可变变量了，例如：

```
$$txt='Hello';
```

等价于：

```
$abc='Hello';
```

2.5 变量类型的转换

在对两个不同数据类型的变量进行运算时，需要对变量的数据类型进行转换。通常情况下，变量类型的转换分为两种，分别是自动类型转换和强制类型转换，本节将针对这两种类型转换进行详细讲解。

2.5.1 自动类型转换

所谓自动类型转换，指的是变量的类型由 PHP 自动转换，我们无须做任何操作。在 PHP 程序中，最常见的自动类型转换情况有三种，分别是转为布尔型、转为整型、转为字符型，接下来，本节针对这三种类型的转换进行详细讲解。

1. 转换成布尔型

在 PHP 程序中，经常会把一个值转为布尔类型，很多情况下，系统会自动将其他类型的数据转为布尔型。当转为布尔类型时，有一些值会被转为 false，具体如下：

- 整型值 0（零）。
- 浮点型值 0.0（零）。
- 空字符串，以及字符串 "0"。
- 不包括任何元素的数组。
- 不包括任何成员变量的对象。

除此之外，其他值会被转为 true。为了帮助大家更好地理解自动类型转换，接下来，通过一个案例来演示如何将不同类型的值转为布尔类型，如例 2-7 所示。

【例 2-7】

```
1 <?php
2     //以上列出变量为 false 的情况，对应以下 6 个变量
```

```
3        $a=0;
4        $b=0.0;
5        $c="";
6        $d="0";
7        $e=array();        // 变量$e 是一个数组类型
8        $f=NULL;        // 变量$f 是一个 NULL 值
9        //在选择条件语句if 中,判断变量是否等于布尔值 false,是则输出对应的语句,否则无输出
10       if($a==false) echo '<br />变量$a 转成布尔型为 false';
11       if($b==false) echo '<br />变量$b 转成布尔型为 false';
12       if($c==false) echo '<br />变量$c 转成布尔型为 false';
13       if($d==false) echo '<br />变量$d 转成布尔型为 false';
14       if($e==false) echo '<br />变量$e 转成布尔型为 false';
15       if($f==false) echo '<br />变量$f 转成布尔型为 false';
16       //变量为 true 的情况举例
17       $var1=3;          //定义一个整型变量
18       $var2='name';//定义一个字符型变量
19       if($var1==true) echo '<br />变量$var1 转成布尔型为 true';
20       if($var1==true) echo '<br />变量$var2 转成布尔型为 true';
21?>
```

运行结果如图 2-8 所示。

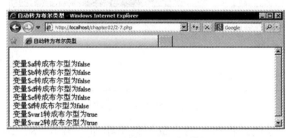

图 2-8　例 2-7 运行结果

在例 2-7 中，首先第 3～8 行代码分别定义了 6 个不同类型的变量，并在第 10～15 行代码中使用 if 语句判断变量的值是否为 false，然后在第 17～18 行代码中定义了 2 个不同类型的变量，第 19～20 行代码使用 if 语句判断变量的值是否为 true。由于 if 语句中的判断成立，后面的语句才会执行，因此，从图 2-8 中可以看出，所有的语句都输出了，说明变量$a、$b、$c、$d、$e、$f 的值都转为了 false，变量$var1、$var2 的值都转为了 true。

2. 转换成整型

在 PHP 中，除了可以将不同的数据类型转为布尔型，还可以转为整型，其中，布尔类型、浮点类型和字符类型的变量转为整型的方式如下：

（1）布尔型转换成整型：布尔值 true，转换成整数 1；布尔值 false，转换成整数 0。

（2）浮点型转换成整型：浮点数转换成整数时，将向下取整。

（3）字符串型转换成整型：字符串的开始部分决定它的值。如果该字符串以合法的数值

开始，则使用该数值；否则其值为 0（零）。合法数值包括可选的正负号，后面跟着一个或多个数字（可能有小数点），再跟着可选的指数部分。指数部分由 "e" 或 "E" 后面跟着一个或多个数字构成。如果该字符串包含 "."、"e" 或 "E"，则会被作为 float 来取值；否则会被作为整数来取值。

接下来，通过一个具体的案例来演示如何将布尔型和字符串型转为整型，如例 2-8 所示。

【例 2-8】

```
1 <?php
2     $a=true ;
3     $b=$a+1;                    // 布尔类型的数与整型相加
4     var_dump($b);
5     //字符型转换成整型, 1.5e2 表示 1.5* (10*10)
6     $char1=1+"-1.5e2";          //字符型数与整型数相加
7     var_dump($char1);
8     $char2=1+"char";            // 字符型数与整型数相加
9     var1_dump($char2);
10    $char3=1+"10char";          // 字符型数与整型数相加
11    var_dump($char3);
12?>
```

运行结果如图 2-9 所示。

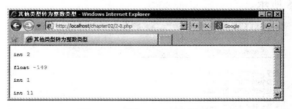

图 2-9　例 2-8 运行结果

在例 2-8 中，第 3 行代码将布尔型变量与整型相加，第 6、8、10 行代码将字符型变量与整型相加，并使用 var_dump()函数输出。从图 2-9 可以看出，第 4 行代码输出的值是 int 类型的 2，第 7 行代码输出的是 float 类型的−149，第 9 行代码输出的值是 int 类型的 1，第 11 行代码输出的值是 int 类型的 11。这是因为布尔类型的 true 被转为整型数字 1，字符串 "−1.5e2" 被转为 float 类型，"10char" 被当做整数转为了 10。

3. 转换成字符串型

在 PHP 程序中，将其他类型的数据转为字符串型也是很常见的，其中，将布尔型、整型或浮点型转为字符串型的方式如下：

（1）布尔型转换成字符串：布尔值 true，转换成字符串 "1"；布尔值 false，转换成空字符串 ""。

（2）整型或浮点型转换成字符串：把数字的字面样式转换成 string 形式。

为了帮助大家更好地理解字符串转换，接下来，通过一个案例来演示如何将布尔型、整型和浮点型转为字符串型，如例 2-9 所示。

【例 2-9】

```
1 <?php
2     $a=true ;
3     echo $a;
4     $b=3;
5     $e=4.4;
6     $c=$b.'string'.$e;
7     var_dump($c);
8 ?>
```

运行结果如图 2-10 所示。

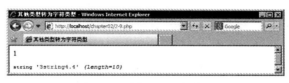

图 2-10　例 2-9 运行结果

在例 2-9 中，定义的变量 $a 为布尔类型，变量 $b 为整型，变量 $e 为浮点型，变量 $c 的值是 $b、'string' 和 $e 连接起来组成的。从图 2-10 中可以看出，程序输出的变量 $a 的值为 1，变量 $c 的值为字符串 "3string4.4"，说明布尔值 true 被转换成了字符串 "1"，整型和浮点型的数据按书面样式转成了 string 样式。

2.5.2　强制类型转换

在 PHP 中，变量的数据类型不仅可以自动转换，还可以手动转换成指定的数据类型，即强制类型转换。PHP 中的强制类型转换非常简单，只需要在变量前加一个小括号，并把目标类型填写在括号中实现。表 2-5 列举了 PHP 中强制转换的类型。

表 2-5　强制转换类型

强 转 类 型	功 能 描 述	强 转 类 型	功 能 描 述
（boolean）	强转为布尔型	（float）	强转为浮点型
（string）	强转为字符串型	（array）	强转为数组
（integer）	强转为整型	（object）	强转为对象

表 2-5 列举了将变量强制转为不同类型的方式，为了让大家更好地掌握强制类型转换方式，接下来，通过一个案例来演示如何进行数据类型的强制转换，如例 2-10 所示。

【例 2-10】

```
1 <?php
2     $number1=0;
3     $float_number=(boolean)$number1;
4     var_dump($float_number);
5     $string='abcd';
```

```
6      $toNumber=(int)$string;
7      var_dump($toNumber);
8      $number2=1234 ;
9      $toNumber2=(string)$number2;
10     var_dump($toNumber2);
11 ?>
```

运行结果如图 2-11 所示。

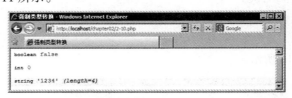

图 2-11　例 2-10 运行结果

在例 2-10 中，定义了整型变量$number1 和$number2，字符串型变量$string，并且将变量$number1 强转为布尔类型，将变量$string 强转为整型，将变量$number2 强转为字符串型。从图 2-11 中可以看出，程序输出了强转后的类型及其数值，由此可见，使用强制类型转换可以很方便地将变量转为不同的类型。

2.6　PHP 运算符

运算符是编程语言中不可或缺的一部分，用于对一个或多个值（表达式）进行运算。本节将针对 PHP 语言中的常见运算符进行详细讲解。

2.6.1　运算符与表达式

在程序中，经常会对数据进行运算，为此，PHP 语言提供了多种类型的运算符，即专门用于告诉程序执行特定运算或逻辑操作的符号。根据运算符的作用，可以将 PHP 语言中常见的运算符分为九类，具体如表 2-6 所示。

表 2-6　常见的运算符类型及其作用

运 算 符 类 型	作　　用
算术运算符	用于处理四则运算
字符串运算符	用于连接字符串
赋值运算符	用于将表达式的值赋给变量
递增或递减运算符	用于自增或自减运算
比较运算符	用于表达式的比较，并返回一个真值或假值
逻辑运算符	用于根据表达式的值返回真值或假值
位运算符	用于处理数据的位运算
错误控制运算符	用于忽略因表达式运算错误而产生的错误信息
instanceof	用于判断一个对象是否是特定类的实例

表 2-6 列举了 PHP 语言中常用的运算符类型，并且每种类型运算符的作用都不同。运算符是用来操作数据的，因此，这些数据也被称为操作数，使用运算符将操作数连接而成的式子称为表达式。表达式具有如下特点：

（1）常量和变量都是表达式，例如，常量 3.14、变量 $i。

（2）每一个表达式都有自己的值，即表达式都有运算结果。

2.6.2 算术运算符

算术运算符用于对数值类型的变量及常量进行算数运算。与数学中的加减乘除类似，PHP 中包括各种算术运算符，它们的用法及示例如表 2-7 所示。

表 2-7　算术运算符

运　算　符	运　　算	范　　例	结　　果
+	正号	+3	3
−	负号	−2	−2
+	加	5+5	10
−	减	6−4	2
*	乘	3*4	12
/	除	5/5	1
%	取模（即算术中的求余数）	7%5	2

算术运算符看上去都比较简单，也很容易理解，但在实际使用时还有很多需要注意的问题，接下来就针对其中比较重要的几点进行详细地讲解，具体如下：

（1）进行四则混合运算时，运算顺序遵循数学中"先乘除后加减"的原则。

（2）当有浮点数参与运算时，运算结果的数据类型总是浮点型。例如：0.2+0.8 的结果是 float（1）。当整数与整数运算的结果是小数时，其数据类型也是浮点型。

（3）取模运算在程序设计中都有着广泛的应用，例如判断奇偶数的方法就是求一个数字除以 2 的余数是 1 还是 0。在进行取模运算时，运算结果的正负取决于被模数（%左边的数）的符号，与模数（%右边的数）的符号无关。如：(−5)%3=−2，而 5%(−3)=2。

2.6.3 赋值运算符

赋值运算符的作用就是将常量、变量或表达式的值赋给某一个变量。表 2-8 列举了 PHP 语言中的赋值运算符及其用法。

表 2-8　赋值运算符

运　算　符	运　　算	范　　例	结　　果
=	赋值	$a=3;$b=2;	$a=3;$b=2;
+=	加等于	$a=3;$b=2;$a+=$b;	$a=5;$b=2;
−=	减等于	$a=3;$b=2;$a−=$b;	$a=1;$b=2;
*=	乘等于	$a=3;$b=2;$a*=$b;	$a=6;$b=2;

运 算 符	运 算	范 例	结 果
/=	除等于	$a=3;$b=2;$a/=$b;	$a=1.5;$b=2;
%=	模等于	$a=3;$b=2;$a%=$b;	$a=1;$b=2;
.=	连接等于	$a='abc';$a .= 'def';	$a='abcdef';

在表 2-8 中，"="的作用不是表示相等关系，而是赋值运算符，即将等号右侧的值赋给等号左侧的变量。在赋值运算符的使用中，需要注意以下几个问题：

（1）在 PHP 语言中可以通过一条赋值语句对多个变量进行赋值，具体示例如下：

```
$a;
$b;
$c;
$a=$b=$c=5;            //为三个变量同时赋值
```

在上述代码中，一条赋值语句可以同时为变量 $a、$b、$c 赋值，这是由于赋值运算符的结合性为"从右向左"，即先将 5 赋值给变量 $c，然后再把变量 $c 的值赋值给变量 $b，最后把变量 $b 的值赋值变量 $a，表达式赋值完成。

（2）在表 2-8 中，除了"="，其他的都是特殊的赋值运算符，接下来以"+="为例，学习特殊赋值运算符的用法，示例代码如下：

```
$a=2;
$a+=3;
```

上述代码中，执行代码 $a+= 3 后，a 的值为 5。这是因为表达式的执行过程为：

① 将 a 的值和 3 的执行相加。

② 将相加的结果赋值给变量 a。

所以，表达式 $a=+3 就相当于 $a = $a + 3，先进行相加运算，再进行赋值。-=、*=、/=、%=赋值运算符都可依此类推。

（3）在表 2-8 中，".="表示对两个字符串进行连接操作，生成一个新的字符串并赋值给变量，它又被称为字符串运算符。示例代码如下：

```
$a='abc';
$a.='def';
echo $a;
```

上述代码中，输出 $a 的结果为'abcdef'。这是因为执行 $a .= 'def'时，'abc'和'def''两个字符串进行了拼接操作，生成新的字符串'abcdef''，并将其赋值给了 $a。

2.6.4 递增递减运算符

递增递减运算符可以看作一种特定形式的复合赋值运算符，它可以对数字类型变量的值进行加 1 或减 1 操作，递增递减运算符的用法及示例如表 2-9 所示。

表 2-9　递增递减运算符

运　算　符	运　　算	范　　例	结　　果
++	自增（前）	$a=2;$b=++$a;	$a=3;$b=3;
++	自增（后）	$a=2;$b=$a++;	$a=3;$b=2;
--	自减（前）	$a=2;$b=--$a;	$a=1;$b=1;
--	自减（后）	$a=2;$b=$a--;	$a=1;$b=2;

从表 2-9 中可以看出，在进行自增（++）和自减（--）的运算时，如果运算符（++或--）放在操作数的前面则是先进行自增或自减运算，再进行其他运算。反之，如果运算符放在操作数的后面则是先进行其他运算再进行自增或自减运算。

由于 PHP 是弱类型语言，所以在对操作数进行递增递减操作时，操作数的数据类型是不确定的。不同数据类型的操作数执行递增或递减操作时，会有不同的结果。下面针对操作数的数据类型不同，进行逐一讲解。

1. 递增递减数字

当操作数为数字时，每次操作都会将值加 1 或减 1。为了帮助大家更好地理解数字的递增递减操作，接下来通过一个案例来演示不同数字类型的数据进行递增递减操作后的结果，具体如例 2-11 所示。

【例 2-11】

```php
1 <?php
2     $x=2;
3     //输出不同情况下的$x
4     echo '<br>x='.$x++;
5     echo '<br>x='.$x;
6     $y=1.6;
7     //输出不同情况下的$y
8     echo '<br>y='.++$y;
9     echo '<br>y='.$y;
10?>
```

运行结果如图 2-12 所示。

从图 2-12 中可以看出，两次输出的$x 值不同，这是因为在第 4 行代码中，程序会首先返回$x 的值并输出，然后进行递增操作，使$x 加 1，因此第 5 行中输出$x 的结果为 3。而两次输出的$y 值是相同的，这是因为在第 8 行代码中，程序首先将变量$y 的值加 1，然后再将加 1 后的结果赋值给$y，最后将$y 的值输出，第 9 行未对$y 进行其他操作，所以$y 的值不变，还是 2.6。

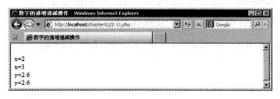

图 2-12　例 2-11 运行结果

2. 递增递减字符

在 PHP 语言中，只支持纯字母（a～z 和 A～Z）的递增运算，其他字符的递增运算是无效的，例如，我们无法对'#'这样的字符进行递增递减操作。接下来通过一个案例来演示字母的递增递减操作，具体如例 2-12 所示。

【例 2-12】

```php
1  <?php
2      $x='a';
3      echo --$x.'<br/>';        //输出结果为：a
4      echo ++$x.'<br/>';        //输出结果为：b
5      $x='z';
6      echo ++$x.'<br/>';        //输出结果为：aa
7      $x='Z';
8      echo ++$x.'<br/>';        //输出结果为：AA
9      $x='abcd';
10     echo ++$x.'<br/>';        //输出结果为：abce
11 ?>
```

运行结果如图 2-13 所示。

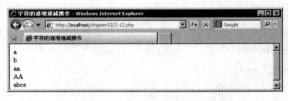

图 2-13　例 2-12 运行结果

从图 2-13 中可以看出，程序的输出结果是 a，b，aa，AA，abce。这是因为在 PHP 中，当对字符进行递减操作时，该操作是无效的，并且操作数的值是不变。当对 z 或 Z 以前的单个字符进行递增操作时，字符都会按照英文字母的排列顺序递增。当对字符 z 和 Z 进行递增操作时，字符会向前进一位，变成 aa 或 AA。同理，当对由多个字母组成的字符串进行递增操作时，会针对字符串末尾的单个字符进行递增操作。

需要注意的是，字符变量只能递增，不能递减，并且只支持纯字母（a～z 和 A～Z）。递增或递减对其他字符变量是无效的，原字符串不会发生变化。

3. 递增递减布尔值或 NULL

下面针对其他常见数据类型的递增递减操作进行简单的介绍。

（1）当操作数为布尔型数据时，递增递减操作对其值不产生影响。

（2）当操作数为 NULL 时，递增的结果为 1，递减不受影响。

2.6.5　比较运算符

比较运算符用于对两个数值或变量进行比较，其结果是一个布尔值，即 true 或 false。接下来通过表 2-10 列出 PHP 中的比较运算符及其用法。

表 2-10　比较运算符

运　算　符	运　　算	范例（$x=5）	结　　果
==	等于	$x == 4	false
!=	不等于	$x != 4	true
<>	不等于	$x <> 4	true
===	恒等	$x === 5	true
!==	不恒等	$x !=='5'	true
>	大于	$x > 5	false
>=	大于或等于	$x >= 5	true
<	小于	$x < 5	false
<=	小于或等于	$x <= 5	true

　　表 2-10 列出了很多比较运算符，其中 "===" 和 "!==" 比较符是比较少见的，当 $x===$y 为 true 时，说明 x，y 不只是数值上相等，而且两者的类型也一样。$x!==$y 为 true 时，说明 x，y 要么数值不相等，要么数据类型不相等。

　　需要注意的是，在程序中，如果参与比较运算的操作数中含有数字类型的数据时，则在比较的过程中，会将所有的操作数转换成数值，然后按照数值来进行比较。

2.6.6　逻辑运算符

　　逻辑运算符用于对布尔型的数据进行操作，其结果仍是一个布尔型。接下来通过表 2-11 列出 PHP 中的逻辑运算符及其用法。

表 2-11　逻辑运算符

运　算　符	运　算	范　例	结　　果
&&	与	$a && $b	$a 和 $b 都为 true，结果为 true，否则为 false
||	或	$a || $b	$a 和 $b 中至少有一个为 true，则结果为 true，否则为 false
!	非	! $a	若 $a 为 false，结果为 true，否则相反
xor	异或	$a xor $b	$a 和 $b 的值一个为 true，一个为 false 时，结果为 true，否则为 false
and	与	$a and $b	与 && 相同，但优先级较低
or	或	$a or $b	与 || 相同，但优先级较低

　　表 2-11 中，通过两个简单的变量举例说明了逻辑运算符的使用方法，其实在实际开发中，逻辑运算符也可以针对结果为布尔值的表达式进行运算。如：$x > 3 && $y != 0。

2.6.7　位运算符

　　位运算符是针对二进制数的每一位进行运算的符号，它专门针对数字 0 和 1 进行操作。PHP 中的位运算符及其范例如表 2-12 所示。

表 2-12　位运算符

运　算　符	名　　称	例　子	结　　果
&	按位与	$a & $b	$a 和 $b 每一位进行"与"操作后的结果
|	按位或	$a | $b	$a 和 $b 每一位进行"或"操作后的结果
~	按位非	~ $a	$a 的每一位进行"非"操作后的结果
^	按位异或	$a ^ $b	$a 和 $b 每一位进行"异或"操作后的结果
<<	左移	$a << $b	将 $a 左移 $b 次（每一次移动都表示"乘以 2"）
>>	右移	$a >> $b	将 $a 右移 $b 次（每一次移动都表示"除以 2"）

在 PHP 中，位运算符既可以对整型类型数据进行运算，还可以对字符进行位运算，接下来针对这两种类型数据的位运算进行详细的讲解。

1. 当运算符左右参数均为数字时

在对数字进行位运算之前，程序会将所有的操作数转换成二进制数，然后在逐位运算，为了方面描述，下面的运算都是一个字节大小的数，具体如下：

（1）位运算符"&"是将参与运算的两个二进制数进行"与"运算，如果两个二进制位都为 1，则该位的运算结果为 1，否则为 0。

例如，将 6 与 11 进行与运算，数字 6 对应的二进制数为 00000110，数字 11 对应的二进制数为 00001011，具体演算过程如下所示：

```
    00000110
&
    00001011
————————————
    00000010
```

运算结果为 00000010，对应数值 2。

（2）位运算符"|"是将参与运算的两个二进制数进行"或"运算，如果二进制位上有一个值为 1，则该位的运行结果为 1，否则为 0。具体示例如下：

例如将 6 与 11 进行或运算，具体演算过程如下：

```
    00000110
|
    00001011
————————————
    00001111
```

运算结果为 00001111，对应数值 15。

（3）位运算符"~"只针对一个操作数进行操作，如果二进制位是 0，则取反值为 1；如果是 1，则取反值为 0。

例如，将 6 进行取反运算，具体演算过程如下：

```
~    00000110
————————————
    11111001
```

运算结果为 11111001，对应数值–7。

（4）位运算符"^"是将参与运算的两个二进制数进行"异或"运算，如果二进制位相同，则值为 0，否则为 1。

例如，将 6 与 11 进行异或运算，具体演算过程如下：

```
    00000110
^
    00001011
————————————
    00001101
```

运算结果为 00001101，对应数值 13。

（5）位运算符"<<"就是将操作数所有二进制位向左移动一位。运算时，右边的空位补 0。左边移走的部分舍去。

例如，数字 11 用二进制表示为 00001011，将它左移一位，具体演算过程如下：

```
    00001011        <<1
————————————
    00010110
```

运算结果为 00010110，对应数值 22。

（6）位运算符">>"就是将操作数所有二进制位向右移动一位。运算时，左边的空位根据原数的符号位补 0 或者 1（原来是负数就补 1，是正数就补 0）。

例如，数字 11 用二进制表示为 00001011，将它右移一位，具体演算过程如下：

```
    00001011        >>1
————————————
    00000101
```

运算结果为 00000101，对应数值 5。

2. 当左右参数均为字符时

在对字符进行位运算之前，首先将字符转换成对应的 ASCII 码（数字），然后对产生的数字进行上述运算，再把运算结果（数字）转换成对应的字符。如果两字符串长度不一样，则从两字符串起始位置起开始计算，之后多余的自动转换为空（视为一样）。

下面以字符 b 与字符 d 的"或"运算为例进行演示。具体演算过程如下：

```
    01000010        （b 对应的 ASCII 码值为 66，二进制为 01000010）
|
    01000100        （d 对应的 ASCII 码值为 68，二进制为 01000100）
————————————
    01000110
```

运算结果为 01000110，对应的数值为 70，该值对应的 ASCII 码表示字符 f。

2.6.8 错误控制运算符

PHP 的错误控制运算符使用@符号来表示，把它放在一个 PHP 表达式之前，将忽略该表达式可能产生的任何错误信息。错误控制运算符的使用示例如下：

```
$a=@4/0;
```

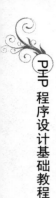

若未使用错误控制符，此行代码将会产生一个除 0 的警告信息，使用@操作后，警告信息将不会显示出来。

需要注意的是，@运算符只对表达式有效，例如可以把它放在变量、函数和 include()调用、常量之前，但不能把它放在函数或类的定义之前。

2.6.9　运算符优先级

前面介绍了 PHP 的各种运算符，那么在对一些比较复杂的表达式进行运算时，首先要明确表达式中所有运算符参与运算的先后顺序，我们把这种顺序称作运算符的优先级。接下来通过表 2-13 列出 PHP 中运算符的优先级，表中运算符的优先级由上至下递减，右表的第一个接左表的最后一个。

表 2-13　运算符优先级（由上至下优先级递减）

结合方向	运　算　符	结合方向	运　算　符
无	new	左	^
左	[	左	|
右	++　--　~　(int)　(float)　(string) (array)　(object)　@	左	&&
无	instanceof	左	||
右	!	左	?:
左	*　/　%	右	=　+=　-=　*=　/=　.=　%=　&= |=　^=　<<=　>>=
左	+　-　.	左	and
左	<<　>>	左	xor
无	==　!=　===　!==　<>	左	or
左	&	左	,

表 2-13 中罗列出了 PHP 中的大部分运算符，其中，同一行中的运算符具有相同的优先级，左结合方向表示将同级运算符的执行顺序为从左向右，右结合方向则表示执行顺序为从右向左。

在表达式中，还有一个优先级最高的运算符：圆括号()。在表达式的外围放置一对括号，可以提高圆括号内部运算符的优先级，这样可以避免复杂的运算符优先级法则，让代码更为清楚并且避免掉一些错误。接下来分析一段示例代码的运行结果，具体代码如下：

```
$num1=4+3*2;

$num2=(4+3)*2;
```

上述代码运行结果是，num1=10，num2=14。这是因为按照运算符优先级的原则，第一句代码中，乘法 "*" 的优先级高于加号 "+"，加号 "+" 的优先级高于赋值（=），因此先计算 3*2=6，然后计算 4+6=10，最后把值 10 赋给变量$num1，因此$num1=10。而在第二句代码中，使用圆括号后，会先强制计算子表达式 4+3 的值，然后把得到的结果 7 乘以 2，最后再赋给变量$num2，因此$num2=14。

在程序中，表达式可以使用任意多个圆括号，并且最里层圆括号中的表达式优先级别最高。需要注意的是，"or" 比 "||" 的优先级低，"and" 比 "&&" 的优先级低。在本书中倾向

使用"||"和"&&"运算符，以及使用括号来设定特定的运算符顺序。

2.7　流程控制语句

在前面章节中使用的代码基本都是按照自上而下的顺序逐条执行的。然而，在实际开发过程中，常常需要选择执行某些指定的代码，或循环执行一些代码，这样就涉及流程控制语句。流程控制语句主要包括选择结构语句和循环结构语句，本小节将对它们进行详细讲解。

2.7.1　选择结构语句

PHP 中有一种特殊的语句叫做选择结构语句，它需要对一些条件作出判断，从而决定执行哪一段代码。常用的选择结构语句有 if、if ...else、if ... elseif ... else 和 switch ... case 四种，下面对它们分别进行讲解，具体如下：

1. if 语句

if 语句（也称单分支语句）是指如果满足某种条件，就进行某种处理。例如，小明妈妈跟小明说"如果你考试得了 100 分，星期天就带你去游乐场玩"。这句话可以通过下面的一段伪代码来描述：

```
如果小明考试得了 100 分
    妈妈星期天带小明去游乐场
```

在上述伪代码中，"如果"相当于 PHP 中的关键字 if，"小明考试得了 100 分"是判断条件，需要用()括起来，"妈妈星期天带小明去游乐场"是执行语句，需要放在{}中。修改后的伪代码如下：

```
if (小明考试得了 100 分) {
    妈妈星期天带小明去游乐场
}
```

上面的例子就描述了 if 语句的用法，在 PHP 中，if 语句的具体语法格式如下：

```
if (判断条件){
    代码块
}
```

上述语法格式中，判断条件是一个布尔值，当判断条件为 true 时，{}中的执行语句才会执行。if 语句的执行流程如图 2-14 所示。

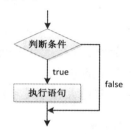

图 2-14　if 语句流程图

接下来通过一个案例来学习一下 if 语句的具体用法，如例 2-13 所示。

【例 2-13】

```php
1 <?php
2     $a=5;
3     if ($a<10) {
4         $a++;
5     }
6     echo '$a 的值为'.$a;
7 ?>
```

运行结果如图 2-15 所示。

图 2-15　例 2-13 运行结果

例 2-13 中，定义了一个变量 $a，其初始值为 5。在 if 语句的判断条件中判断 $a 的值是否小于 10，很明显条件成立，{}中的语句会被执行，变量 $a 的值将进行自增。从图 2-15 的运行结果可以看出，$a 的值已由原来的 5 变成了 6。

多学一招：省略 if 语句的大括号

如果 if 语句的代码块中只包含一条语句，那么 if 语句的大括号可以省略。下面通过修改例 2-13 来演示 if 语句省略大括号的情况，修改后的代码如例 2-14 所示。

【例 2-14】

```php
1 <?php
2     $a=5;
3     if ($a < 10)
4         $a++;
5     echo '$a 的值为'.$a;
6 ?>
```

运行结果如图 2-16 所示。

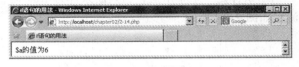

图 2-16　例 2-14 运行结果

在例 2-14 中，第 3 ~ 4 行代码 if 语句并没有加大括号，但是运行结果没有变化，说明 if 语句中只包含一条语句时，它的大括号是可以省略的。

2. if ... else 语句

if...else 语句（也称双分支语句）是指如果满足某种条件，就进行某种处理，否则就进行另一种处理。例如，要判断一个正整数的奇偶，如果该数字能被 2 整除则是一个偶数，否则该数字就是一个奇数。if...else 语句具体语法格式如下：

```
if (判断条件){
    执行语句1
    ……
}else{
    执行语句2
    ……
}
```

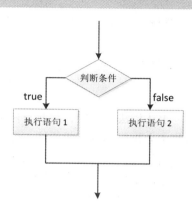

上述语法格式中，判断条件是一个布尔值。当判断条件为 true 时，if 后面{}中的执行语句 1 会执行。当判断条件为 false 时，else 后面{}中的执行语句 2 会执行。if...else 语句的执行流程如图 2-17 所示。

为了让大家更好地掌握 if...else 语句的用法，接下来通过一个案例来演示如何使用 if...else 语句实现判断奇偶数的功能，如例 2-15 所示。

图 2-17　if...else 语句流程图

【例 2-15】

```
1 <?php
2     $num=19;
3     if($num%2==0){
4         echo "num 是一个偶数" ;
5     }else {
6         echo "num 是一个奇数" ;
7     }
8 ?>
```

运行结果如图 2-18 所示。

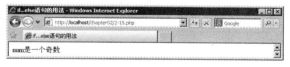

图 2-18　例 2-15 运行结果

例 2-15 中，变量$num 的值为 19，模 2 的结果为 1，不等于 0，判断条件不成立。因此会执行 else 后面{}中的语句，打印 "num 是一个奇数"。

3. if .. elseif .. else 语句

if...elseif...else 语句(也称多分支语句)用于对多个条件进行判断，进行多种不同的处理。例如，对一个学生的考试成绩进行等级的划分，如果分数大于 80 分等级为优，否则，如果分数大于 70 分等级为良，否则，如果分数大于 60 分等级为中，否则，等级为差。if...elseif...else 语句具体语法格式如下：

```
if (判断条件1) {
```

```
        执行语句 1
} elseif (判断条件 2) {
        执行语句 2
}
...
elseif (判断条件 n) {
        执行语句 n
} else {
        执行语句 n+1
}
```

上述语法格式中，判断条件是一个布尔值。当判断条件 1 为 true 时，if 后面{}中的执行语句 1 会执行。当判断条件 1 为 false 时，会继续执行判断条件 2，如果判断条件 2 为 true 则执行语句 2，以此类推，如果所有的判断条件都为 false，则意味着所有条件均未满足，else 后面{}中的执行语句 n+1 会执行。if…elseif…else 语句的执行流程如图 2-19 所示。

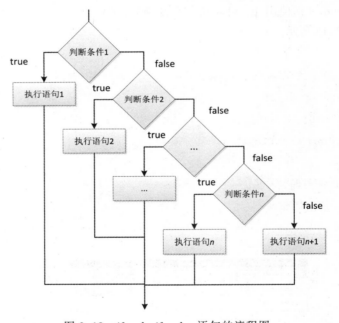

图 2-19　if…elseif…else 语句的流程图

为了让大家更好地掌握 if…elseif…else 语句的用法，接下来通过一个案例来实现对学生考试成绩进行等级划分的程序，如例 2-16 所示。

【例 2-16】

```
1 <?php
2     $grade=75;    // 定义学生成绩
3     if($grade>80) {
4         // 满足条件$grade>80
```

```
5          echo "该成绩的等级为优" ;
6      } elseif($grade>70) {
7          // 不满足条件$grade>80，但满足条件$grade>70
8          echo "该成绩的等级为良" ;
9      } elseif($grade>60) {
10         // 不满足条件$grade>70，但满足条件$grade>60
11         echo "该成绩的等级为中" ;
12     } else {
13         // 不满足条件$grade>60
14         echo "该成绩的等级为差" ;
15     }
16?>
```

运行结果如图 2-20 所示。

图 2-20　例 2-16 运行结果

例 2-16 中，定义了学生成绩 $grade 为 75。它不满足第一个判断条件 $grade>80，会执行第二个判断条件 $grade>70，条件成立，因此会打印"该成绩的等级为良"。

注意：

（1）if...elseif...else 语句可以包含任意多个 elseif 子句。

（2）if...elseif...else 语句中的 elseif 也可写成两个单词 else if。else if 相当于 else{if(){...}}，但其达到的效果是相同的，采用哪种写法依个人习惯。

4．switch ... case 语句

switch 条件语句也是一种很常用的选择语句，和 if 条件语句不同，它只能针对某个表达式的值作出判断，从而决定程序执行哪一段代码。例如，在程序中使用数字 1 ~ 7 来表示星期一到星期天，如果想根据某个输入的数字来输出对应中文格式的星期值，可以通过下面的一段伪代码来描述：

```
用于表示星期的数字
    如果等于 1，则输出星期一
    如果等于 2，则输出星期二
    如果等于 3，则输出星期三
    如果等于 4，则输出星期四
    如果等于 5，则输出星期五
    如果等于 6，则输出星期六
    如果等于 7，则输出星期天
```

对于上面一段伪代码的描述，大家可能会立刻想到用刚学过的 if...elseif...else 语句来实现，但是由于判断条件比较多，实现起来代码过长，不便于阅读。PHP 中提供了一种 switch

语句来实现这种需求，在 switch 语句中使用 switch 关键字来描述一个表达式，使用 case 关键字来描述和表达式结果比较的目标值，当表达式的值和某个目标值匹配时，会执行对应 case 下的语句。修改后的伪代码如下：

```
switch(用于表示星期的数字) {
    case 1:
        输出星期一;
        break;
    case 2:
        输出星期二;
        break;
    case 3:
        输出星期三
        break;
    case 4:
        输出星期四;
        break;
    case 5:
        输出星期五;
        break;
    case 6:
        输出星期六;
        break;
    case 7:
        输出星期天;
        break;
}
```

上面修改后的伪代码便描述了 switch 语句的基本语法格式，具体如下：

```
switch (表达式){
    case 目标值1:
        执行语句1
        break;
    case 目标值2:
        执行语句2
        break;
    ......
    case 目标值n:
        执行语句n
        break;
    default:
```

```
            执行语句 n+1
            break;
    }
```

在上述语法格式中，switch 语句将表达式的值与每个 case 中的目标值进行匹配，如果找到了匹配的值，会执行对应 case 后的语句，如果没找到任何匹配的值，就会执行 default 后的语句。switch 语句中的 break 关键字将在后面的小节中做具体介绍，此处，读者只需要知道 break 可以跳出 switch 语句即可。

为了让大家更好地掌握 switch 条件语句的用法，接下来通过一个案例演示根据数字来输出中文格式的星期，如例 2-17 所示。

【例 2-17】

```
1 <?php
2     $week = 5;
3     switch ($week) {
4         case 1:
5             echo "星期一" ;
6             break;
7         case 2:
8             echo "星期二" ;
9             break;
10        case 3:
11            echo "星期三" ;
12            break;
13        case 4:
14            echo "星期四" ;
15            break;
16        case 5:
17            echo "星期五" ;
18            break;
19        case 6:
20            echo "星期六" ;
21            break;
22        case 7:
23            echo "星期天" ;
24            break;
25        default:
26            echo "输入的数字不正确..." ;
27            break;
28    }
29?>
```

运行结果如图 2-21 所示。

图 2-21 例 2-17 运行结果

例 2-17 中，由于变量$week 的值为 5，整个 switch 语句判断的结果满足第 16 行的条件，因此打印"星期五"，例中的 default 语句用于处理和前面的 case 都不匹配的值，将第 2 行代码替换为$week = 8，再次运行程序，输出结果如图 2-22 所示。

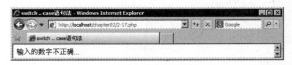

图 2-22 运行结果

在使用 switch 语句的过程中，如果多个 case 条件后面的执行语句是一样的，则该执行语句只需书写一次即可，这是一种简写的方式。例如，要判断一周中的某一天是否为工作日，同样使用数字 1~7 来表示星期一到星期天，当输入的数字为 1、2、3、4、5 时就视为工作日，否则就视为休息日。接下来通过一个案例来实现上面描述的情况，如例 2-18 所示。

【例 2-18】

```php
1 <?php
2     $week=2;
3     switch ($week) {
4         case 1:
5         case 2:
6         case 3:
7         case 4:
8         case 5:
9             // 当$week 满足值 1、2、3、4、5 中任意一个时，处理方式相同
10            echo "今天是工作日";
11            break;
12        case 6:
13        case 7:
14            // 当$week 满足值 6、7 中任意一个时，处理方式相同
15            echo "今天是休息日";
16            break;
17    }
18?>
```

运行结果如图 2-23 所示。

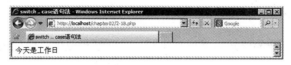

图 2-23　例 2-18 运行结果

例 2-18 中，当变量$week 值为 1、2、3、4、5 中任意一个值时，处理方式相同，都会打印"今天是工作日"。同理，当变量$week 值为 6、7 中任意一个值时，打印"今天是休息日"。

 脚下留心

（1）可以使用分号代替 case 语句后的冒号，执行效果一样。

（2）与其他语言不同，在 PHP 中，switch 语句中的 break 也可使用 continue 代替，作用基本相同。

（3）在 switch 语句执行代码的最后，包含一条 break 语句是很重要的。若没有 break 语句，程序流程将继续直接执行下一个 case 中的语句段，并最终到达默认语句。在大多数情况下，这将导致一个错误的结果。接下来通过一个案例来演示 switch 语句不包含 break 语句的情况，如例 2-19 所示。

【例 2-19】

```php
1  <?php
2    $a='A';
3    switch($a) {
4      case 'A':
5          echo '$a 为 A.';
6      case 'B':
7          echo '$a 为 B.';
8      case 'C':
9          echo '$a 为 C.';
10     default:
11         echo 'unknown $a.';
12   }
13?>
```

运行结果如图 2-24 所示。

图 2-24　例 2-19 运行结果

从图 2-24 可以看到，结果中显示了所有 case 和 default 中的 echo 内容。这是因为在第一个 case 匹配成功后，没有碰到 break 语句，会不进行匹配而直接执行其后所有 case 中的语句段，直到 switch 语句的最后一行或碰到 break 语句。这肯定不是我们想要的输出结果，所以一定要在适当的地方包含 break 语句。

2.7.2 循环结构语句

在 PHP 中有一种特殊的语句叫做循环语句，它可以实现将一段代码重复执行，例如循环打印 100 位学生的考试成绩。循环语句分为 while 循环语句、do...while 循环语句和 for 循环语句三种。接下来针对这三种循环语句分别进行详细讲解，具体如下：

1. while 循环语句

while 循环语句和 if 语句有些相似，都是根据条件判断来决定是否执行大括号内的执行语句。区别在于，while 语句会反复地进行条件判断，只要条件成立，{}内的执行语句就会执行，直到条件不成立，while 循环结束。while 循环语句的语法格式如下：

```
while(循环条件){
    执行语句
    .........
}
```

在上述语法格式中，{}中的执行语句被称作循环体，循环体是否执行取决于循环条件。当循环条件为 true 时，循环体就会执行。循环体执行完毕时会继续判断循环条件，如条件仍为 true 则会继续执行，直到循环条件为 false 时，整个循环过程才会结束。

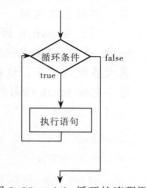

图 2-25 while 循环的流程图

while 循环的执行流程如图 2-25 所示。

接下来通过一个案例来实现打印 1 ~ 4 之间的自然数，如例 2-20 所示。

【例 2-20】

```
1 <?php
2     $a=1;                        // 定义变量$a，初始值为1
3     while ($a<=4) {              // 循环条件
4         echo '$a='.$a.'<br>';
5         $a++;                    // $a 进行自增
6     }
7 ?>
```

运行结果如图 2-26 所示。

图 2-26 例 2-20 运行结果

例 2-20 中，$a 初始值为 1，在满足循环条件$a<=4 的情况下，循环体会重复执行，打印$a 的值并让$a 进行自增。因此打印结果中$a 的值分别为 1、2、3、4。值得注意的是，例中第 5 行代码用于在每次循环时改变变量$a 的值，从而达到最终改变循环条件的目的。如果没有这行代码，整个循环会进入无限循环的状态，永远不会结束。

2. do … while 循环语句

do…while 循环语句和 while 循环语句功能类似，其语法格式如下：

```
do {
    执行语句
    …
} while(循环条件);
```

在上述语法格式中，关键字 do 后面{}中的执行语句是循环体。do…while 循环语句将循环条件放在了循环体的后面。这也就意味着，循环体会无条件执行一次，然后再根据循环条件来决定是否继续执行。

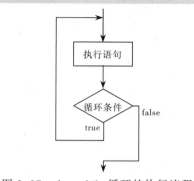

图 2-27　do…while 循环的执行流程

do…while 循环的执行流程如图 2-27 所示。

接下来使用 do…while 循环语句将例 2-20 进行改写，如例 2-21 所示。

【例 2-21】

```
1 <?php
2     $a=1;                     // 定义变量$a，初始值为 1
3     do {
4         echo '$a='.$a.'<br>'; // 打印$a 的值
5         $a++;                 // $a 进行自增
6     } while ($a<=4);          // 循环条件
7 ?>
```

运行结果如图 2-28 所示。

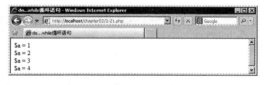

图 2-28　例 2-21 运行结果

例 2-21 和例 2-20 运行结果一致，这就说明 do …while 循环和 while 循环能实现同样的功能。然而在程序运行过程中，这两种语句还是有差别的。如果循环条件在循环语句开始时就不成立，那么 while 循环的循环体一次都不会执行，而 do…while 循环的循环体还是会执行一次。若将例中的循环条件$a <=4 改为$a < 1，例 2-21 会打印$a =1，而例 2-20 什么也不会打印。

3. for 循环语句

for 循环语句是最常用的循环语句，一般用在循环次数已知的情况下。for 循环语句的语法格式如下：

```
for(初始化表达式; 循环条件; 操作表达式) {
    执行语句
    …
}
```

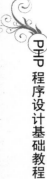
在上述语法格式中，for 关键字后面()中包括了三部分内容：初始化表达式、循环条件和操作表达式，它们之间用";"分隔，{}中的执行语句为循环体。

接下来分别用①表示初始化表达式、②表示循环条件、③表示操作表达式、④表示循环体，通过序号来具体分析 for 循环的执行流程。具体如下：

```
for(① ; ② ; ③){
    ④
}
```

第一步，执行①。

第二步，执行②，如果判断结果为 true，执行第三步，如果判断结果为 false，执行第五步。

第三步，执行④。

第四步，执行③，然后重复执行第二步。

第五步，退出循环。

接下来通过一个案例对自然数 1~4 进行求和，如例 2-22 所示。

【例 2-22】

```php
1 <?php
2    $sum=0;                      // 定义变量$sum，用于记住累加的和
3     for ($i=1; $i<=4; $i++) {   // $i 的值会在 1~4 之间变化
4         $sum+=$i;               // 实现$sum 与$i 的累加
5    }
6    echo '$sum='.$sum;          // 打印累加的和
7 ?>
```

运行结果如图 2-29 所示。

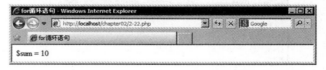

图 2-29　例 2-22 运行结果

例 2-22 中，变量$i 的初始值为 1，在判断条件$i<=4 为 true 的情况下，会执行循环体 $sum+=$i，执行完毕后，会执行操作表达式$i++，$i 的值变为 2，然后继续进行条件判断，开始下一次循环，直到$i=5 时，条件$i<=4 为 false，结束循环，执行 for 循环后面的代码，打印 "$sum=10"。

为了让读者能熟悉整个 for 循环的执行过程，现将例 2-11 运行期间每次循环中变量$sum 和$i 的值通过表 2-14 罗列出来。

表 2-14　$sum 和$i 循环中的值

循环次数	$sum	$i	循环次数	$sum	$i
第一次	1	1	第三次	6	3
第二次	3	2	第四次	10	4

for 循环语句中的每个表达式都可以为空，但是必须保留之间的分号分割符。当每个表达式都为空时，表示该 for 循环语句的循环条件永远满足，会进入无限循环的状态，此时如果要结束无限循环，也可以在 for 语句循环体中进行控制，如例 2-23 所示。

【例 2-23】

```php
1 <?php
2   $i=1;
3   for (;;) {
4     if ($i>4) {
5         break;
6     }
7     echo $i. '<br />';
8     $i++;
9   }
10?>
```

运行结果如图 2-30 所示。

图 2-30　例 2-23 运行结果

在例 2-23 中，for 循环语句中的表达式都为空，表示这是一个无限 for 循环，第 4～6 行代码中当 $i 的值大于 4 时，使用 break 语句退出循环，第 8 行代码对 $i 进行自增操作，从图 2-30 中可以看出，通过在无限 for 循环内部进行条件控制，只打印出了 1～4 的值。

2.7.3　跳转语句

跳转语句用于实现循环执行过程中程序流程的跳转，在 PHP 中的跳转语句有 break 语句、continue 语句和 goto 语句。接下来分别进行详细讲解。

1. break 语句

在 switch 条件语句和循环语句中都可以使用 break 语句。当它出现在 switch 条件语句中时，作用是终止某个 case 并跳出 switch 结构。当它出现在循环语句中，作用是跳出循环语句，执行后面的代码。关于在 switch 语句中使用 break 前面的案例中已经用过了，接下来将例 2-20 稍作修改，当变量 $a 的值为 3 时使用 break 语句跳出循环，修改后的代码如例 2-24 所示。

【例 2-24】

```php
1 <?php
2    $a=1;                            // 定义变量$a，初始值为 1
3    while ($a<=4) {                  // 循环条件
4        echo '$a ='.$a.'<br>';
5        if($a==3){
6            break;
7        }
8    $a++;                            // $a 进行自增
9    }
10?>
```

运行结果如图 2-31 所示。

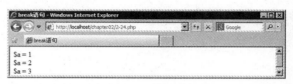

图 2-31 例 2-24 运行结果

在例 2-24 中，通过 while 循环打印$a 的值，当$a 的值为 3 时使用 break 语句跳出循环。因此打印结果中并没有出现 "$a = 4"。

需要注意的是，break 可以接受一个可选的数字参数来决定跳出几重循环。例 2-24 第 6 行的 "break;" 等同于 "break 1;"，也就是说跳出当前的 1 重循环，即 while 循环。在有多层嵌套循环中，可使用 break n 跳出多重循环。

2. continue 语句

continue 语句用在循环语句中，它的作用是终止本次循环，执行下一次循环。接下来通过一个案例对 1~100 之内的奇数求和，如例 2-25 所示。

【例 2-25】

```php
1 <?php
2    $sum=0;                          // 定义变量$sum，用于记住和
3    for ($i=1; $i<=100; $i ++) {
4        if ($i%2==0) {               //$i 是一个偶数，不累加
5            continue;                // 结束本次循环
6        }
7        $sum+=$i ;                   // 实现$sum 和$i 的累加
8    }
9    echo '$sum='.$sum;
10?>
```

运行结果如图 2-32 所示。

图 2-32　例 2-25 运行结果

例 2-25 使用 for 循环让变量$i 的值在 1 ~ 100 之间循环，在循环过程中，当$i 的值为偶数时，将执行 continue 语句结束本次循环，进入下一次循环。当$i 的值为奇数时，$sum 和$i 进行累加，最终得到 1 ~ 100 之间所有奇数的和，打印 "$sum = 2500"。

3. goto 语句

goto 语句的作用是跳转到程序中的另一位置。在目标位置用目标名称加上冒号来标记，跳转指令是 goto 之后加上目标位置的标记。接下来通过一个案例来演示如何使用 goto 语句，如例 2-26 所示。

【例 2-26】

```php
1 <?php
2     for ($i=1,$j=10; $i<20; $i++) {
3         while($j--) {
4             if($j==5) goto end;
5         }
6     }
7     echo '$i='.$i;
8     end:
9     echo '$i='.$i. ',$j='.$j;
10?>
```

运行结果如图 2-33 所示。

在例 2-26 中，for 循环中嵌套了一个 while 循环，在 while 循环中，通过 if 条件判断，当满足 "$j == 5" 时，使用 "goto end;" 的方式，使程序跳转到第 8 行代码的 "end:" 标记处，并继续向下执行打印出此时$i 和$j 的值。

图 2-33　例 2-26 运行结果

注意：

（1）goto 语句仅在 PHP 5.3 及以上版本有效。

（2）PHP 中的 goto 语句只能在同一个文件或作用域中跳转，也就是说无法跳出一个函数或类方法，也无法跳入另一个函数。

多学一招：替换语法

我们已经介绍了选择结构语句 if、switch，以及循环结构语句 while、for 这些流程控制语句，PHP 还为这些流程控制语句提供了一种替换语法。替换语法规则是：

把左花括号({)换成冒号(:),把右花括号(})分别换成 endif;, endswitch;, endwhile;, endfor;。接下来以 for 语句为例,通过两段示例来演示 PHP 中的替换语法,具体示例如下:

```
for ($i=1; $i<4; $i++) {
    echo $i;
}
```

使用替换语法之后示例如下:

```
for ($i=1; $i<4; $i++):
    echo $i;
endfor;
```

在上述示例代码中,将 for 循环语句按照替换语法规则进行了改写。值得注意的,对于 do…while 循环,没有可替换的语法。

本 章 小 结

在本章中,我们介绍了 PHP 语言的一些基础知识。了解了变量的定义、使用方法和使用范围,详细介绍了变量的数据类型和类型转换,还学习了常量和可变变量的定义及访问。本章还介绍了各种运算符,以及如何把一些常见的运算符组合到表达式中。最后我们学习了流程控制语句可用来编写做判断和执行重复任务的脚本,使脚本变得更灵活、更动态。

通过本章的学习,读者要掌握 PHP 的基本语法,可以开始编写简单的 PHP 脚本,要学会使用运算符和流程控制语句。

动 手 实 践

学习完前面的内容,下面来动手实践一下吧:

问题:打印金字塔。

描述:从键盘输入一个自然数 N（1<N<9）。根据 N 的值,打印输出对应的"*"金字塔。如 N = 4(即 4 层)。实现如下图的金字塔效果:

```
   *
  ***
 *****
*******
```

图 2-34　金字塔

说明:动手实践参考答案可从中国铁道出版社教育资源数字化平台网址（http://www.tdpress.com/51eds/）下载。

第③章

➡ 函　数

学习目标
- 掌握函数的定义及调用。
- 掌握函数中变量的作用域。
- 掌握可变函数的使用。
- 掌握字符串相关函数的使用。

上一章讲解了 PHP 的基本语法，使用这些语法可以实现某些简单功能，例如，求平均数、计算总分等。但是，如果程序需要多次重复某种操作，则需要重复书写多次相同的代码，这样不仅加重了程序员的工作量，而且对于代码的后期维护也是相当困难的。为此，PHP 提供了函数，它可以将程序中烦琐的代码模块化，提高程序的可读性，并且便于后期维护。本章将围绕 PHP 的函数进行详细讲解。

3.1　初　识　函　数

3.1.1　函数的定义

在程序开发中，通常会将某段实现特定功能的代码定义成一个函数。在 PHP 中，函数使用关键字 function 来定义，其语法格式如下所示：

```
function 函数名 ([参数 1，参数 2，……])
{
    函数体
}
```

从上述语法格式可以看出，函数的定义由关键字"function""函数名""[参数 1，参数 2...]"和"函数体"四部分组成，关于这四部分的相关讲解具体如下：

（1）function：在声明函数时必须使用的关键字。

（2）函数名：创建函数的名称，是有效的 PHP 标识符，函数名是唯一的。

（3）[参数 1，参数 2...]：外界传递给函数的值，它是可选的，当有多个参数时，各参数用","分隔。

（4）函数体：函数定义的主体，专门用于实现特定的功能。

对函数定义的语法格式有所了解后，接下来，定义一个无参的函数 shout()，并在函数体中输出"传智播客"，具体示例如下：

```
<?php
```

```
    function shout(){
         echo "传智播客";
    }
?>
```

上述定义的 shout()函数比较简单，它没有定义参数，并且函数体中只是输出了一句话。接下来，定义一个带参数的函数，具体示例如下：

```
<?php
    function call($name){
         echo "您好，我是".$name."!<br />"; //<br />是换行符
    }
?>
```

上述代码定义了一个带有参数的函数 call($name)，当调用该函数时，参数 name 的值是根据调用者传入的值确定的，如传入的参数 name 为"小明"，程序就会输出"您好，我是小明"。

注意： 在 PHP 中定义函数时，函数的命名需要遵循一定的规范，具体如下：

（1）函数名必须以英文字母或下划线开头，后面可以跟任意数量的英文字母、数字、下划线或其组合。

（2）不能以关键字作为函数名称，如 break、empty、do 等。

（3）函数名不区分大小写，如 search()和 SEARCH()指的是同一个函数，这点与变量的命名不同。

（4）以表达函数的动作意义为原则，一般以动词开头，采用大小写混合的方式，第一个单词的首字母小写，其后单词的首字母大写。如切换语言的函数可以命名为 changeLanguage()。

（5）给每个动作选一个词并一以贯之，例如获取数值用 get 开头，相应的函数名称可以为 getMsg()、getUsername()和 getAddress()等，设置数值用 set 开头，删除数值用 del 开头等。

在上述规范中，除了最后两条外，其余规则都是 PHP 函数命名必须遵守的。

3.1.2 函数的调用

当函数定义完成后，要想在程序中发挥函数的作用，必须得调用这个函数。函数的调用非常简单，只需引用函数名，并传入相应的参数即可。函数调用的语法格式如下：

```
函数名称([参数 1，参数 2……])
```

在上述语法格式中，"[参数 1，参数 2...]"是可选的，用于表示参数列表，其值可以是一个或多个。

为了帮助大家更好地理解函数调用，接下来，通过一个计算圆面积的案例来演示函数的调用，具体如例 3-1 所示。

【例 3-1】

```
1  <?php
2     define("PI", 3.14);              //定义一个值为 3.14 的常量 PI，注意 PI 需要加引号
3     $r=9;
```

```
4    $s=getCircleArea($r);          //调用函数 getCircleArea()
5    echo "圆形的面积为".$s;
6    function getCircleArea($raduis){
7       $area=PI*$raduis*$raduis;
8       return $area;
9    }
10?>
```

运行结果如图 3-1 所示。

图 3-1　例 3-1 运行结果

在例 3-1 中，第 6～9 行代码定义了用于计算圆面积的函数 getCircleArea()。当在第 4 行代码中调用 getCircleArea()函数时，由于传入的参数值为 9，因此，程序输出"圆形的面积为254.34"。

3.1.3　函数的返回值

有时，希望在调用一个函数后，能得到处理结果，这个结果即为函数的返回值。在 PHP函数中，使用 return 语句可以将返回值传递给调用者，并且 return 语句后紧跟的返回值可以为变量、常量、数组或者表达式等。为了帮助大家更好地理解函数的返回值，接下来，通过一个求和的案例来演示 return 语句的使用，具体如例 3-2 所示。

【例 3-2】

```
1 <?php
2    function sum($a,$b) {
3       return $a+$b;
4    }
5    echo "两个数的和等于: ";
6    echo sum(23,96);
7 ?>
```

运行结果如图 3-2 所示。

图 3-2　例 3-2 运行结果

在例 3-2 中，第 2～4 行代码定义了一个用于求和的函数 sum，并使用 return 语句将求和结果返回。在第 6 行代码中调用 sum()函数后，程序会直接输出函数 sum()的计算结果。

3.2　函数的高级应用

通过 3.1 小节的学习，我们了解了函数的定义、传参方法和调用方法，本章将针对函数的一些高级应用进行详细讲解，包括函数的嵌套调用、函数中变量的作用域以及可变函数。

3.2.1　函数中变量的作用域

在前面介绍过，变量需要先定义后使用，但这并不意味着变量定义后就可以随时使用该变量。变量需要在它的作用范围内才可以被使用，这个作用范围称为变量的作用域。在函数中定义的变量称为局部变量，在函数外定义的变量称为全局变量。为了帮助大家更好地理解函数中变量的作用域，先来看一个例子，如例 3-3 所示。

【例 3-3】

```php
1 <?php
2   $var=100;                           //此处$var 是全局变量
3   function test(){
4       echo "在函数内部 var 的值为: ".$var;   //在函数内部调用全局变量$var
5   }
6   test();
7 ?>
```

运行结果如图 3-3 所示。

图 3-3　例 3-3 运行结果

从图 3-3 中可以看出，程序提示变量$var 未定义，$var 的值也没有输出。说明在这种情况下，函数内部是不能使用定义在函数外部的变量。

如果希望在函数内部使用函数外面的变量，需要在函数内部使用关键字 global 修饰变量。接下来通过一个例子来演示 global 的用法，如例 3-4 所示。

【例 3-4】

```php
1 <?php
2   $var=100;                           //定义全局变量$var
3   function test(){
4     global $var;                      //在 test()范围内，使用函数外面的变量
5     echo "在函数内部 var 的值为: ".$var;
6   }
7   test();
8 ?>
```

运行结果如图 3-4 所示。

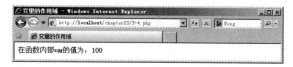

图 3-4 例 3-4 运行结果

从图 3-4 可以看出，程序可以获取到 $var 的值。由此可见，使用 global 关键字可以手动将函数中使用的变量变为全局变量。

多学一招：预定义变量$GLOBALS

除了上述方法可以读取全局变量，还可以使用预定义变量$GLOBALS，它是一个包含了全部变量的全局组合数组，变量的名称就是数组的键，其中关于数组的内容会在第 4 章详细讲解。先来看一段代码，具体如例 3-5 所示。

【例 3-5】

```php
<?php
    $var=100;
    function test(){
      //使用$GLOBALS 访问全局变量
        echo "在函数内部 var 的值为：".$GLOBALS["var"];
      }
    test();
?>
```

运行结果如图 3-5 所示。

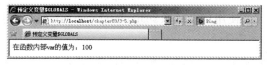

图 3-5 预定义变量$GLOBALS

在例 3-5 中，使用 "$GLOBALS["变量名"]" 方式在函数 test()内部调用函数外定义的变量。从图 3-5 可以看出，程序在函数 test()内部，成功调用到了函数外部定义的变量。

3.2.2 可变函数

PHP 支持可变函数的概念，这意味着如果一个变量名后有圆括号，PHP 将寻找与变量的值同名的函数，并且尝试执行它。为了帮助大家更好地理解可变函数的用法，接下来，通过一个案例来演示可变函数的使用，如例 3-6 所示。

【例 3-6】

```php
1 <?php
2   function calculatePrice($price,$discount){  //定义函数 calculatePrice()
3     $discount_price=$price * $discount;
```

```
4        echo "商品的原价为".$price."元";
5        echo "<br>";
6        echo "商品的折扣为".$discount;
7        echo "<br>";
8        echo "商品的折扣价为".$discount_price."元";
9        echo "<br>";
10   }
11   $price=100;
12   $discount=0.7;
13   calculatePrice($price,$discount);    //直接调用函数 calculatePrice()
14   //将函数名"calculatePrice"赋值给变量$calculateFunc
15   $calculateFunc="calculatePrice";
16   $calculateFunc($price,$discount);    //调用与变量值同名的函数
17?>
```

运行结果如图 3-6 所示。

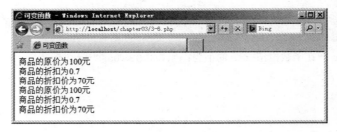

图 3-6　例 3-6 运行结果

从图 3-6 中可以看出，使用可变函数$calculateFunc()和直接调用函数 calculatePrice()的效果是一样的。

注意： 实际编程中，使用可变函数可以增加程序的灵活性，但是滥用可变函数会降低 PHP 代码的可读性，使程序逻辑难以理解，给代码的维护带来不便，所以在编程过程中尽量少用或者不用可变函数。

3.2.3　函数的嵌套调用

在平常的开发中，我们经常会在调用一个函数的过程中，调用另外一个函数，这种在函数内调用其他函数的方式称为嵌套调用，接下来，通过一个案例来演示函数的嵌套调用，具体如例 3-7 所示。

【例 3-7】

```
1 <?php
2    function sum($subject1,$subject2,$subject3){      //定义计算总分的函数
3        return $subject1 + $subject2 + $subject3;      //返回总分
4    }
```

```
5      //定义计算平均分的函数
6      function avg($subject1,$subject2,$subject3,$number){
7          return sum($subject1,$subject2,$subject3) / $number;  //返回平均分
8      }
9      $chinese=90;
10     $math=85;
11     $english=79;
12     $number=3;
13     echo "平均分为" . avg($chinese,$math,$english,$number);
14?>
```

运行结果如图 3-7 所示。

在例 3-7 中，第 2～4 行代码定义了一个用于计算总分的 sum()函数，第 5～8 行代码定义了一个用于计算平均分的 avg()函数，avg()函数内部调用了 sum()函数，并将计算的平均分返回给调用者。为了便于大家更好地理解函数的执行过程，接下来通过一张图来描述，具体如图 3-8 所示。

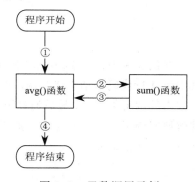

图 3-7　例 3-4 运行结果　　　　　　图 3-8　函数调用示例

图 3-8 描述了例 3-7 中的执行流程，接下来，针对程序中函数的调用情况进行详细讲解，具体如下：

① 程序开始执行，调用 avg()函数，并将变量$chinese、$math、$english、$number 的值传递给 avg()函数。

② 由于在 avg()函数中调用了 sum()函数，因此，程序进入 sum()函数，完成总分的计算，并将结果返回给 avg()函数。

③ avg()函数根据 sum()函数返回的值，完成平均分的计算。

④ 输出平均分，程序结束

3.3　函数的递归调用

在函数的嵌套调用中，有一种特殊的调用叫做递归调用，它指的是在函数的内部调用自身的过程。为了避免函数陷入无限递归的状态，需要设置递归条件结束调用。接下来通过一个计算自然数之和的案例来演示函数的递归调用，如例 3-8 所示。

【例 3-8】

```php
1 <?php
2    // 下面的函数使用递归实现 求 1~n 的和
3    function getSum($n) {
4       if ($n==1) {                    // 满足条件，递归结束
5          return 1;
6       }
7       $temp=getSum($n-1);
8       return $temp+$n;
9    }
10      echo "sum = ".getSum(4);        // 调用递归函数，打印出 1~4 的和
11?>
```

运行结果如图 3-9 所示。

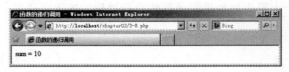

图 3-9　例 3-8 运行结果

在例 3-8 中，第 3~9 行代码定义了一个 getSum()函数，用于计算 1~n 之间自然数之和，其中第 4 行代码是结束递归调用的条件，当 n 等于 1 时，递归结束。第 7 行代码在 getSum()函数内部调用了自身，最后通过第 10 行代码输出递归调用计算的结果。为了便于大家更好地理解递归调用，接下来通过一张图来描述 getSum()函数的递归过程，具体如图 3-10 所示。

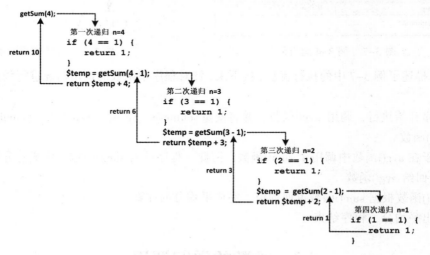

图 3-10　递归调用过程

图 3-10 描述了 getSum()函数的递归调用过程。getSum()函数被调用了 4 次，并且每次调用时，n 的值都会递减。当 n 的值为 1 时，所有递归调用的函数都会以相反的顺序相继结束，所有的返回值会进行累加，最终得到的结果 10。

3.4 字符串相关函数

在 PHP 开发中，除了可以自定义函数，还可以使用 PHP 提供的内置函数。针对字符串的相关操作，PHP 提供了相应的字符串函数，例如，用于分割字符串的 explode() 函数、比较字符串的 strcmp() 函数。本节将针对这些与字符串相关的函数进行详细讲解。

3.4.1 explode() 函数

在程序开发中，经常需要按照某种规则对字符串进行分隔，例如，按照 "@" 符号分割邮箱账号，获取 "@" 后的邮箱域名。在 PHP 中，可以通过调用 explode() 函数实现字符串的分割功能，其声明方式如下所示：

```
array explode(string $separator,string $str[,int $limit])
```

在上述声明中，array 表示数组类型，它是函数的返回值类型，参数 $separator 表示字符串的分隔符，参数 $str 表示要分割的字符串，参数 $limit 是可选的，用于表示返回的数组中最多可包含 limit 个元素。如果在调用 explode() 函数中设置了参数 $limit，那么，$limit 有三种取值情况，具体如下：

（1）如果参数 $limit 是正数，则返回的数组包含最多 limit 个元素，而最后那个元素将包含 $str 的剩余部分。

（2）如果参数 $limit 是负数，则返回除了最后的 limit 个元素外的所有元素。

（3）如果参数 $limit 是 0，则它会被当做 1。

为了帮助大家更好地掌握 explode() 函数的用法，接下来通过一个案例来演示如何使用 explode() 函数实现字符串的分割操作，具体如例 3-9 所示。

【例 3-9】

```
1  <?php
2    $str="apple,pear,banana,orange";      //定义字符串$str
3    $arr=explode(",",$str);               //用逗号对$str字符串进行分割
4    echo "第一次分割的结果为：";
5    print_r($arr);                        //输出数组中的元素
6    echo "<br>";                          //换行
7    $arr=explode(",",$str,2);             //用逗号对$str字符串进行分割，限制返回
                                             字符串个数为2
8    echo "第二次分割的结果为：";
9    print_r($arr);
10 ?>
```

运行结果如图 3-11 所示。

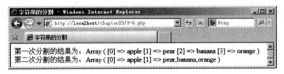

图 3-11 例 3-9 运行结果

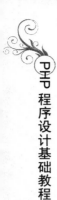

从图 3-11 中可以看出，字符串$str 第一次和第二次分割的结果不同。这是因为在例 3-9 中，第 3 行代码中使用 ","对字符串$str 进行分割。而第 7 行代码中不仅用 ","对字符串分割，而且限制返回字符串个数为 2。需要注意的是，在使用 explode()函数对字符串进行分割时，参数$limit 决定了返回元素的个数。

注意：在调用 explode()函数时，如果给参数$separator 传入的字符串在$str 中找不到，那么 explode()函数将返回包含$str 单个元素的数组；如果给参数$separator 传入空字符串，那么 explode()函数将返回 false。

3.4.2 implode()函数

在程序开发中，除了可以将字符串按照指定的规则分割外，还可以将字符数组拼接成一个新的字符串。在 PHP 中，可以通过调用 implode()函数实现字符数组的拼接功能，其声明方式如下所示：

```
string implode(string $glue,array $arr)
```

在上述声明中，函数名前的 string 表示函数的返回值类型是字符串类型，参数$arr 表示待合并的数组，参数$glue 表示连接符。为了帮助大家更好地掌握 implode()函数的用法，接下来通过一个案例来演示如何使用 implode()函数将数组中的元素连接成一个字符串，具体如例 3-10 所示。

【例 3-10】

```
1 <?php
2                                          //定义并初始化一个数组
3     $fruit_arr=array("apple","pear","banana","orange");
4     $fruit_str=implode("&",$fruit_arr);     //通过 "&"符将数组中的元素拼接起来
5     echo "fruit_str=".$fruit_str ;          //输出新生成的字符串
6 ?>
```

运行结果如图 3-12 所示。

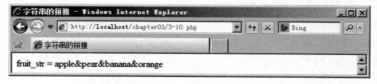

图 3-12　例 3-10 运行结果

从图 3-12 中可以看出，数组中的所有元素通过 "&"拼接在一起，并生成了一个新的字符串。这是因为在例 3-10 中，第 4 行代码使用 implode()函数将该数组中所有元素用 "&"合并成一个字符串，第 5 行代码输出合并后的字符串。

值得一提的是，在例 3-9 和例 3-10 的案例中都涉及了数组的知识，关于数组将在后面的章节做详细地讲解，读者在此只需简单把它理解为一个容器，专门用于存放具有共同特性的元素即可。

3.4.3 strcmp()函数

在程序开发中，经常需要对两个字符串进行比较操作。例如，判断两个字符串大小，此时可以使用strcmp()函数来实现，其声明方式如下所示：

```
int strcmp(string $str1,string $str2)
```

在上述声明中，int 表示函数的返回值类型是整数类型，参数$str1 和$str2 均表示待比较的字符串。

需要注意的是，在 PHP 中，每个字符都有对应的 ASCII 码值。在对两个字符串进行比较时，首先比较第一个字符的大小，如果相等则继续比较第二个字符，如果第二个字符也相等则继续比较第三个字符，以此类推，直到比较到有不相同的字符或者到字符串的结尾才停止比较，此时返回比较结果。如果字符串$str1 和$str2 相等，则函数返回 0；如果字符串$str1 小于$str2，则函数返回值小于 0 的值；如果字符串$str1 大于$str2，则函数返回值大于 0 的值。

为了让大家更好地掌握strcmp()函数的用法，接下来通过一个案例来演示如何使用strcmp()函数比较两个字符串，如例 3-11 所示。

【例 3-11】

```php
1 <?php
2     $str1="abcd";
3     $str2="ABCD";
4     $str3="abcd";
5     echo "str1 和 str2 的比较结果是".strcmp($str1,$str2)."<br>";
6     echo "str1 和 str3 的比较结果是".strcmp($str1,$str3)."<br>";
7 ?>
```

运行结果如图 3-13 所示。

图 3-13　例 3-11 运行结果

从图 3-13 中可以看出，$str1 和$str2 的比较结果是 1，说明字符串$str1 比$str2 大。这是因为 "a" 和 "A" 在 ASCII 码中对应值的分别是 97 和 65，而字符串$str1 和字符串$str3 本来就是一样的，所以他们的比较结果为 0。

脚下留心

通过前面的学习，发现 strcmp()函数和 "==" 操作符都是用来比较字符串的，但是，使用这两种方式比较的字符串结果是不同的，接下来，通过一个案例来演示这两种比较方式的区别，如例 3-12 所示。

【例 3-12】

```php
<?php
    $str1 ="123";
```

```
    $str2 = "123";
    if(strcmp($str1,$str2)){
        echo "比较结果非 0，表示两个字符串不相等<br>";
    } else {
        echo "比较结果为 0，表示两个字符串相等<br>";
    }
    if($str1 == $str2){
        echo "比较结果为 true，表示两个字符串相等<br>";
    } else {
        echo "比较结果为 false，表示两个字符串不相等<br>";
    }
?>
```

运行结果如图 3-14 所示。

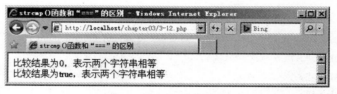

图 3-14　例 3-12 运行结果

在例 3-12 中，首先在第 2～3 行代码定义了字符串$str1 和$str2，然后分别使用 strcmp()函数和 "=="操作符比较$str1 和$str2 是否相等，从图 3-14 中可以看出，使用 strcmp()函数比较字符串时，当比较结果为 0 时，表示字符串相等，而使用 "==" 操作符比较字符串时，当比较结果为 true（非 0）时，表示字符串相等。

3.4.4　str_replace()函数

在程序开发中，经常会对字符串中的某些字符进行替换操作，这时可以通过 str_replace() 函数来完成。其声明方式如下所示：

```
mixed str_replace(mixed $search,mixed $replace,mixed $subject[,int &$count])
```

在上述声明中，$search 参数表示查找的目标值，$replace 参数表示$search 的替换值，$subject 参数表示需要被操作的字符串，$count 参数是用来统计$search 参数被替换的次数，它是一个可选参数，与其他函数参数不同的是，当完成 str_replace()函数的调用后，该参数还可以在函数外部直接被调用。

为了让大家更好地掌握 str_replace()函数的用法，接下来通过一个案例来演示如何使用 str_replace()函数实现字符串的替换操作，如例 3-13 所示。

【例 3-13】

```
1  <?php
2      //下面是字符串替换
```

```
3    $str1="I like play football, and he is also like play football";
4    $str2="basketball";
5    echo "替换前字符串为: ".$str1."<br>";
6    $str=str_replace("football",$str2,$str1,$count);
7    echo "替换后字符串为: ".$str."<br>";
8    echo "字符串中football被替换的次数为".$count."<br>";
9 ?>
```

运行结果如图3-15所示。

图3-15 例3-13运行结果

从图3-15中可以看出，football字符串被替换成了basketball，并且替换了两次。在例3-13中，第3行和第4行代码分别定义了字符串$str1和$str2，第6行代码通过str_replace()函数将$str1中所有的"football"替换成$str2，并得到被替换的次数$count，最后通过第5和第7行以及第8行的代码分别输出替换前和替换后的字符串以及替换的次数。

3.4.5 substr()函数

在程序开发中，常常需要截取一个字符串中的某一部分，也就是获取字符串中的某个子串。在PHP中，专门提供了substr()函数用来获取字符串的子串，其声明方式如下所示：

```
string substr(string $str,int $start[,int $length])
```

在上述声明中，函数名前的string表示函数的返回值类型是字符串类型，参数$str用于表示待处理的字符串，参数$start表示，从位置为start的字符处开始进行截取，参数$length表示截取的子串长度为$length，该参数是可选的，如果$length为空，则默认截取到字符串的末尾。

为了让大家更好地掌握substr()函数的用法，接下来通过一个案例来演示如何使用substr()函数获取一个字符串的子串，如例3-14所示。

【例3-14】

```
1 <?php
2    $str="This is a string";
3    $str1=substr($str,0,4);    //从第一个字符开始，截取4个字符
4    $str2=substr($str,0);      //从第一个字符开始截取，直到字符串的末尾
5    $str3=substr($str,0,-4);   //从第一个字符开始截取，直到字符串末端第4个字符
6    $str4=substr($str,-1);     //从字符串末端返回1个字符
7    echo "str1 为".$str1."<br>";
8    echo "str2 为".$str2."<br>";
9    echo "str3 为".$str3."<br>";
10   echo "str4 为".$str4."<br>";
11?>
```

第
3
章
函
数

运行结果如图 3-16 所示。

图 3-16　例 3-14 运行结果

在例 3-14 中，首先定义了一个字符串$str，然后在第 3～6 行代码中使用 substr()函数获取$str 中不同长度的子串。从图 3-16 中可以看出，程序输出了字符串$str 中不同的子串。

3.4.6　strlen()函数

在程序开发中，经常需要统计字符串的长度，字符串的长度实际上就是指字符串中字符的个数。在 PHP 中，可以通过使用 strlen()函数来获取字符串的长度，其声明方式如下所示：

```
int strlen(string $str)
```

在上述声明中，int 表示 strlen()函数的返回值类型是整数类型，参数$str 用于表示待获取长度的字符串。为了让大家更好地掌握 strlen()函数的用法，接下来通过一个案例来演示如何使用 strlen()函数分别获取英文、中文和带空格的字符串的长度，如例 3-15 所示。

【例 3-15】

```
1 <?php
2     $str1="abcd";
3     $str2="中文字符串";
4     $str3="空 格";
5     echo "str1 的长度为".strlen($str1)."<br>";
6     echo "str2 的长度为".strlen($str2)."<br>";
7     echo "str3 的长度为".strlen($str3)."<br>";
8 ?>
```

运行结果如图 3-17 所示。

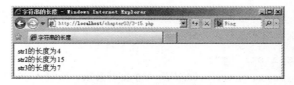

图 3-17　例 3-15 运行结果

在例 3-15 中，第 2～4 行代码分别定义了三个字符串，第 5～7 行代码通过 strlen()函数分别获取以上三个字符串的长度并输出。从图 3-17 中可以看出，单个英文字符和一个空格的长度均为 1，一个中文字符的长度为 3。

3.4.7　trim()函数

在编写程序时，有时需要过滤字符串中的空白字符，例如，去除用户注册邮箱中的首尾两端的空白字符，这时，可以使用 PHP 提供的 trim()函数，trim()函数用于去除字符串中首尾两端的空白字符，其声明方式如下所示：

```
string trim ( string $str [, string $charlist ] )
```

在上述声明中，函数名前的 string 表示函数的返回值类型是字符串类型，参数$str 用于表示待处理的字符串，参数$charlist 是可选的，在调用函数时，若指定了$charlist，则函数会删除$charlist 指定的字符，若没有指定$charlist，则去除字符串$str 首尾处的空白字符。

为了帮助大家更好地掌握 trim()函数的用法，接下来通过一个案例来演示如何使用 trim()函数去除字符串中的空白字符，如例 3-16 所示。

【例 3-16】

```php
1 <?php
2     $str="    Hello World!    ";
3     echo "未调用 trim()函数: " . $str;
4     echo "<br />";
5     echo "调用 trim()函数: " . trim($str);
6 ?>
```

运行结果如图 3-18 所示。

图 3-18　例 3-16 运行结果

在例 3-16 中，首先在第 2 行代码中定义了一个字符串$str，该字符串开头包含 4 个空格，末尾包含 4 个空格，然后在第 5 行代码中使用 trim()函数删除$str 两端的空格。由于浏览器具有自动去除空白符的功能，因此在图 3-18 中无法看出，字符串是否去掉空白字符。不过，我们可以在浏览器的空白处，右击，在弹出的快捷菜单中选择"查看源文件"命令，便可以看到解析后的源文件，如图 3-19 所示。

图 3-19　源文件

从图 3-19 中，可以看出，在未调用 trim()函数之前，字符串两边的空格都存在，在调用trim()函数之后，字符串两边的空格被删除了。

注意：在 PHP 中，除空格外，还有很多字符属于空白字符，具体如下：

- "\0" - ASCII 0，NULL。
- "\t" - ASCII 9，制表符。
- "\n" - ASCII 10，新行。
- "\x0B" - ASCII 11，垂直制表符。
- "\r" - ASCII 13，回车。
- " " - ASCII 32，空格。

3.5 日期和时间管理

在使用 PHP 开发 Web 应用程序时，经常会涉及日期和时间管理，例如，记录新闻的发布时间、购买商品时下订单的时间，计算页面的执行时间等。PHP 提供了强大的日期和时间处理函数，可以满足开发中的各种需求。本节将针对 PHP 中的日期和时间管理进行详细讲解。

3.5.1 UNIX 时间戳

在编程过程中，总会有一些不统一的地方无法满足编程环境的严格限制。例如在处理时间和日期时，推算起来会比较复杂，因为除了时间进位以外，还涉及不同月份天数可能不同，所以使用简单的运算是无法解决的。因此，PHP 中提供了 UNIX 时间戳用于解决时间运算的问题。UNIX 时间戳（UNIX timestamp）是一种时间表示方式，定义为从格林威治时间 1970 年 01 月 01 日 00 时 00 分 00 秒起至现在的总秒数。以 32 位二进制数来表示，其中 1970 年 1 月 1 日零点也叫 UNIX 纪元。

UNIX 时间戳不仅被使用在 UNIX 系统中，在许多其他操作系统中也被广泛使用。由于时间戳不能为负数，因此 1970 年以前的时间戳无法使用。

将日期和时间转换为时间戳使得 PHP 中的日期和时间计算变得简单。PHP 提供了 mktime() 函数用于返回一个指定时间的时间戳，其声明方式如下所示：

```
int mktime([ int $hour [, int $minute [, int $second [, int $month [, int
$day [, int $year [, int $is_dst ]]]]]]] )
```

在上述声明中，该函数的返回值是一个 UNIX 时间戳，参数可以从右向左省略，任何省略的参数会被设置成本地日期和时间的当前值。需要注意的是，参数$is_dst，它用于指定是否为夏时制时间，1 表示是，0 表示不是，默认值为–1，表示不知道是否是夏时制，这种情况下 PHP 会尝试自己搞明白，可能产生不可预知（但并非不正确）的结果。所以自 PHP 5.1.0 起，本参数已被废弃。

接下来，通过一个案例来演示 mktime() 函数的用法，如例 3–17 所示。

【例 3–17】

```
1  <?php
2      //省略所有参数，则使用当前时间
3      echo date("Y-m-d H:i:s",mktime()).'<br />';
4      //指定小时，其他值使用当前时间
```

```
5    echo date("Y-m-d H:i:s",mktime(14)).'<br />';
6    //指定小时和分，其他值使用当前时间
7    echo date("Y-m-d H:i:s",mktime(14,28)).'<br />';
8    //指定时分秒，其他值使用当前时间
9    echo date("Y-m-d H:i:s",mktime(14,28,56)).'<br />';
10   //指定时分秒和月份，其他值使用当前时间
11   echo date("Y-m-d H:i:s",mktime(14,28,56,4)).'<br />';
12   //指定时分秒，月份和日期，其他值使用当前时间
13   echo date("Y-m-d H:i:s",mktime(14,28,56,4,10)).'<br />';
14   //指定时分秒，月日年
15   echo date("Y-m-d H:i:s",mktime(14,28,56,4,10,2013));
16?>
```

运行结果如图 3-20 所示。

图 3-20   例 3-17 运行结果

需要注意的是，由于时间戳是一个整数如 1400052551，根本就看不懂它所表示的时间，所以在例 3-17 中使用了 date()函数用于格式化输出，关于格式化方面的内容，稍后会详细解释。

3.5.2 获取时间

在实际开发中，经常需要获取时间，如获取系统当前时间、获取用户提交的时间、获取程序执行的时间等。接下来将详细地讲解如何在 PHP 开发中获取所需要的时间。

1．获取系统当前时间

在实际开发中，经常需要获取当前时间。在 PHP 中，获取当前时间最简单的方法就是使用 time()函数，该函数的声明方式如下所示：

```
int time( void )
```

从上述声明可以看出，time()函数没有参数，返回值为 int 类型。由于 PHP 默认的时区设置是 UTC（Universal Time Coordinate，全球标准时间）时间，与英国伦敦的本地时间相同。而北京正好位于时区的东八区，所以在使用 time()函数获取当前时间会出现 8 个小时的时差。要正确的显示北京时间，就需要修改默认的时区设置，通常情况下有两种修改方式，具体如下：

（1）修改 PHP 配置文件。如果有支配 Web 服务器的权限，就可以直接修改 php.ini 中的 date.timezone 配置，例如将默认时区设置为 PRC（中华人民共和国），具体如下：

```
date.timezone=PRC
```

修改完 date.timezone 配置后，需要重启服务器。

（2）在程序中使用函数设置。如果没有支配服务器的权限，可以在程序中使用 date_default_timezone_set()函数来设置时区，该函数的声明方式如下所示：

```
bool date_default_timezone_set( string $timezone_identifier )
```

在上述声明中，返回类型是 bool 型， timezone_identifier 用于指定时区标识符，可以是 "PRC" "Asia/Shanghai" 或者 "Asia/Chongqing" 等。例如，将默认时区设置为上海的示例代码如下所示：

```
date_default_timezone_set("Asia/Shanghai");
echo date("Y-m-d H:i:s",time()) . '<br />';
```

通过上面的设置，就可以使用 time()函数准确地获取本时区的当前时间了。

2. 获取用户提交的时间

在实际开发中，除了要获取系统当前时间，也需要获取用户提交的表单中的时间，表单中的时间通常是使用日期选择控件获得的字符串，如 "2014-5-14 17:20:55"。在 PHP 中提供了一个 strtotime()函数，用于将字符串转化成时间戳，该函数的声明方式如下所示：

```
int strtotime( string $time [, int $now ] )
```

在上述声明中，参数$time 用于指定日期时间字符串，$now 用于计算相对时间的参考点，如果省略则使用系统当前时间。

为了让读者熟悉 strtotime()函数的用法，接下来通过一个案例来演示如何使用 strtotime() 函数将字符串转换成时间戳，如例 3-18 所示。

【例 3-18】

```
1 <?php
2     //将字符串转成时间戳然后格式化输出
3     echo date("Y-m-d H:i:s",strtotime("2014-5-14 17:20:55"))."<br />";
4     //输出明天的这个时间点
5     echo date("Y-m-d H:i:s",strtotime("+1 day"))."<br />";
6     //输出三个月之前的这个时间点
7     echo date("Y-m-d H:i:s",strtotime("-3 month"))."<br />";
8     //输出下个星期一的日期时间
9     echo date("Y-m-d H:i:s",strtotime("next monday"))."<br />";
10?>
```

运行结果如图 3-21 所示。

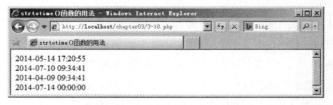

图 3-21　例 3-18 运行结果

在例 3-18 中，第 3 行代码使用 strtotime()函数将一个表示日期时间的字符串转换成时间戳。第 5、7、9 三行代码中的时间字符串是一个简短的描述，而且是一个相对时间，所以在转换的时候使用系统当前时间作为参考点。

3. 获取精确时间

UNIX 时间戳是以秒作为最小计算单位的,使用 time()函数能处理 PHP 开发中的大部分应用,但对某些应用程序来说不够精确,如计算脚本的执行时间。PHP 提供了一个函数 microtime()用于处理更精确的时间,该函数的声明方式如下所示:

```
mixed microtime([ bool $get_as_float ] )
```

该函数当前返回 UNIX 时间戳以及微秒数,参数$get_as_float 是可选参数,如果设置为 true 将返回一个浮点数,如果省略,则以 msec sec 格式返回一个字符串,其中 msec 是微秒部分,sec 是秒数,但都是以秒为单位返回的。

为了帮助大家熟悉 microtime()函数的用法,接下来通过一个案例来演示如何使用 microtime()函数获取执行脚本的时间,如例 3-19 所示。

【例 3-19】

```php
1 <?php
2    header("Content-Type:text/html;charset=utf-8");
3    //定义一个函数,用于精确获取时间
4    function microtime_float(){
5        list($usec, $sec)=explode(" ", microtime());
6        return ((float)$usec+(float)$sec);
7    }
8    $time_start=microtime_float();
9    usleep(1000);
10   $time_end=microtime_float();
11   $time=$time_end - $time_start;
12   echo "执行该脚本花费了{$time}秒";
13?>
```

运行结果如图 3-22 所示。

图 3-22　例 3-9 运行结果

例 3-19 中,首先定义了一个获取精确时间的函数 microtime_float(),在脚本开始的时候调用该函数获取脚本开始执行时间,在脚本结束的时候调用该函数获取脚本运行结束时间,然后二者相减即可计算出脚本的执行时间。

3.5.3　格式化输出

通过上面的讲解可知,使用 UNIX 时间戳保存和计算时间非常方便,但是时间戳的可读性很差,乍一看就是一个毫无意义的整型数值,所以需要对时间戳进行格式化处理然后再输

出。在前面的案例中已经涉及时间的格式化处理，接下来将详细地讲解时间的格式化输出。PHP 提供了 date()函数用于格式化日期时间，其声明方式如下所示：

```
string date( string $format [, int $timestamp ] )
```

在上述声明中，返回值是 string 类型，$timestamp 为可选参数，如果没有指定则使用本地当前时间。$format 为固定参数，表示给定的格式。在格式化日期时间时，有许多代表特殊意义的$format 字符，常见的格式字符如表 3-1 所示。

表 3-1　常见的 format（格式）字符

format 字符	说　　　明	示　　　例
d	月份中的第几天，有前导零的 2 位数字	01 到 31
D	星期中的第几天，文本表示，3 个字母	Mon 到 Sun
j	月份中的第几天，没有前导零	1 到 31
l	星期几，完整的文本格式	Sunday 到 Saturday
N	ISO-8601 格式数字表示的星期中的第几天	1（星期一）到 7（星期天）
S	每月天数后面的英文后缀，2 个字符	st, nd, rd 或者 th。
w	星期中的第几天，数字表示	0（星期天）到 6（星期六）
z	年份中的第几天	0 到 365
W	ISO-8601 格式年份中的第几周（每周从周一开始）	例如：42（当年的第 42 周）
F	月份，完整的文本格式，例如 January、March	January 到 December
m	数字表示的月份，有前导零	01 到 12
M	三个字母缩写表示的月份	Jan 到 Dec
n	数字表示的月份，没有前导零	1 到 12
t	给定月份所应有的天数	28 到 31
L	是否为闰年	如果是闰年为 1，否则为 0
o	ISO-8601 格式年份数字	例如：1999 or 2003
Y	4 位数字完整表示的年份	例如：1999 或 2003
y	2 位数字表示的年份	例如：99 或 03
a	小写的上午和下午值	am 或 pm
A	大写的上午和下午值	AM 或 PM
B	Swatch Internet 标准时	000 到 999
g	小时，12 小时格式，没有前导零	1 到 12
G	小时，24 小时格式，没有前导零	0 到 23
h	小时，12 小时格式，有前导零	01 到 12
H	小时，24 小时格式，有前导零	00 到 23
i	有前导零的分钟数	00 到 59
s	秒数，有前导零	00 到 59

表 3-1 列举了常见的格式化字符，这些字符的使用非常简单，接下来，通过一个具体的案例来演示 format 字符的用法，如例 3-20 所示。

【例 3-20】

```php
1 <?php
2     echo date("Y年m月d日H时i分s秒",time()) . "<br />";
3     echo "Today is " . date("l",time()) . "<br />";
4     echo date('l dS \of F Y h:i:s A');
5 ?>
```

运行结果如图 3-23 所示。

从图 3-23 可以看出，date()函数将当前时间
按照指定的格式输出了。需要注意的是，在格式
字符串中的非 format 字符前要加上反斜线来转
义，否则它会被按照 format 字符进行解释。如例

图 3-23　例 3-20 运行结果

3-20 中的第 4 行代码中，需要输出 of，如果不转反斜线的话，就会按照 o 的含义输出年份。

3.6　如何使用 PHP 手册

PHP 提供了丰富的系统函数，涉及 Web 开发的各个方面，如访问数据库服务器相关的
Mysql 库函数、操作数组的数组库函数，以及前面讲解到的处理字符串的字符串相关函数等。
然而，即使经验再丰富的编程人员，也不可能记住所有函数的用法，这时就需要查阅 PHP 函
数手册。接下来分步骤讲解如何查阅 PHP 函数手册，具体如下：

1. 登录手册首页

打开 PHP 手册网站（中文语言），可以看到 PHP 手册的首页界面，如图 3-24 所示。

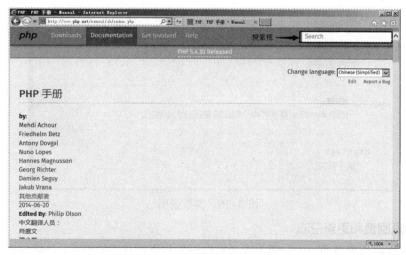

图 3-24　PHP 手册首页

由于 PHP 手册中的函数数量众多。因此，我们以 in_array()函数为例，讲解如何使用 PHP
手册查阅 in_array()函数。

2. 搜索函数

在手册首页的右上角搜索栏中输入函数名 in_array，然后按【Enter】键，就会显示该函

数的详细信息，如图 3-25 所示。

图 3-25　in_array()函数

从手册中查询显示的信息中可以看出，in_array()函数的作用是检查数组中是否存在某个值，该函数的具体声明如下：

```
bool in_array ( mixed $needle, array $haystack [, bool $strict=FALSE])
```

3. 查看参数

继续往下拉动滚动条，我们可以看到该函数参数的详细介绍，如图 3-26 所示。

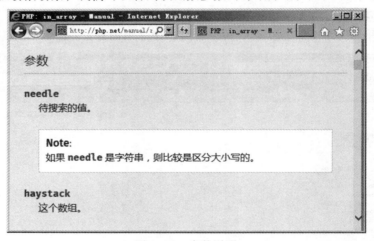

图 3-26　参数说明

4. 查看返回值和更新日志

继续浏览查询结果页面，会发现关于函数返回值和更新日志的说明，具体如图 3-27 所示。

5. 查看范例

继续浏览查询结果页面，会发现还有一些函数的范例，具体如图 3-28 所示。

初学者在学习 PHP 的道路上，会遇到很多陌生的函数，此时都可以通过查看 PHP 手册来学习。PHP 手册是学习 PHP 的良师，希望读者在 PHP 学习过程中，多查看 PHP 手册。

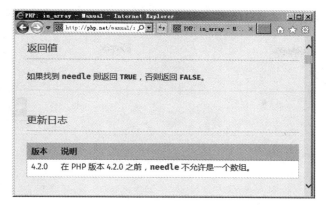

图 3-27　返回值和更新日志说明

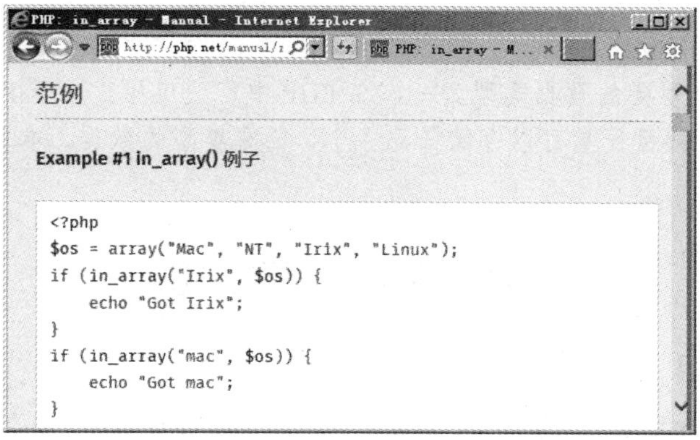

图 3-28　范例说明

本 章 小 结

　　本章首先介绍函数的定义、函数的调用和返回值等基础知识，然后针对函数中变量的作用域、可变函数、函数的嵌套和递归调用进行了讲解，最后介绍了一些开发过程中经常用到的字符串相关函数。

　　通过本章的学习，我们已经在 PHP 的学习之旅上前进了一大步，但是仅有理论是远远不够的，我们还需要多动手多动脑，亲自动手编写调试程序，达到能够对函数运用自如的境界。

动 手 实 践

　　学习完前面的内容，下面来动手实践一下吧：

　　问题：请使用递归函数，计算共摘的桃子总数。

　　描述：某人摘下一些桃子，第一天卖掉一半，又吃了一个，第二天卖掉剩下的一半，又吃了一个，以后每天都是如此处理，直到第 n 天发现只剩下一个桃子。

　　说明：动手实践参考答案可从中国铁道出版社教育资源数字化平台网址（http://www.tdpress.com/51eds/）下载。

➡ 数　　　组

学习目标

- 掌握数组的定义。
- 掌握数组的常见操作。
- 掌握数组的常用函数。

数组是 PHP 中最重要的数据类型之一，在 PHP 中广泛应用。由于 PHP 是弱类型的编程语言，因此 PHP 中的数组变量可以存储任意多个、任意类型的数据。本章将围绕数组的相关知识进行详细讲解。

4.1　初　识　数　组

4.1.1　什么是数组

在程序中，经常需要对一批数据进行操作，例如，统计某公司 100 位员工的平均工资。如果使用变量来存放这些数据，就需要定义 100 个变量，显然这样做很麻烦，而且容易出错。这时，可以使用数组进行处理。数组是一个可以存储一组或一系列数值的变量。在 PHP 中，数组中的元素分为两部分，分别为键（Key）和值（Value）。其中"键"为元素的识别名称，也被称为数组下标，"值"为元素的内容。"键"和"值"之间存在一种对应关系，称为映射。

在 PHP 中，根据下标的数据类型，可以将数组分为索引数组和关联数组两种类型，具体如下：

1. 索引数组

索引数组是指下标为整数的数组。通常情况下，索引数组的下标是从 0 开始，并依次递增。当需要使用位置来标识数组元素时，可以使用索引数组。例如，一个用于存储一系列整数的索引数组，其元素在内存中的分配情况如图 4-1 所示。

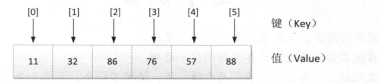

图 4-1　索引数组

由图 4-1 可以看出，索引数组的"键"都是整数。需要注意的是，索引数组的"键"可以自己指定，在默认情况下，是从 0 开始的。

2. 关联数组

关联数组是指下标为字符串的数组。通常情况下，关联数组元素的键和值之间有一定的业务逻辑关系，因此，通常使用关联数组存储一系列具有逻辑关系的变量。例如，一个用于存储个人信息的关联数组，其元素在内存中的分配情况如图 4-2 所示。

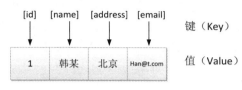

图 4-2　关联数组

由图 4-2 可以看出，关联数组的键都是字符串，并且它的键与值具有一一对应关系。

4.1.2　数组的定义

在 PHP 中定义一个数组非常简单，既不需要事先声明，也不需要指定数组的大小。在定义数组时，通常有两种方式：一种是直接给数组中的元素赋值；另一种是使用 array() 函数定义数组。接下来分别针对这两种方式进行详细讲解。

1. 使用赋值方式定义数组

使用赋值方式定义数组是最简单的方式。这种方式实际上就是创建一个数组变量，然后使用赋值运算符直接给变量赋值，其语法格式如下：

```
$arrayName[key]=value
```

在上述语法格式中，"$arrayName"是数组名，"key"是数组的下标，其类型可以是整型或字符串，"value"可以是任意类型的数据。定义一个索引数组的示例代码如下：

```
$arr[0]=123;          //整数
$arr[1]="hello";      //字符串
$arr[2]=45.6;         //浮点数
$arr[3]=true;         //布尔值
$arr[4]=null;         //null
```

在上述代码中，定义了一个索引数组变量$arr。需要注意的是，如果没有指定"键"（即[]内的键名省略不写），则使用默认键，即"键"从 0 开始，依次递增。

接下来使用赋值方式定义一个关联数组，示例代码如下：

```
$arr["id"]=1;
$arr["name"]="韩某";
$arr["address"]="北京";
$arr["email"]="han@tom.com";
```

在上述代码中，定义了一个关联数组，数组元素的"键"都是字符串，并且"键"与"值"具有一一对应的关系。

2. 使用 array() 函数定义数组

除了通过赋值方式定义数组外，还可以使用 array() 函数定义数组，它接收数组的元素作为参数，多个元素之间使用英文逗号分隔，其语法格式如下：

```
$arrayName=array( key1=>value1, key2=>value2, ...)
```

上述语法格式中，如果省略了 key 部分，则定义的数组默认为索引数组。使用 array()函数定义一个数组，示例代码如下：

```
$arr=array( 123, "hello", 45.6, true );
```

在上述代码中，定义了一个索引数组变量$arr。在数组$arr 中只定义了数组元素的值，省略了"键"的部分，则$arr 默认为索引数组，并且"键"从 0 开始，依次递增。

接下来使用 array()函数定义一个关联数组，示例代码如下：

```
$arr=array("id"=>1, "name"=>"韩某","address"=>"北京","email"=>"han@tom.
com");
```

至此，已经讲解了 PHP 中定义数组的两种方法。值得一提的是，在定义数组时，还需要注意以下几点：

（1）如果在定义数组时没有给某个元素指定下标，PHP 就会自动将目前最大的那个整数下标值加 1，作为该元素的下标，并依次递增后面元素的下标值。

（2）数组元素的下标只有整型和字符串两种类型，如果是其他类型，则会进行类型转换。

（3）由于合法的整型值的字符串下标会被类型转换为整型下标，所以在创建数组的时候，如果转换后数组存在相同的下标时，后面出现的元素值会覆盖前面的元素值。

4.1.3 数组的使用

在 PHP 开发中，经常会使用数组。通过上面的讲解，读者已经能够定义一个数组，接下来将讲解如何获取数组中某个元素的值。由于数组中的键和值是映射关系，并且键是数组元素的唯一标识，所以可以根据元素的键来获取该元素的值，具体语法格式如下：

```
$数组名[键名]
```

值得一提的是，除了可以使用方括号（[]）访问数组元素，还可以使用花括号（{}）。例如，$arr[0]和$arr{0}的效果是一样的。

如果要查看整个数组的信息，用每个元素的键获取值就会使代码非常烦琐。为此，PHP提供了 print_r()和 var_dump()函数，专门用于输出数组中的所有元素。其中，print_r()函数可以按照一定格式显示数组中所有元素的键和值。接下来通过一个案例来演示 print_r()函数的使用方法，如例 4-1 所示。

【例 4-1】

```
1  <?php
2    $a=array ('a'=>'apple', 'b'=>'banana', 'c'=>'pear' );
3    echo '<pre>';
4    print_r($a);
5    echo '</pre>';
6  ?>
```

运行结果如图 4-3 所示。

在例 4-1 中，首先定义了一个数组，并向数组添加了三个元素，然后使用 print_r()函数将数组中的三个元素都显示在浏览器上。

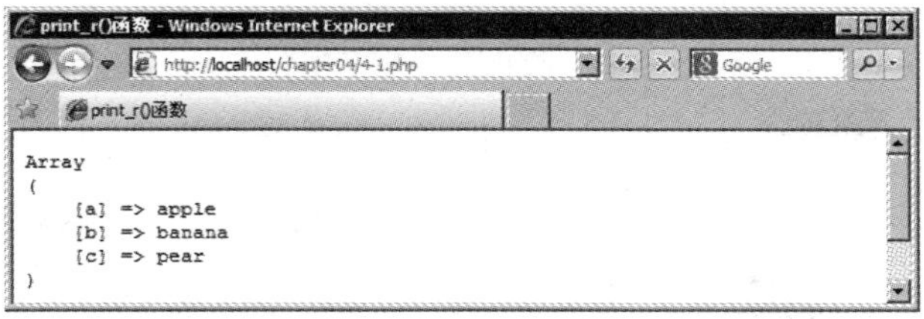

图 4-3　例 4-1 运行结果

var_dump()函数与 print_r()函数的用法类似，但是 var_dump()函数的功能更加强大，它可以在打印数组元素的同时打印元素中值的数据类型。接下来通过一个案例来演示 var_dump()函数的用法，具体如例 4-2 所示。

【例 4-2】

```
1 <?php
2    echo '<pre>';
3    $a=array( 123, "hello", 45.6, true );
4    var_dump($a);
5    echo '</pre>';
6 ?>
```

运行结果如图 4-4 所示。

图 4-4　例 4-2 运行结果

从图 4-4 可以看出，var_dump()函数可以同时将数组元素及元素中值的数据类型打印出来。

需要注意的是，在例 4-1 和例 4-2 中，都有两行 echo '<pre>' 代码，其中 pre 标签的作用是格式化文本输出。使用 print_r()和 var_dump()打印输出数组时，为了方便输出格式化的数组结构形式，通常将 print_r()函数和 var_dump()函数的调用放在两个 echo '<pre>' 语句之间，或者用<pre></pre>将要输出的 PHP 代码包围。

多学一招：动态添加数组元素

　　PHP 是弱类型语言，所以 PHP 数组具备动态增长的特性，这和其他强类型语言（如 C++、Java）中的数组是不一样的。接下来通过一个简单的例子演示 PHP 数组的动态增长，如例 4-3 所示。

【例 4-3】

```
1 <?php
2    echo '<pre>';
3    $a=array(2, 3 );
```

```
4    print_r($a);
5    $a[2]=56;
6    print_r($a);
7    echo '</pre>';
8 ?>
```

运行结果如图 4-5 所示。

图 4-5　例 4-3 运行结果

在例 4-3 中，首先定义了一个数组$a，它包含两个元素 2 和 3，然后又通过$a[2] = 56 动态地增加了一个元素，并使用 print_r ()函数输出数组中的所有元素。从运行结果可以看出，元素$a[2]动态添加成功。

4.1.4　删除数组

在实际开发中，有时需要删除数组中的某些元素。例如，定义一个数组用于存放班级学生的信息。如果同学转学了，就要将他从班级的数组中删除。在 PHP 中提供了 unset()函数用于删除数组中的元素。接下来通过一个案例来演示如何删除数组中的元素，如例 4-4 所示。

【例 4-4】

```
1 <?php
2    $arr[0]=123;
3    $arr[1]=456;
4    $arr[2]='hello';
5    echo '**删除前**<br/>';
6    print_r($arr);
7    unset($arr[1]); //删除$arr[1]元素
8    echo '<br/>**删除后**<br/>';
9    print_r($arr);
10?>
```

运行结果如图 4-6 所示。

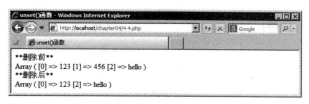

图 4-6　例 4-4 运行结果

从图 4-6 可以看出，数组中下标为 1 的元素被删除成功了。需要注意的是，删除元素后，数组不会再重建该元素的索引。

unset() 函数不仅可以删除指定下标的元素，还可以删除整个数组，接下来通过一个案例来演示如何使用 unset() 函数删除整个数组，如例 4-5 所示。

【例 4-5】

```php
1 <?php
2     $arr[0]=123;
3     $arr[1]=456;
4     $arr[2]='hello';
5     echo '删除前:'.'<br/>';
6     print_r($arr);
7     unset($arr); //删除整个数组
8     echo '<br/>'.'删除后:'.'<br/>';
9     print_r($arr);
10?>
```

运行结果如图 4-7 所示。

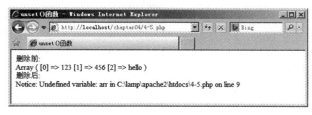

图 4-7　例 4-5 运行结果

在例 4-5 中，首先定义了一个数组 $arr，然后使用 unset() 函数删除数组。从运行结果可以看出，数组 $arr 已经不存在了。

4.1.5　数组操作符

通过前面章节的学习可以知道，整型数据可以通过一些运算符进行赋值运算、算术运算、比较运算等操作。在 PHP 中，数组这种复合类型的数据也可以进行运算，数组的运算是通过数组操作运算符实现的，常见的数组操作运算符如表 4-1 所示。

表 4-1　数组操作运算符

运　算　符	含　义	示　例
+	联合	$a + $b ：$a 和$b 的联合
==	相等	$a == $b：如果$a 和$b 具有相同的键/值对则为 TRUE
===	全等	$a === $b：如果$a 和$b 具有相同的键/值对并且顺序和类型都相同则为 TRUE
!=	不等	$a != $b：如果$a 不等于$b 则为 TRUE
<>	不等	$a <> $b：如果$a 不等于$b 则为 TRUE
!==	不全等	$a !== $b：如果$a 不全等于$b 则为 TRUE

表 4-1 列举了一些常用的数组操作符。其中，"+"为联合运算符，用于合并数组，如果出现下标相同的元素，则保留第一个数组内的元素。接下来通过一个案例来演示联合运算符的使用，如例 4-6 所示。

【例 4-6】

```php
1 <?php
2    $a=array("a" => "George Milkan", "b" => "Bill Walton");
3    $b=array("a" => "Bill Russell", "b" => "Wilt Chamberlain", "c" => "Dave
     Cowens");
4    $c=$a+$b;      //$b 数组的键和值加到$a
5    echo "\$a+\$b result<br/>";
6    echo '<pre>';
7    var_dump($c);
8    echo '</pre>';
9    $c=$b+$a;
10   echo "\$b+\$a result<br/>";
11   echo '<pre>';
12   var_dump($c);
13   echo '</pre>';
14?>
```

运行结果如图 4-8 所示。

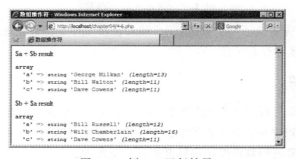

图 4-8　例 4-6 运行结果

在例 4-6 中，第 2~3 行代码定义了两个数组$a 和$b，这两个数组中都有下标为"a"和

"b"的元素。第 4 行代码使用"+"运算符合并数组$a 和 $b 时，由于$a 在"+"的前面，所以相同下标的元素保留的是数组$a 中的元素。第 9 行代码，交换表达式中数组$a 和 $b 的位置，相同下标元素保留的则是数组$b 中的元素。在这里只演示了联合运算符的用法，对于其他的操作符用法类似，读者可以自行演示。

4.2　数组的常见操作

数组在 PHP 程序中应用非常广泛。在使用数组时，经常需要对数组进行遍历、排序、查找等操作，因此灵活地使用数组对实际开发很重要。接下来本节将针对数组的常用操作进行详细讲解。

4.2.1　数组指针

在程序开发中，经常需要对数组中的元素进行访问，在访问过程中需要用到数组指针。数组指针用于指向数组中的某个元素，默认情况下指向数组的第一个元素。需要注意的是一个数组只有一个数组指针。为了方便对数组操作，PHP 内置了一些数组指针函数，用于操作数组指针，具体如表 4-2 所示。

表 4-2　数组指针操作函数

函　数　名	作　　用
mixed current (array &$array)	获取数组中当前元素的值，如果内部指针超出数组的末端，则返回 false
mixed key (array &$array)	获取当前元素的下标，即键名
mixed next (array &$array)	将数组的内部指针向前移动一位
mixed prev (array &$array)	将数组的内部指针倒回一位
mixed end (array &$array)	将数组的内部指针指向最后一个元素
mixed reset (array &$array)	重置指针，即将数组的指针指向第一个元素

在表 4-2 中，列举了一些常用的数组指针函数，这些函数都接收一个数组作为参数，然后对该数组的指针进行操作。接下来通过一个具体的案例来演示这些函数的使用，如例 4-7 所示。

【例 4-7】

```
1  <?php
2     $arr1=array(
3        "os"=>"Linux",
4        "server"=>"Apache",
5        "language"=>"PHP",
6        "database"=>"MySQL"
7     );
8     //使用数组指针结合 while 实现数组遍历
9     while (current($arr1)) {
```

```
10        echo key($arr1);              //获取当前元素的下标
11        echo " => ";
12        echo current($arr1);          //获取 arr1 数组指针当前指向元素的值
13        echo "<br />";
14        next($arr1);                   //将 arr1 的数组指针向前移动一位
15   }
16?>
```

运行结果如图 4-9 所示。

图 4-9　例 4-7 运行结果

在例 4-7 中，通过数组指针的操作函数实现了数组的遍历功能。程序的第 2～7 行代码定义了一个数组$arr1。第 9～15 行代码使用 while 循环实现了数组的遍历，其中第 10 行代码通过 key()函数来获取数组指针指向元素的键名，第 12 行代码通过 current()函数来获取指针指向元素的值，在第 14 行代码中通过 next()函数将数组$arr1 的指针向前移动一位。

需要注意的是，数组指针是可以移到外部去的，一旦移到外部，其键就变为了 NULL，值为 false，此时则不能通过 prev()函数将数组中的指针向后移动一位，只能使用 reset()函数重置指针。

多学一招：each()函数指针的移动

通过前面的学习可知，next()函数可以使数组的指针向前移动一位，实际上 each()函数也可以实现同样的功能，each()函数的声明如下：

```
array each ( array &$array )
```

在上述声明中，each()函数接收一个数组作为参数，用于返回该数组中的键值对，并且将数组指针向前移动一位。接下来通过一个具体的案例来演示这一过程，如例 4-8 所示。

【例 4-8】

```
1 <?php
2    $arr1=array(
3        "os"=>"Linux",
4        "server"=>"Apache",
5        "language"=>"PHP",
6        "database"=>"MySQL"
7    );
8    echo '<pre>';
9    print_r(each($arr1));
```

```
10     print_r(each($arr1));
11     echo '</pre>';
12 ?>
```

运行结果如图 4-10 所示。

在例 4-8 中，第 2~7 行代码定义了一个数组\$arr1，第 9、10 行代码两次调用了 each()函数，分别输出了数组\$arr1 中第 0 个和第 1 个元素的键和值。这是因为在第一次调用 each()函数时，使数组\$arr1 的指针向后移动了一位，指向了第 1 个元素。

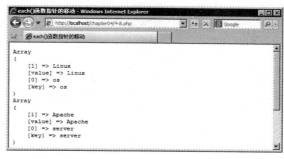

图 4-10　例 4-8 运行结果

4.2.2　数组遍历

在操作数组时，经常需要依次访问数组中的每个元素，这种操作称为数组的遍历。在 PHP 中，通常使用 foreach 语句实现数组的遍历，其语法格式有两种，具体如下：

格式一：无键名遍历

```
foreach ($arr as $value) {
    循环体
}
```

格式二：键值对遍历

```
foreach ($arr as $key => $value) {
    循环体
}
```

上述两种语法格式中都是通过 foreach 语句来实现对数组的遍历，不同的是，在语法格式一中，只是将当前元素的值赋给\$value。而在语法格式二中，将当前元素的键名赋值给\$key，值赋值给\$value，这样可以同时获取当前元素的键名和值。接下来通过一个具体的案例来学习如何使用 foreach 语句实现数组的遍历，如例 4-9 所示。

【例 4-9】

```
1 <?php
2    $arr1=array(
3        "os"=>"Linux",
4        "server"=>"Apache",
```

```
5        "language" => "PHP",
6        "database" => "MySQL"
7      );
8      //foreach 语句遍历数组
9      foreach ($arr1 as $value) {              //无键名遍历
10         echo $value;
11         echo "<br />";
12     }
13     echo "<br />";
14     foreach ($arr1 as $key => $value){ //键值对的遍历
15         echo $key;
16         echo " => ";
17         echo $value;
18         echo "<br />";
19     }
20?>
```

运行结果如图 4-11 所示。

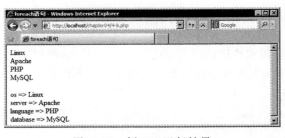

图 4-11　例 4-9 运行结果

在例 4-9 中，通过两种格式的 foreach 语句实现了对数组$arr1 的遍历功能。从运行结果可以看出，通过无键名遍历时，直接输出数组中的值。通过键值对的形式遍历数组时，会输出数组中的键与值。

注意：

（1）使用 foreach 遍历数组时，$key 和 $value 只不过是一个变量名而已，任何符合语法的变量名均可，如$k 和$v。

（2）$key 和$value 保存的数据是通过值传递的方式赋值的，这意味着对$key 和 $value 的修改不影响数组本身。可以使用引用传递，在变量前加上&即可，但要注意这种方式只对$value 有效，$key 不会改变。

多学一招：使用 each()、list()和 while

要实现数组的遍历功能，除了使用 foreach 语句，还可以通过 each()、list()、while() 三者结合来实现。接下来进行详细讲解。

list()是一个语言结构，它的作用是把数组中的值赋给一些变量，示例代码如下：

```
$arr1=array("Linux", "Apache");    //索引数组
list($a,$b)=$arr1;                    //将数组中的元素依次赋值给变量$a、$b
```

需要注意的是list()仅能用于数字索引的数组并假定索引从0开始。

接下来通过一个案例来学习如何使用 each()函数、list()语言结构和 while 语句遍历数组，如例 4-10 所示。

【例 4-10】

```
1  <?php
2      $arr1=array(
3          "os"=>"Linux",
4          "server"=>"Apache",
5          "language"=>"PHP",
6          "database"=>"MySQL"
7      );
8      //结合 each()、list()和 while 实现数组遍历
9      while (list($key,$value)=each($arr1)) {
10         echo "$key=>$value";
11         echo "<br />";
12     }
13 ?>
```

运行结果如图 4-12 所示。

图 4-12　例 4-10 运行结果

在例 4-10 中，通过 each()函数、list()语言结构和 while 循环的结合实现了对数组 $arr1 的遍历。其中 list($key,$value)用于接收 each()函数所获取元素的键和值。通过 while 去循环调用 each()函数，使数组$arr1 的指针不断向前移动，直到指针移出数组时，循环结束。

4.2.3　数组排序

在操作数组时，经常需要对数组中的元素进行排序。接下来为大家介绍一种比较常见的排序算法——冒泡排序。在冒泡排序的过程中，不断地比较数组中相邻的两个元素，较小者向上浮，较大者往下沉，整个过程和水中气泡上升的原理相似。

接下来具体分析一下冒泡排序的整个过程，具体如下：

第一步，从第一个元素开始，将相邻的两个元素依次进行比较，直到最后两个元素完成比较。如果前一个元素比后一个元素大，则交换它们的位置。整个过程完成后，数组中最后一个元素自然就是最大值，这样也就完成了第一轮比较。

第二步，除了最后一个元素，将剩余的元素继续进行两两比较，过程与第一步相似，这样就可以将数组中第二大的数放在了倒数第二个位置。

第三步，依此类推，持续对元素进行两两比较，直到没有任何一对元素需要比较为止。

了解了冒泡排序的原理之后，接下来通过一个案例来实现冒泡排序，如例 4-11 所示。

【例 4-11】

```php
1 <?php
2     //把冒泡排序封装成函数
3     function bubbleSort($arr) {
4         $temp=0; //这是一个中间变量
5         $len=count($arr); //计算数组长度
6         //我们要把数组从小到大进行排序
7         for ($i=0; $i<$len - 1; $i++) {
8             for ($j=0; $j<$len -1-$i; $j++) {
9                 //如果前面的数比后面的数大，就进行交换
10                if ($arr[$j]>$arr[$j+1]) {
11                    $temp=$arr[$j];
12                    $arr[$j]=$arr[$j+1];
13                    $arr[$j+1]=$temp;
14                }
15            }
16        }
17        return $arr;
18    }
19    $arr=array(9,8,3,5,2);
20    echo "<pre>";
21    print_r(bubbleSort($arr));
22    echo "</pre>";
23?>
```

运行结果如图 4-13 所示。

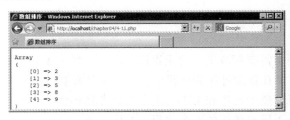

图 4-13   例 4-11 运行结果

在例 4-11 中，通过在 bubbleSort() 函数中嵌套 for 循环实现了冒泡排序。其中，外层循环用来控制进行多少轮比较，每一轮比较都可以确定一个元素的位置，由于最后一个元素不需要进行比较，因此外层循环的次数为 count ($arr) –1。内层循环的循环变量用于控制每轮比较的次数，它被作为下标去比较数组的元素，由于变量在循环过程中是自增的，这样就可以实现相邻元素依次进行比较，在每次比较时如果前者小于后者，就交换两个元素的位置，具体执行过程如图 4-14 所示。

在图 4-14 的第一轮比较中，第一个元素 "9" 为最大值，因此它在每次比较时都就会发生位置的交换，被放到最后一个位置。第二轮比较与第一轮过程类似，元素 "8" 被放到倒数第二个位置。第三轮比较中，第一次比较没有发生位置的交换，在第二次比较时才发生位置交换，元素 "5" 被放到倒数第三个位置。第四轮比较只针对最后两个元素，它们比较后发生了位置的交换，元素 "3" 被放到第二个位置。通过四轮比较，很明显，数组中的元素已经完成了排序。

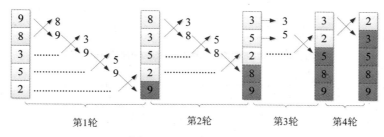

图 4-14　元素交换过程

值得一提的是，例 4-11 中的 11 ~ 13 行代码实现了数组中两个元素的交换。首先定义了一个变量 $temp 用于记住数组元素 $arr[$j] 的值，然后将 $arr[$j+1] 的值赋给 $arr[$j]，最后再将 $temp 的值赋给 $arr[$j+1]，这样便完成了两个元素的交换。

4.2.4　数组元素查找

程序开发中，经常会在数组中查找某些特定的元素，例如要在一个数组中查找是否包含数字 8。在数组中常用的查找元素的方法有顺序查找法和二分查找法，接下来将针对这两种查找元素的方法进行详细讲解。

1. 顺序查找法

顺序查找法就是按照数组中的元素排列序号，从前往后一个一个查，如果找到则返回当前元素所在的下标。接下来通过一个案例来演示顺序查找法，如例 4-12 所示。

【例 4-12】

```
1  <?php
2    $arr=array(2, 3, 5, 8, 9);
3    function search(&$arr, $findVal) {
4      $flag=false;
5        for ($i=0; $i<count($arr); $i++) {
6          if ($findVal==$arr[$i]) {
```

```
7              echo "找到了, 下标为$i";
8              $flag=true;
9          }
10     }
11     if (!$flag) {
12         echo "查无此数";
13     }
14 }
15 echo search($arr,8);
16?>
```

运行结果如图 4-15 所示。

在例 4-12 中通过定义了一个 search()函数来顺序查找数组$arr 中是否包含元素数字 8, 如果找到指定元素则输出该元素的下标, 否则输出"查无此数"。从运行结果可以看出, 在数组$arr 中找到了元素 8, 其下标为 3。

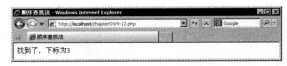

图 4-15   例 4-12 运行结果

2. 二分查找法

二分法查找就是每次将指定元素和数组中间位置的元素进行比较, 从而排除掉其中的一半元素, 依此类推, 继续进行查找, 这样的查找方式是非常高效的。但是, 需要注意的是二分查找法只用于排序后的数组。

为了让读者更好地掌握二分查找法的使用, 接下来通过一个案例来演示, 如例 4-13 所示。

【例 4-13】

```
1 <?php
2   function binarySearch(&$arr, $findVal, $start, $end) {
3       //当开始下标大于结束下标说明找不到这个数
4       if($start>$end) {
5           echo "找不到该数";
6           return false;
7       }
8       //获得中间元素下标
9       $mid=round(($start+$end)/2);
10      //如果查找值大于中间数, 则向右边查找
11      if($findVal>$arr[$mid]) {
12          binarySearch($arr, $findVal, $mid+1, $end);
13      }
14      //如果查找值小于中间数, 则向左边查找
```

```
15      else if ($findVal<$arr[$mid]) {
16          binarySearch($arr, $findVal, $start, $mid-1);
17      } else {
18          echo "找到这个数，下标是 $mid";
19      }
20  }
21  $arr = array(2, 3, 5, 8, 9, 11, 16);
22  echo binarySearch($arr,5,0,count($arr)-1);
23?>
```

运行结果如图 4-16 所示。

在例 4-13 中，通过二分查找法实现了查找数组$array 中是否存在元素 5，如果存在则输出其下标。由于二分查找法过程比较烦琐，接下来通过一个图例来演示二分法查找元素的过程，如图 4-17 所示。

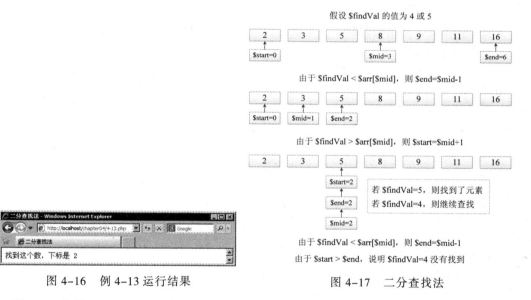

图 4-16　例 4-13 运行结果　　　　图 4-17　二分查找法

图 4-17 中的$start、$end 和$mid($mid=($start+$end)/2)分别代表在数组中查找区间的开始下标、结束下标和中间下标，假设数组为$arr，要查找的元素为$findVal，接下来分步骤讲解元素的查找过程。

第一步，判断开始下标$start 和结束下标$end，如果$start<=$end，则执行第二步；如果$start>$end，说明找不到该元素，程序停止。

第二步，将$findVal 和$arr[$mid]进行比较，如果两者相等，说明找到了该元素；如果$findVal<$arr[$mid]，表示查找的值处于下标$start 和$mid 之间，这时执行第三步，否则表示要查找的值处于下标$mid 和$end 之间，执行第四步。

第三步，将查找区间的结束下标$end 置为$mid-1，继续查找，直到$start>$end，表示查找的数组不存在。

第四步，将查找区间的开始下标$start 置为$mid+1，结束下标不变，继续查找，直到$start>$end，表示查找的数组不存在。

4.3　数组的常用函数

在 4.2 节中讲解数组排序、元素查找时都是通过自定义的函数实现的。PHP 中提供许多操作数组的函数，读者只需要调用这些函数就能够实现数组的查找和排序等功能。本节将针对数组的常用函数进行详细讲解。

4.3.1　基本函数

在使用数组时，经常会对数组中的元素进行操作。为此 PHP 提供了一些基本函数，如 count()、array_unique()等，通过这些函数可以完成一些常见的功能，接下来将针对数组中这些基本函数进行详细讲解。

1. is_array()函数

is_array()函数的作用是判断一个变量是否是数组，如果是数组，则返回 true，否则返回 false。其声明方式如下：

```
bool is_array( mixed $var );
```

在上述声明中，is_array()函数接收一个 mixed 类型的变量 var，然后判断这个变量是否为数组。接下来通过一个案例来演示 is_array()函数的作用，如例 4-14 所示。

【例 4-14】

```
1  <?php
2      $arr=array('A', 'B', 'C', 'D');
3      //判断变量$arr 是否是数组
4      if(is_array($arr)){
5          echo '$arr 是数组';
6      }else{
7          echo '$arr 不是数组';
8      }
9  ?>
```

运行结果如图 4-18 所示。

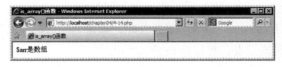

图 4-18　例 4-14 运行结果

在例 4-14 中，定义了一个数组$arr，并向该数组中存入 4 个字符串类型的元素，然后通过 is_array()函数，判断该$arr 是否为数组。从程序的运行结果可以看出，$arr 是一个数组。

2. count()函数

count()函数的作用是用于计算数组中元素的个数，其声明方式如下：

```
int count(mixed $var [, int $mode ]);
```

在上述声明中，count()函数接收两个参数，其中$var 参数是必需的，它表示传入的数组对象。$mode 参数是可选参数，其值为 0 或 1 （COUNT_RECURSIVE）。该参数默认值为 0，如果将该参数设置为 1，则 count()函数会递归计算多维数组中每个元素的个数。

为了让读者更好地掌握 count()函数，接下来通过一个案例来演示如何使用 count()函数统计数组的长度，如例 4-15 所示。

【例 4-15】

```php
1 <?php
2     //声明一个一维数组$arr1
3     $arr1=array('百度', '新浪', '搜狐', '网易', '传智');
4     echo '一维数组$arr1 中元素的个数为：';
5     echo count($arr1);
6     echo '<br>';
7     //声明一个二维数组$arr2
8     $arr2 = array(
9         'arr3'=>array('a', 'b', 'c', 'd', 'e'),
10        'arr4'=>array('1', '2', '3', '4', '5')
11    );
12    echo '二维数组$arr2 中所有元素的个数为：';
13    echo count($arr2, 1);  //第 2 个参数为 1,计算二维数组中所有元素的个数
14    echo '<br>';
15    echo '二维数组$arr2 中一维数组的个数为：';
16    echo count($arr2);        //默认模式为 0,只输出二维数组中一维数组的个数
17 ?>
```

运行结果如图 4-19 所示。

图 4-19　例 4-15 运行结果

从图 4-19 可以看出，使用 count()函数分别获取了一维数组中元素的个数以及二维数组中元素的个数。

需要注意的是，由于程序中定义的二维数组$arr2 中包含两个一维数组 arr3 和 arr4，并且这两个一维数组中都有 5 个元素，当调用 count($arr2, 1)函数时会将 arr3 和 arr4 都当做是元素，并递归遍历数组中的每个元素，因此二维数组中元素的个数为 12 个。当使用 count($arr2)获取元素时，只会显示一维数组的个数，因此结果为 2。

3. array_unique()函数

array_unique()函数的作用是移除数组中的重复元素，其声明方式如下：

```
array array_unique(array $array);
```

在上述声明中，array_unique()函数接收一个数组，去除重复元素后返回一个新的数组。在使用该函数时，首先将数组元素的值作为字符串排序，然后对每个值只保留第一个键名，忽略后面所有的键名。

接下来通过一个案例来演示如何使用 array_unique()函数去除数组中重复元素，如例 4-16 所示。

【例 4-16】

```
1 <?php
2     $input=array("a"=>"green", "red", "b"=>"green", "blue", "red");
3     $result=array_unique($input);
4     echo '<pre>';
5     print_r($result);
6     echo '</pre>';
7 ?>
```

运行结果如图 4-20 所示。

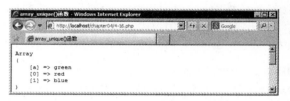

图 4-20　例 4-16 运行结果

从图 4-20 可以看出，数组中已经没有重复元素了。在使用 array_unique()函数时，首先会判断两个元素的值是否相等，如果相等只保留第一个元素的键名，如案例中的 "a" => "green"与"b" => "green"值重复，因此只输出第一个值为 green 的元素。

4.3.2　键值对的相关函数

在 PHP 中，数组实质上是由键值对构成的一个集合，因此关于键和值的操作尤为重要。为了方便操作这些键与值，可以使用键值对相关函数，如 array_search()、array_keys()等，接下来将针对这两个函数分别进行讲解。

1. array_search()函数

array_search()函数用于获取数组中元素对应的键名，其声明方式如下：

```
mixed array_search( mixed $needle , array $haystack [, bool $strict ] );
```

上述声明中，$needle 参数表示在数组中要查找的值，$haystack 参数表示被查询的数组。$strict 是可选参数，当值为 true 时，就会在$haystack 数组中检查$needle 的类型。

为了让读者更好地掌握 array_search()函数，接下来通过一个案例来演示 array_search()函数的使用，如例 4-17 所示。

【例 4-17】

```
1 <?php
```

```
2    $array=array(0=>'blue', 1=>'red', 2=>'green', 3=>'red');
3    echo 'green 对应的键为: ';
4    echo array_search('green', $array);
5 ?>
```

运行结果如图 4-21 所示。

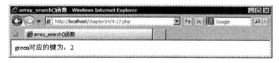

图 4-21　例 4-17 运行结果

从图 4-21 可以看出，数组中与 green 对应的键为 2。需要注意的是，当被查询的元素在数组中出现两次以上时，那么 array_search()函数返回的是第一个匹配的键名。

2．array_keys()函数

array_keys()函数同样也是用于获取数组中元素对应的键名。不同的是，array_keys()函数可以返回所有匹配的键名，其声明方式如下：

```
array array_keys(array $input[,mixed $search_value[,bool $strict]]);
```

上述声明中，$input 参数表示被查询的数组。$search_value 参数是可选参数，当给 $search_value 赋值时，该函数返回该值的键名，否则返回$input 数组中的所有键名。自 PHP 5 起，可以用$strict 参数来进行全等比较（ === ），需要传入一个布尔值，默认 false，如果传入 true 值则根据类型返回带有指定值的键名。

为了让读者更好地理解 array_keys()函数和 array_search()函数的区别，接下来通过一个案例来演示如何通过 array_keys()函数来查找数组中指定元素的键名，如例 4-18 所示。

【例 4-18】

```
1 <?php
2    $array=array(0=>"ttg", "name"=>"dandy");
3    print_r(array_keys($array));             //获取元素中所有的键名
4    echo '<br>';
5    print_r(array_keys($array, "dandy"));     //获取元素中 dandy 对应的键名
6    echo '<br>';
7    $array=array(11, 12, 32, "11");
8    print_r(array_keys($array, "11", false)); //获取元素 11（不依赖类型）
9    echo '<br>';
10   print_r(array_keys($array, "11", true));  //获取字符串类型的元素"11"
11?>
```

运行结果如图 4-22 所示。

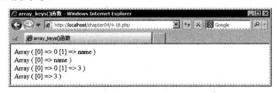

图 4-22　例 4-18 运行结果

从图 4-22 可以看出，array_keys()函数可以根据传入的参数，返回不同的键名。当传入的参数是一个数组时，则返回所有的键。当传入一个指定数组中某个元素时，则返回该元素对应的键。

4.3.3　排序函数

在 4.2.3 节中，数组的排序是通过循环遍历数组中的所有元素，通过每两个元素之间的比较对其进行排序。实际上，PHP 提供了多个排序的函数，例如 sort()函数、rsort()函数、ksort()函数等。下面以 sort()函数为例讲解数组的排序功能。sort()函数的作用是对数组中的元素按照由小到大的顺序进行排序，其声明方式如下：

```php
bool sort ( array &$array [, int $sort_flags = SORT_REGULAR ] );
```

上述声明中，$array 参数表示需要排序的数组，$sort_flags 是可选参数，sort()函数会根据 $sort_flag 的值来改变数组的排序方式，表 4-3 中列出了 $sort_flag 的取值范围以及对应的排序方式。

表 4-3　$sort_flag 的取值范围

取 值 范 围	排 序 方 式
SORT_REGULAR	默认值，将自动识别数组元素的类型进行排序
SORT_NUMERIC	用于数字元素的排序
SORT_STRING	用于字符串元素的排序
SORT_LOCALE_STRING	根据当前的 locale 设置来把元素当做字符串比较

表 4-3 中，列举了 $sort_flag 的 4 种取值状态以及其对应的数组排序方式。为了让读者能更熟练掌握 sort()函数的使用，接下来通过一个案例来演示 sort()函数对数组元素进行排序，如例 4-19 所示。

【例 4-19】

```php
1 <?php
2     $arrs=array("4apple", "3banana", "1orange", "2peach");
3     sort($arrs,SORT_NUMERIC);
4     echo'<pre>';
5     print_r($arrs);
6     echo'</pre>';
7 ?>
```

运行结果如图 4-23 所示。

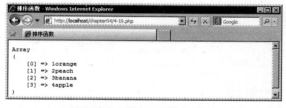

图 4-23　例 4-19 运行结果

从图 4-23 可以看出，数组中的元素按照值中的数字进行了排序。这是因为在程序第 3 行代码使用 sort()函数并且指定了$sort_flag 的值为 SORT_NUMERIC，使数组按照数字元素进行排序。

4.3.4　合并和拆分函数

在操作数组过程中，经常会遇到合并或拆分数组的情况。为此，PHP 提供了 array_merge() 函数和 array_chunk()函数，接下来分别对这两个函数进行详细讲解。

1. array_merge()函数

array_merge()函数的作用是合并一个或多个数组，其声明方式如下：

```
array array_merge( array $array1 [, array $... ] );
```

array_merge()将一个或多个数组的单元合并起来，一个数组中的值附加在另一个数组的后面，返回一个新的数组。如果输入的数组中有相同的字符串键名，则该键名后面的值将覆盖前一个值。如果数组包含数字键名，后面的值将不会覆盖原来的值，而是附加到数组的后面。如果数组是数字索引的，则键名会以连续方式重新编排索引。

接下来通过一个简单的案例来演示 array_merge()函数的用法，如例程 4-20 所示。

【例 4-20】

```
1 <?php
2     $array1=array("color"=>"red", 2, 4);
3     $array2=array("a", "b", "color"=>"green", "shape"=>"trapezoid", 4);
4     $result=array_merge($array1, $array2);
5     echo '<pre>';
6     print_r($result);
7     echo '</pre>';
8 ?>
```

运行结果如图 4-24 所示。

图 4-24　例 4-20 运行结果

从图 4-24 可以看出，使用 array_merge()函数将数组$array1、$array2 合并了。数组$array2 的第三个元素下标 color 与$array1 的第一个元素字符串下标重复，覆盖掉前面的值，之后输出 green。没有重复下标的元素正常输出。其他的元素都是以数字为下标，因此按照数字索引方式输出元素。

2. array_chunk()函数

函数 array_chunk()的作用是将一个数组分割成多个数组，其声明方式如下：

```
array array_chunk( array $input , int $size [, bool $preserve_keys ] );
```

上述声明中，$input 表示是要分割的数组，$size 是分割后的每个数组中元素的个数。preserve_keys 是一个可选参数，默认值为 false。如果将该参数设置为 true，则分割后的数组中元素保留原来的索引；如果将该参数设置为 false，则分割后的数组中元素的索引将从零开始。

接下来通过一个简单的案例来演示 array_chunk()函数的用法，如例 4-21 所示。

【例 4-21】

```
1  <?php
2    $arr=array('cctv-a', 'cctv-b', 'cctv-c');
3    echo'<pre>';
4    echo '分割后的数组为:'.'<br>';
5    print_r(array_chunk($arr, 2));
6    echo '<br>';
7    echo '分割后的数组为:'.'<br>';
8    print_r(array_chunk($arr, 2, true));
9    echo'</pre>';
10 ?>
```

运行结果如图 4-25 所示。

图 4-25　例 4-21 运行结果

在例 4-21 中，定义了一个数组$arr，该数组中存储了 3 个字符串元素'cctv-a'、'cctv-b'、'cctv-c'，然后调用 array_chunk()函数对这个数组进行分割。当使用 array_chunk($arr, 2)对数组进行分割时，分割后数组中的元素下标都是从 0 开始的，当使用 array_chunk($arr, 2, true)对数组进行分割时，分割后数组中的元素下标仍是原来的下标。

4.3.5 其他函数

在实际开发中，除了上述讲解的函数外，还有两个函数经常被用来操作数组，分别为 array_rand()函数和 array_reverse()函数，接下来针对这两个函数进行详细讲解。

1. array_rand()函数

array_rand()函数的作用是从数组中随机取出一个或多个元素，其声明方式如下：

```
mixed array_rand( array $input [, int $num_req ] );
```

array_rand()函数接收一个 input 参数和一个可选的参数 num_req，其中 input 参数用于指定接收的数组，num_req 参数用于指定取出元素的个数，默认为 1。如果只取出一个元素，array_rand()会返回一个随机元素的键名，否则就返回一个包含随机键名的数组。

接下来通过一个简单的案例来演示 array_rand()函数的用法，如例程 4-22 所示。

【例 4-22】

```php
1  <?php
2      $input=array("A", "B", "C", "D", "E");
3      echo'<pre>';
4      echo '随机获取一个元素:'.'<br>';
5      print_r(array_rand($input));
6      echo '<br>';
7      echo '随机获取两个元素:'.'<br>';
8      print_r(array_rand($input, 2));
9      echo'</pre>';
10 ?>
```

运行结果如图 4-26 所示。

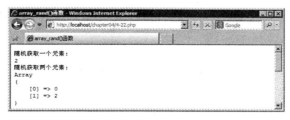

图 4-26 例 4-22 运行结果

从图 4-26 可以看出，使用 array_rand($input)函数时，随机取出了数组中某一个元素的键名，使用 array_rand($input, 2)函数时，随机取出了数组中两个元素的键名。

2. array_reverse()函数

array_reverse()函数的作用是返回一个元素顺序相反的数组，其声明方式如下：

```
array array_reverse( array $array [, bool $preserve_keys ] );
```

array_reverse()接收数组 array 作为输入并返回一个元素为相反顺序的新数组，如果 preserve_keys 为 true，则保留原来的键名。

接下来通过一个简单的案例来演示 array_reverse()函数的用法，如例程 4-23 所示。

【例 4-23】

```php
1 <?php
2    $input=array("ibm", 122, array("dell", "apple"));
3    $result=array_reverse($input);
4    echo '<pre>';
5    echo '返回一个元素顺序相反的数组:'.'<br>';
6    print_r($result);
7    $result_keyed=array_reverse($input, TRUE);
8    echo '返回一个元素顺序相反的数组:'.'<br>';
9    print_r($result_keyed);
10   echo '</pre>';
11?>
```

运行结果如图 4-27 所示。

从图 4-27 可以看出,使用 array_reverse($input)函数时,元素按照相反的顺序输出,并且键名也被修改了,使用 array_reverse($input, TRUE)函数时,元素也是按照相反的顺序输出,但键名保留不会被修改。

图 4-27　例 4-23 运行结果

本 章 小 结

本章首先介绍了数组的概念,然后讲解了数组的基本操作,主要包括数组指针、数组遍历、数组排序、数组查找等,最后讲解了在实际编程中用到的常用数组函数。通过本章的学习,读者应该能够了解什么是数组,以及数组的常见操作,重点掌握数组的遍历、排序以及常用的数组函数。

动 手 实 践

学习完前面的内容,下面来动手实践一下吧:

问题: 请通过 PHP 数组实现双色球随机选号的功能,要求每次刷新 PHP 脚本,都会生成一个双色球随机选号的结果。

描述: 双色球是中国福利彩票的一种玩法。它分为红色球号码区和蓝色球号码区,每注投注号码是由 6 个红色球号码和 1 个蓝色球号码组成,红色球号码从 1~33 中选取,蓝色球号码从 1~16 中选取。

说明: 动手实践参考答案可从中国铁道出版社教育资源数字化平台网址(http://www.tdpress.com/51eds/)下载。

第 5 章

➡ 面向对象编程

学习目标

- 熟悉面向对象思想。
- 掌握类与对象的使用。
- 掌握构造方法与析构方法的使用。
- 掌握继承与多态的使用。
- 掌握接口与抽象类的使用。

和一些面向对象的语言有所不同，PHP 并不是一种纯面向对象的语言。但 PHP 也支持面向对象的程序设计，并可以用于开发大型的商业程序。因此学好面向对象编程对 PHP 程序员来说也是至关重要的。本章将针对面向对象编程在 PHP 语言中的使用进行详细讲解。

5.1　面向对象概述

面向对象是一种符合人类思维习惯的编程思想。现实生活中存在各种形态不同的事物，这些事物之间存在着各种各样的联系。在程序中使用对象来映射现实中的事物，使用对象的关系来描述事物之间的联系，这种思想就是面向对象。

提到面向对象，自然会想到面向过程，面向过程就是分析解决问题所需要的步骤，然后用函数把这些步骤一一实现，使用的时候一个个依次调用就可以了。面向对象则是把解决的问题按照一定规则划分为多个独立的对象，然后通过调用对象的方法来解决问题。当然，一个应用程序会包含多个对象，通过多个对象的相互配合来实现应用程序的功能，这样当应用程序功能发生变动时，只需要修改个别的对象就可以了，从而使代码更容易维护。面向对象的特点主要可以概括为封装性、继承性和多态性，接下来针对这三种特性进行简单介绍。

1. 封装性

封装是面向对象的核心思想，将对象的属性和行为封装起来，不需要让外界知道具体实现细节，这就是封装思想。例如，用户使用计算机，只需要使用手指敲键盘就可以了，无须知道计算机内部是如何工作的，即使用户可能碰巧知道计算机的工作原理，但在使用时，也不会完全依赖计算机工作原理这些细节。

2. 继承性

继承性主要描述的是类与类之间的关系，通过继承，可以在无须重新编写原有类的情况下，对原有类的功能进行扩展。例如，有一个汽车的类，该类中描述了汽车的普通特性和功能，而轿车的类中不仅应该包含汽车的特性和功能，还应该增加轿车特有的功能，这时，可以让轿车类继承汽车类，在轿车类中单独添加轿车特性的方法就可以了。继承不仅增强了代码的复用性，提高了程序开发效率，而且为程序的修改补充提供了便利。

3. 多态性

多态性指的是同一操作作用于不同的对象，会产生不同的执行结果。例如，当听到"Cut"这个单词时，理发师的表现是剪发，演员的行为表现是表演，不同的对象，所表现的行为是不一样的。

面向对象的编程思想博大精深，初学者仅仅靠文字介绍是不能完全理解的，必须通过大量的实践和思考，才能真正领悟。希望大家带着面向对象的思想来学习后续的课程，来不断加深对面向对象的理解。

5.2 类 与 对 象

面向对象的编程思想力图使程序对事物的描述与该事物在现实中的形态保持一致。为了做到这一点，在面向对象的思想中提出了两个概念，即类和对象。其中，类是对某一类事物的抽象描述，而对象用于表示现实中该类事物的个体。接下来通过一个图例来演示类与对象之间的关系，如图 5-1 所示。

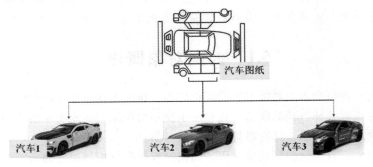

图 5-1 类与对象

在图 5-1 中，可以将汽车图纸看作是一个类，将一个个汽车看作对象，从汽车图纸和汽车之间的关系便可以看出类与对象之间的关系。类用于描述多个对象的共同特征，它是对象的模板。对象用于描述现实中的个体，它是类的实例。从图 5-1 可以明显看出对象是根据类创建的，并且一个类可以对应多个对象。

5.2.1 类的定义

在面向对象的思想中最核心的就是对象，为了在程序中创建对象，首先需要定义一个类。类是对象的抽象，它用于描述一组对象的共同特征和行为。类中可以定义属性和方法，其中属性用于描述对象的特征，方法用于描述对象的行为。类的定义语法格式如下：

```
class 类名{
    成员属性;
    成员方法;
}
```

上述语法格式中，class 表示定义类的关键字，通过该关键字就可以定义一个类。在类中声明的变量被称为成员属性，主要用于描述对象的特征，如人的姓名、年龄等。在类中声明的函数被称为成员方法，主要用于描述对象的行为，如人可以说话、走路等。

接下来通过一个案例来演示如何定义一个类，如例 5-1 所示。

【例 5-1】

```php
1  <?php
2    //定义一个 Person 类
3    class Person {
4      public $name;
5      public $age;
6      public function speak(){
7          echo "大家好！我叫".$this->name."，今年".$this->age."岁。<br>";
8        }
9    }
10 ?>
```

例 5-1 中定义了一个类。其中，Person 是类名，name 和 age 是成员属性，speak()是成员方法。在成员方法 speak()中可以使用$this 访问成员属性 name 和 age。需要注意的是，$this 表示当前对象，这里是指 Person 类实例化后的具体对象。

5.2.2 对象的创建

应用程序想要完成具体的功能，仅有类是远远不够的，还需要根据类创建实例对象。在 PHP 程序中可以使用 new 关键字来创建对象，具体格式如下：

```
$对象名 = new 类名([参数 1,参数 2,…]);
```

上述语法格式中，"$对象名"表示一个对象的引用名称，通过这个引用就可以访问对象中的成员，其中$符号是固定写法，对象名是自定义的。"new"表示要创建一个新的对象，"类名"表示新对象的类型。"[参数 1,参数 2]"中的参数是可选的。对象创建成功后，就可以通过"对象->成员"的方式来访问类中的成员。需要注意的是，如果在创建对象时，不需要传递参数，则可以省略类名后面的括号，即"new 类名;"。

接下来通过一个案例来演示如何创建 Person 类的实例对象，如例 5-2 所示。

【例 5-2】

```php
1  <?php
2    //定义一个 Person 类
3    class Person {
4      public $name;
5      public $age;
6      public function speak(){
7          echo "大家好！我叫".$this->name."，今年".$this->age."岁。<br>";
8        }
```

```
9     }
10    $p1=new Person();
11    $p1->name="张华";
12    $p1->age=10;
13    $p1->speak();
14?>
```

运行结果如图 5-2 所示。

图 5-2　例 5-2 运行结果

在例 5-2 中，定义了一个 Person 对象$p1，然后通过该对象为 name 和 age 属性赋值，并调用 speak()方法。从运行结果可以看出，程序输出了$p1 对象的姓名和年龄。

5.2.3　类的封装

在例 5-2 中定义的 Person 类有两个属性：name 和 age。在为 age 赋值时，由于没有做限定，因此可以赋予任何值，甚至一个负数。然而，将年龄赋值为一个负数显然是不符合实际生活的。为了防止这种情况出现，在设计一个类时，应该对成员变量的访问做出一些限定，不允许外界随意访问，此时就需要实现类的封装。

所谓类的封装是指在定义一个类时，将类中的属性私有化，即使用 private 关键字来修饰。私有化的属性只能在它所在类中被访问，为了能让外界访问私有属性，PHP 提供了两种形式，接下来将针对这两种形式进行详细讲解。

1. 通过 getXxx()和 setXxx()方法访问私有属性

在 PHP 程序中，为了可以访问私有属性，可以手动编写公有的 getXxx()和 setXxx()方法，其中，getXxx()方法用于获取属性值，setXxx()方法用于设置属性值。接下来通过一个案例来演示这两个方法的使用，如例 5-3 所示。

【例 5-3】

```
1 <?php
2   class Person {
3     private $name;
4     private $age;
5     //定义 getName()和 setName()方法用于获取和设置$name 属性
6     public  function getName()
7     {
8         return $this->name;
9     }
10    public function setName($value)
11    {
```

```
12              $this->name=$value;
13          }
14      //定义 getAge()和 setAge()方法用于获取和设置$age 属性
15      public function getAge()
16      {
17          return $this->age;
18      }
19      public  function setAge($value)
20      {
21          if($value<0){
22              echo "年龄不合法<br>";
23          }else{
24              $this->age=$value;
25          }
26      }
27  }
28  $p1=new Person();
29  $p1->setName("张华");
30  $p1->setAge(-10);
31  echo "姓名: ".$p1->getName()."<br>";
32  echo "年龄: ".$p1->getAge();
33?>
```

运行结果如图 5-3 所示。

图 5-3　例 5-3 运行结果

在例 5-3 的 Person 类中，使用 private 关键字将属性 name 和 age 声明为私有，并对外界提供了公有的方法，其中 getName()方法用于获取 name 属性的值，setName()方法用于设置 name 属性的值，同理，getAge()和 setAge()方法用于获取和设置 age 属性的值。在创建 Person 对象时，调用 setAge()方法传入一个负数–10，在 setAge()方法中对参数$value 的值进行检查，由于当前传入的值小于 0，因此会打印 "年龄不合法" 的信息，age 属性不会被赋值。

2. 通过__get()和__set ()方法访问私有属性

上述形式在实现封装时，获取属性使用的都是手动编写的 getXxx()和 setXxx()方法，当一个类中有多个属性时，使用这种方式就会很麻烦。为此，PHP5 中预定义了__get()方法和__set()方法，其中__get()方法用于获取私有成员属性的属性值，__set()方法用于为私有成员属性赋值，这个两个方法获取私有属性和设置私有属性时都是自动调用的。 接下来通过一个案例来演示这两个方法的使用，如例程 5-4 所示。

【例 5-4】

```php
1 <?php
2    class Person {
3        private $name; //将$name 属性封装
4        private $age;  //将$age 属性封装
5        //定义__get()方法用于获取 Person 的属性
6        public function __get($property_name){
7            echo "自动调用__get()方法获取属性值<br>";
8            if(isset($this->$property_name)){
9                return($this->$property_name);
10           }else{
11               return(NULL);
12           }
13       }
14       //定义__set()方法用于设置 Person 的属性
15       public function __set($property_name,$value){
16           echo "自动调用__set()方法为属性赋值<br>";
17           $this->$property_name=$value;
18       }
19   }
20   $p1=new Person();
21   $p1->name="张华";
22   $p1->age=10;
23   echo "姓名: ".$p1->name."<br>";
24   echo "年龄: ".$p1->age;
25?>
```

运行结果如图 5-4 所示。

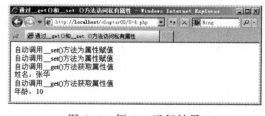

图 5-4   例 5-4 运行结果

在例 5-4 的 Person 类中，通过封装的形式定义了两个属性 name 和 age，并提供了__get()和__set()方法，用于对属性的赋值和访问。从运行结果可以看出，通过__get()方法和__set()方法，实现了对私有属性的访问以及赋值功能，并且程序会自动调用__get()方法和__set()方法。

在 PHP 中，提供了三个访问修饰符 public、protected 和 private，它们可以对类中成员的访问作出一些限制，具体如下：

- public：公有修饰符，类中的成员将没有访问限制，所有的外部成员都可以访问这个类的成员。如果类的成员没有指定访问修饰符，则默认为 public。
- protected：保护成员修饰符，被修饰为 protected 的成员不能被该类的外部代码访问，但是对于该类的子类可以对其访问、读写等。
- private：私有修饰符，被定义为 private 的成员，对于同一个类里的所有成员是可见的，即没有访问限制，但不允许该类外部的代码访问，对于该类的子类同样也不能访问。

需要注意的是，在 PHP4 中所有的属性都用关键字 var 声明，它的使用效果和使用 public 一样。因为考虑到向下兼容，PHP5 中保留了对 var 的支持，但会将 var 自动转换为 public。

5.2.4　特殊的$this

对象一旦被创建，在对象的每个成员方法中都会存在一个特殊的对象引用"$this"，它代表当前对象，用于完成对象内部成员之间的访问。其语法格式如下：

```
$this-> 属性名；
```

为了让读者更好地理解$this 的用法，接下来通过一个案例来演示如何使用$this 访问对象内部的成员属性，如例 5-5 所示。

【例 5-5】

```php
1  <?php
2    //定义一个 Person 类
3    class Person {
4      public $name;
5      public $age;
6      public function speak(){
7          echo "大家好! 我叫".$this->name.", 今年".$this->age."岁。<br>";
8      }
9    }
10   $p1=new Person();
11   $p1->name="张华";
12   $p1->age=10;
13   $p1->speak();
14   $p2=new Person();
15   $p2->name="紫晴";
16   $p2->age=13;
```

```
17    $p2->speak();
18?>
```

运行结果如图 5-5 所示。

图 5-5　例 5-5 运行结果

在例 5-5 中，创建了 Person 类的两个实例对象 \$p1、\$p2，然后通过这两个对象分别为 name、age 属性赋值，并调用 speak()方法。从运行结果可以看出，当\$p1 对象调用 speak()方法时，会输出\$p1 对象的属性值，当\$p2 对象调用 speak()方法时，会输出\$p2 对象的属性值。因此，可以说明\$this 表示的是当前对象。

注意：this 不能在类定义的外部使用，只能在类定义的方法中使用。

5.3　构造方法和析构方法

从前面所学到的知识中可以发现，实例化一个类的对象后，如果要为这个对象的属性赋值，需要直接访问该对象的属性。如果想要在实例化对象的同时就为这个对象的属性进行赋值，则可以通过构造方法来实现。构造方法是类的一个特殊成员，它会在类实例化对象时自动调用，用于对类中的成员进行初始化。与构造方法对应的是析构方法，它在对象销毁之前被自动调用，用于完成清理工作。本节将针对构造方法和析构方法进行详细讲解。

5.3.1　构造方法

在每个类中，都有一个构造方法，在创建对象时会被自动调用。如果在类中没有显式的声明它，PHP 会自动生成一个没有参数，且没有任何操作的默认构造方法。当在类中显式声明了构造方法时默认构造方法将不存在。声明构造方法和声明成员方法类似，其语法格式如下：

```
修饰符 function __construct(参数列表){
    //初始化操作
}
```

在上述语法格式中，需要注意的是构造方法的名称必须为__construct()，修饰符可以省略，默认为 public，接下来通过一个案例来学习构造方法的使用，如例 5-6 所示。

【例 5-6】

```
1 <?php
2    class Person{
3        public $name;//成员属性$name, 存储姓名
4        public $age;  //成员属性$age, 存储年龄
5        //声明一个构造方法, 将来创建对象时, 为对象的成员属性赋予初始值
```

```
6      function __construct($name,$age){
7          $this->name=$name;
                     //使用传入的参数$name 为成员属性$this->name 赋初值
8          $this->age=$age;//使用传入的参数$age 为成员属性$this->age 赋初值
9      }
10     function show(){
11         echo $this->name.'='.$this->age;
12     }
13 };
14 $p1=new Person("kimi",9);
15 $p1->show();
16?>
```

运行结果如图 5-6 所示。

图 5-6　例 5-6 运行结果

在例 5-6 中，通过构造方法实现了在创建对象的同时给对象中的属性赋值的功能。在第 6 ~ 9 行代码中声明了 Person 类的构造方法，用于初始化$name 和$age 属性。在第 14 行代码中，创建 Person 对象$p1 时调用构造函数，从而完成对象的初始化。 最后在第 15 行代码调用了$p1 的 show()方法，输出初始化的结果。

值得一提的是，在 PHP5 之前的版本中，构造方法名和类名相同，这种方式在 PHP5 中仍然可以使用，但应该尽量将构造方法命名为__construct()，其优点是可以使构造方法独立于类名，当类名发生变化时不需要更改相应的构造方法名称。为了向下兼容，创建对象时，如果一个类中没有名为__constuct()的构造方法，PHP 将寻找与类名同名的构造方法执行，如果找不到，则执行默认的空构造方法。

注意：

（1）构造方法没有返回值。

（2）构造方法的作用是完成对新对象的初始化，并不是创建对象本身。

（3）在创建新对象后，系统会自动调用该类的构造方法，不需要手动调用。

（4）一个类有且只有一个构造方法，在 PHP5 后虽然__construct()和类名()可以共存，但只能使用一个。

（5）构造方法和普通方法一样，可以访问类属性和方法，也有访问控制修饰符，还可以被其他方法调用。

5.3.2　析构方法

析构方法是 PHP5 中新添加的内容，它在对象销毁之前会被自动调用，用于释放内存。其语法格式具体如下：

```
function __destruct(){
    //清理操作
}
```

需要注意的是，析构方法的名称必须为"__destruct()"，且析构方法不带任何参数，接下来通过案例来学习析构方法的使用，具体如例 5-7 所示。

【例 5-7】

```
1  <?php
2    class Person{
3      public function show(){
4          echo "大家好，我是 Person 类的对象<br>";
5      }
6      //声明析构方法，在对象销毁前自动调用
7      function __destruct(){
8          echo "对象被销毁";
9      }
10   }
11   $p1 = new Person();
12   $p1->show();
13 ?>
```

运行结如图 5-7 所示。

图 5-7　例 5-7 运行结果

在例 5-7 中，第 7～9 行代码定义了 Person 类的析构方法，在程序结束前，会销毁创建的$p1 对象，此时会调用 p1 的析构方法，并在浏览器中输出"对象被销毁"。

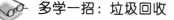 多学一招：垃圾回收

在 PHP 中使用了一种"垃圾回收"机制，即自动清理不再使用的对象，释放内存，析构方法也会自动被调用。所以在一般情况下不需要手动调用析构方法，只需明确析构方法的在何时被调用的即可。

5.4　类常量和静态成员

通过前面的学习了解到，类在实例化对象时，该对象中的成员只被当前对象所有。如果希望在类中定义的成员被所有实例共享，此时可以使用类常量或静态成员来实现，接下来将针对类常量和静态成员的相关知识进行详细讲解。

5.4.1　类常量

在类中，有些属性的值不能改变，并且希望被所有对象所共享，例如圆周率，它是一个数学常数，在数学物理计算中广泛使用，此时可以将表示圆周率的成员属性定义为常量。类常量在定义时需要使用 const 关键字来申明，示例代码如下：

```
const PI=3.1415926;  //定义一个常量属性 PI
```

上述示例代码中，使用 const 关键字来声明常量，常量名前不需要添加$符号，并且在声明的同时必须对其进行初始化工作。为了方便读者更好地理解类常量，接下来通过一个案例来学习类常量的使用和声明，如例 5-8 所示。

【例 5-8】

```
1  <?php
2    class MathTool{
3      const PI=3.1415926;              //定义一个类常量
4      public function show(){
5        echo MathTool::PI."<br>";       //通过类名访问
6      }
7      public function display(){
8        echo self::PI."<br>";           //通过 self 关键字访问
9      }
10   }
11   echo MathTool::PI."<br>";           //在类外部直接访问
12   $obj=new MathTool();                //实例化一个对象
13   $obj->show();
14   $obj->display();
15?>
```

运行结果如图 5-8 所示。

图 5-8　例 5-8 运行结果

在例 5-8 中，定义了一个类常量 PI，由于在类中声明的常量 PI 是属于类本身而非对象的，所以需要使用范围解析操作符（::）来连接类名和类常量来访问。如果在类的内部访问类常量，还可以使用关键字 self 来代替类名，最后将常量的值输出。

需要注意的是，在类中定义的常量只能是基本数据类型的值，而且必须是一个定值，不能是变量、类的属性、数学运算的结果或函数调用。类常量一旦设置后就不能改变，如果试图在程序中改变它的值，则会出现错误。且在声明类常量时一定要赋初始值，因为后期没有其他方式为其赋值。

5.4.2 静态成员

在上一小节学习了类常量，它是属于类的，可以实现类的所有对象共享一份数据。当然在类中使用静态成员也可以达到同样的效果，静态成员被 static 关键字修饰，它不属于任何对象，只属于类。静态成员包括静态属性和静态方法，接下来分别进行详细讲解。

1. 静态属性

有时候，我们希望某些特定的数据在内存中只有一份，并且可以被类的所有实例对象所共享。例如某个学校所有学生共享一个学校名称，此时完全不必在每个学生对象所占用的内存空间都定义一个字段来存储这个学校名称，可使用静态属性来表示学校名称让所有对象来共享。

定义静态属性的语法格式如下：

> 访问修饰符 static 变量名

在上述语法格式中，static 关键字写在访问修饰符的后面，访问修饰符可以省略，默认为public。为了更好地理解静态属性，接下来通过一个案例来演示，如例 5-9 所示。

【例 5-9】

```php
1 <?php
2   class Student{
3       //定义 show()方法,输出学生的学校名称
4       public static $SchoolName="传智播客";
5       public  function show (){
6           echo "我的学校是: ".self::$SchoolName."<br>";
7       }
8   }
9   $stu1=new Student();
10  $stu2=new Student();
11  echo "学生 1: <br>";
12  $stu1->show();
13  echo "学生 2: <br>";
14  $stu2->show();
15?>
```

运行结果如图 5-9 所示。

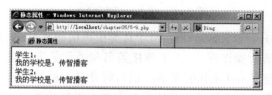

图 5-9　例 5-9 运行结果

在例 5-9 中，学生 1 和学生 2 的学校都是传智播客，这是由于在 Student 类中定义了一个静态字段 schoolName，该字段会被所有 Student 类的实例共享，因此在调用学生 1 和学生 2 的 show()方法时，均输出"我的学校是:传智博客"。

需要注意的是，静态属性是属于类而非对象，所以不能使用"对象->属性"的方式来访问，而应该通过"类名::属性"的方式来访问，如果是在类的内部，还可以使用 self 关键字代替类名。

2. **静态方法**

有时我们希望在不创建对象的情况下就可以调用某个方法，也就是使该方法不必和对象绑在一起。要实现这样的效果，可以使用静态方法。静态方法在定义时只需在方法名前加上static 关键字，其语法格式如下：

```
访问修饰符 static 方法名(){}
```

静态方法的使用规则和静态属性相同，即通过类名称和范围解析操作符（::）来访问静态方法。接下来通过一个案例来学习静态方法的使用，如例 5-10 所示。

【例 5-10】

```php
1 <?php
2     class Student{
3         //定义 show()方法,输出学生的学校名称
4         public static $schoolName="传智播客";
5         public static function show (){
6             echo "我的学校是: ".self::$schoolName;
7         }
8     }
9     Student::show();
10?>
```

运行结果如图 5-10 所示。

图 5-10　例 5-10 运行结果

在例 5-10 中，代码第 4 行中定义了一个静态属性 schoolName，在第 5 ~ 7 行代码中，定义了一个静态方法用来输出学生所在学校的名称。在第 9 行代码中通过"类名::方法名"的形式调用了 Student 类的静态方法，在静态方法中访问了静态属性$SchoolName，通常情况下静态方法是用来操作静态属性的。

注意：在静态方法中，不要使用 $this。因为静态方法是属于类的，而 $this 则是指对象上下文。在静态方法中，一般只对静态属性进行操作。

5.5　继　　承

5.5.1　继承的概念

在现实生活中，继承一般指的是子女继承父辈的财产。在程序中，继承描述的是事物之

间的所属关系，通过继承可以使多种事物之间形成一种关系体系。例如猫和狗都属于动物，程序中便可以描述为猫和狗继承自动物。同理，波斯猫和巴厘猫继承自猫，而沙皮狗和斑点狗继承自狗。这些动物之间会形成一个继承体系，具体如图 5-11 所示。

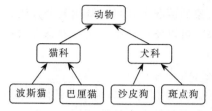

图 5-11　动物继承关系图

在 PHP 中，类的继承是指在一个现有类的基础上去构建一个新的类，构建出来的新类被称作子类，现有类被称作父类，子类会自动拥有父类所有可继承的属性和方法。

在程序中，如果想声明一个类继承另一个类，需要使用 extends 关键字，具体语法格式如下：

```
class 子类名 extends 父类名{
    //类体
}
```

为了让初学者更好的学习继承，接下来通过一个案例来学习子类如何继承父类，如例 5-11 所示。

【例 5-11】

```php
1 <?php
2    //定义 Animal 类
3    class Animal{
4       public $name;
5       public function shout(){
6          echo "动物发出叫声<br>";
7       }
8    }
9    //定义 Dog 类继承自 Animal 类
10   class Dog extends Animal{
11      public function printName(){
12         echo "name=".$this->name;
13      }
14   }
15   $dog=new Dog();
16   $dog->name="沙皮狗";
17   $dog->shout();
18   $dog->printName();
19?>
```

运行结果如图 5-12 所示。

图 5-12　例 5-11 运行结果

在例 5-11 中，Dog 类通过 extends 关键字继承了 Animal 类，这样 Dog 类便是 Animal 类的子类。从运行结果不难看出，子类虽然没有定义 name 属性和 shout()方法，但是却能访问这两个成员。这就说明，子类在继承父类的时候，会自动拥有父类的成员。

注意：在 PHP 中只能实现单继承，也就是说子类只能继承一个父类（是指直接继承）。

5.5.2　重写父类方法

在继承关系中，子类会自动继承父类中定义的方法，但有时在子类中需要对继承的方法进行一些修改，即对父类的方法进行重写。需要注意的是，在子类中重写的方法需要和父类被重写的方法具有相同的方法名、参数。

例程 5-11 中，Dog 类从 Animal 类继承了 shout()方法，该方法在被调用时会打印"动物发出叫声"，这明显不能描述一种具体动物的叫声，Dog 类对象表示犬类，发出的叫声应该是"汪汪"。为了解决这个问题，可以在 Dog 类中重写父类 Animal 中的 shout()方法，具体代码如例 5-12 所示。

【例 5-12】

```php
1  <?php
2      //定义 Animal 类
3      class Animal{
4          //动物叫的方法
5          public function shout(){
6              echo "动物发出叫声";
7          }
8      }
9      //定义 Dog 类继承自 Animal 类
10     class Dog extends Animal{
11         //定义狗叫的方法
12         public function shout(){
13             echo '汪汪......';
14         }
15     }
16     $dog=new Dog();
17     $dog->shout();
```

```
18?>
```

运行结果如图 5-13 所示。

图 5-13　例 5-12 运行结果

例 5-12 中，定义了 Dog 类并且继承自 Animal 类。在子类 Dog 中定义了一个 shout()方法对父类的方法进行重写。从运行结果可以看出，在调用 Dog 类对象的 shout()方法时，只会调用子类重写的该方法，并不会调用父类的 shout()方法。

如果想要调用父类中被重写的方法，就需要使用 parent 关键字， parent 关键字用于访问父类的成员。由于 parent 关键字引用的是一个类而不是一个对象，因此需要使用范围解析操作符（::）。接下来通过一个案例来演示如何使用 parent 关键字访问父类成员方法，如例 5-13所示。

【例 5-13】

```php
1  <?php
2      //定义 Animal 类
3      class Animal{
4          //动物叫的方法
5          public function shout(){
6              echo "动物发出叫声";
7          }
8      }
9      //定义 Dog 类继承自 Animal 类
10     class Dog extends Animal{
11         //定义狗叫的方法
12         public function shout(){
13             parent::shout();
14             echo "<br>";
15             echo '汪汪......';
16         }
17     }
18     $dog=new Dog();
19     $dog->shout();
20?>
```

运行结果如图 5-14 所示。

例 5-13 中，定义了一个 Dog 类继承 Animal 类，并重写了 Animal 类的 shout()方法。在子类 Dog 的 shout()方法中使用"parent::shout();"调用了父类被重写的方法。从运行结果可以看出，子类通过 parent 关键字可以成功地访问父类的成员方法。

图 5-14　例 5-13 运行结果

注意：子类方法重写父类方法时，访问权限不能小于父类方法的访问权限。例如父类的方法是 public 的，在子类中重写时只能是 public 的，不能声明为 protected 或者 private。

5.5.3　final 关键字

继承为程序编写带来了巨大的灵活性，但有时可能需要在继承的过程中保证某些类或方法不被改变，此时就需要使用 final 关键字。final 关键字有"无法改变"或者"最终"的含义，因此被 final 修饰的类和成员方法不能被修改。接下来将针对 final 关键字进行详细讲解。

1. final 关键字修饰类

PHP 中的类被 final 关键字修饰后，该类将不可以被继承，也就是不能够派生子类。接下来通过一个案例来验证，如例 5-14 所示。

【例 5-14】

```php
1 <?php
2    //定义 Animal 类
3    final class Animal {
4        //程序代码
5    }
6    class Bird extends Animal {
7        //程序代码
8    }
9    $bird=new Animal();
10?>
```

程序报错，结果如图 5-15 所示。

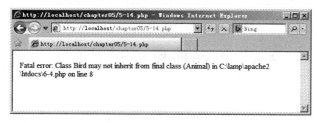

图 5-15　final 关键字演示

例 5-14 中，由于 Animal 类被 final 关键字所修饰，因此，当 Bird 类继承 Animal 类时，编译出现了"无法从最终 Animal 进行继承"的错误。由此可见，被 final 关键字修饰的类为最终类，不能被其他类继承。

2. final 关键字修饰方法

当一个类的方法被 final 关键字修饰后，这个类的子类将不能重写该方法。接下来通过一个案例来学习一下，如例 5-15 所示。

【例 5-15】

```php
1 <?php
2    class Animal{
3        final public function shout(){
4            //方法体为空
5        }
6    }
7    class Bird extends Animal{
8        public function shout(){
9            //方法体为空
10        }
11    }
12    $bird=new Animal();
13    $bird->shout();
14?>
```

程序报错，结果如图 5-16 所示。

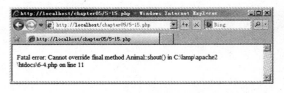

图 5-16　例 5-15 运行结果

例 5-15 中，Bird 类重写父类 Animal 中的 shout()方法后，编译报错。这是因为 Animal 类的 shout()方法被 final 所修饰。由此可见，被 final 关键字修饰的方法为最终方法，子类不能对该方法进行重写。正是由于 final 的这种特性，当在父类中的定义某个方法时，如果不希望被子类重写，就可以使用 final 关键字修饰该方法。

5.6　自动加载及魔术方法

5.6.1　自动加载

在 PHP 开发过程中，如果希望从外部引入一个 class，通常会使用 include 和 require 方法把定义这个 class 的文件包含进来。但是，在大型的开发项目中，这么做会产生大量的 require 或者 include 方法的调用，这样不仅会降低效率，而且使代码难以维护。如果不小心忘记引入某个类的定义文件，PHP 就会报告一个致命错误，导致整个应用程序崩溃。

为了解决上述问题，PHP 提供了类的自动加载机制，即定义一个__autoload()函数，它会在试图使用尚未被定义的类时自动调用。这样，PHP 在报告错误之前会有最后一个机会加载所需的类。为了方便读者理解自动加载机制，接下来通过一个案例来说明__autoload()是如何实现自动加载的。

首先在当前目录下，定义类定义文件 MyClass1.class.php，示例代码如下：

```php
<?php
  class  MyClass1{
  }
?>
```

定义类定义文件 MyClass2.class.php，示例代码如下：

```php
<?php
  class  MyClass2{
  }
?>
```

需要注意的是，对于类定义文件，通常使用类名.class.php 这种形式的文件名，这样便于程序的编写。

__autoload()方法的使用如例 5-16 所示。

【例 5-16】

```php
1  <?php
2    function __autoload($classname){
3        require_once $classname. ".class.php";
4    }
5    $obj1=new MyClass1();
6    $obj2=new MyClass2();
7    var_dump($obj1);
8    var_dump($obj2);
9  ?>
```

运行结果如图 5-17 所示。

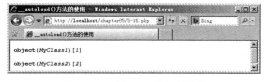

图 5-17　例 5-16 运行结果

从图 5-17 中可以看出，浏览器并没有访问过这两个类定义文件，在代码中也没有使用 include（或 require）将其包含，但是却获得了这两个类的对象。由此说明，autoload()函数可以实现自动加载功能。

需要注意的是，自动加载是指当需要类定义文件而没有找到时，会自动的调用__autoload()函数，它不只限于实例化对象，还包括继承、序列化等操作。而且，自动加载并不能自己完成加载类的功能，它只提供了一个时机，具体的加载代码还需要用户编写代码实现。

多学一招：spl_autoload_register()实现类的自动加载

除了__autoload()函数之外，spl_autoload_register()提供了一种更加灵活的方式来实现类的自动加载。将上面的示例改用 spl_autoload_regiser()函数来实现，代码如例5-17 所示。

【例 5-17】

```php
1  <?php
2      function loader($classname){
3              require $classname. ".class.php";
4      }
5      spl_autoload_register('loader');
6      $obj1=new MyClass1();
7      $obj2=new MyClass2();
8      var_dump($obj1);
9      var_dump($obj2);
10 ?>
```

运行结果如图 5-18 所示。

图 5-18　例 5-17 运行结果

从图 5-18 可以看出，spl_autoload_register()也可以实现类的自动加载。

5.6.2　魔术方法

PHP 中有很多以两个下划线开头的方法，如前面介绍的__construct()、__autoload()、__get()和__set()，这些方法被称为魔术方法。魔术方法有一个特点就是不需要手动调用，在某一时刻会自动执行，为程序的开发带来了极大的便利。

在 PHP 中提供了多个魔术方法，接下来列举这些常用的魔术方法，如表 5-1 所示。

表 5-1　魔术方法

方法声明	功能描述
__sleep()	对象序列化之前被调用，使程序延缓一段时间执行
__wakeup()	对象反序列化时被调用，还原被序列化的对象
__toString()	输出一个对象时被调用，将对象转化为字符串
__call()	在对象中调用一个不可访问方法时会被调用
__callStatic()	用静态方式中调用一个不可访问方法时被调用
__clone()	克隆对象时被调用
__invoke()	当尝试以调用函数的方式调用一个对象时被调用

在表 5-1 中列举了 PHP 中常用的魔术方法，这些方法在实际开发中会经常使用，接下来以 __toString() 为例来演示如何使用魔术方法，如例 5-18 所示。

【例 5-18】

```php
1 <?php
2    class Person{
3        private $name="张三";
4        private $age=21;
5        public function __toString(){
6            return "$this->name ($this->age)";
7        }
8    }
9    $p1=new Person();
10   echo $p1;
11?>
```

运行结果如图 5-19 所示。

图 5-19　例 5-18 运行结果

在例 5-18 中，定义了一个 Person 类，该类中有一个魔术方法 __toString()，用于将当前对象的信息以字符串的形式返回。因此，创建 Person 对象之后，就可以直接使用 echo 输出 $p1 对象信息。

5.7　抽象类与接口

当定义一个类时，常常需要定义一些方法来描述该类的行为特征，但有时这些方法的实现方式是无法确定的，此时就可以使用抽象类和接口。抽象类和接口用于提高程序的灵活性，抽象类是一种特殊的类，而接口又是一种特殊的抽象类。接下来本节将针对抽象类和接口进行详细讲解。

5.7.1　抽象类

当在定义一个类的时候，其中所需的某些方法暂时并不能完全定义出来，而是让其继承的类来实现，此时就可以用到抽象类。比如定义一个动物类，每种动物有"叫"方法，而每种动物叫的方式不同，因此可以将动物类定义为一个抽象类。定义抽象类需要使用 abstract 关键字来修饰，语法格式具体如下：

```
abstract class 类名{
    //类的成员
}
```

由于每种动物叫的方式不同，所以需要将动物叫的 shout()方法定义成抽象的，即只有方法声明而没有方法体的方法，在子类继承时再来编写该方法的具体实现，这种特殊的方法称为抽象方法，其语法格式如下：

```
abstract function 方法名();
```

为了让读者更好的理解抽象类和抽象方法的使用，接下来通过一个案例来演示，如例 5-19 所示。

【例 5-19】

```php
1  <?php
2      //使用 abstract 关键字声明一个抽象类
3      abstract class Animal{
4          //在抽象类中声明抽象方法
5          abstract public function shout();
6      }
7      //定义 Dog 类继承自 Animal 类
8      class Dog extends Animal{
9          //实现抽象方法 shout()
10         public function shout()
11         {
12             echo "汪汪......<br>";
13         }
14     }
15     //定义 Cat 类继承自 Animal 类
16     class Cat extends Animal{
17         //实现抽象方法 shout()
18         public function shout()
19         {
20             echo "喵喵......<br>";
21         }
22     }
23     $dog=new Dog();
24     $dog->shout();
25     $cat=new Cat();
26     $cat->shout();
27?>
```

运行结果如图 5-20 所示。

图 5-20　例 5-19 运行结果

在例 5-19 中，第 3 ~ 6 行代码定义了一个抽象类 Animal，然后使 Dog 类和 Cat 类继承 Animal 类并实现抽象方法 shout()。最后分别调用 cat 对象和 dog 对象的 shout()方法，输出不同的叫声。

注意：

（1）抽象类不能被实例化。

（2）抽象类可以没有抽象方法，但有抽象方法的抽象类才有意义。一旦类包含了抽象方法,则这个类必须声明为 abstract。

（3）抽象类中可以有非抽象方法、成员属性和常量。

（4）抽象方法不能有函数体，它只能存在于抽象类中。

（5）如果一个类继承了某个抽象类，则它必须实现该抽象类的所有抽象方法，除非它自己也声明为抽象类。

5.7.2　接口

如果一个抽象类中的所有方法都是抽象的，则可以将这个类用另外一种方式来定义，即接口。在定义接口时，需要使用 interface 关键字，具体示例代码如下：

```
interface  Animal{
    public function run();
    public function breathe();
}
```

定义接口与定义一个标准的类类似，但其中定义的所有的方法都是空的。需要注意的是接口中的所有方法都是公有的，也不能使用 final 关键字来修饰。

由于接口中定义的都是抽象方法，没有具体实现，需要通过类来实现接口。实现接口使用 implements 关键字。接下来通过一个案例来学习，如例 5-20 所示。

【例 5-20】

```
1  <?php
2      //定义 Animal 接口
3      interface  Animal{
4          public function run();
5          public function shout();
6      }
7      //定义 Dog 类，实现了 Animal 接口
8      class Dog implements Animal{
9          public function run(){
10             echo "狗在奔跑<br>";
11         }
12         public function shout(){
13             echo "汪汪……<br>";
14         }
```

```
15      }
16      //定义 Cat 类，实现了 Animal 接口
17      class Cat implements Animal{
18          public function run(){
19              echo "猫在奔跑<br>";
20          }
21          public function shout(){
22              echo "喵喵……<br>";
23          }
24      }
25      $cat=new  Cat();
26      $cat->run();
27      $cat->shout();
28      $dog=new  Dog();
29      $dog->run();
30      $dog->shout();
31?>
```

运行结果如图 5-21 所示。

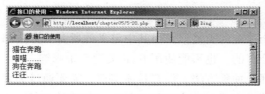

图 5-21　例 5-20 运行结果

在例 5-20 中，首先定义了接口 Animal，在接口 Animal 中声明了抽象方法 run()和 shout()，然后分别通过 Cat 类和 Dog 类实现了 Animal 接口。最后通过 cat 和 dog 对象调用 run()和 shout()方法。

在 PHP 中类是单继承的，但一个类却可以实现多个接口，并且这些接口之间用逗号分隔开，接下来通过一个具体的案例来学习，如例 5-21 所示。

【例 5-21】

```
1  <?php
2      //定义 Animal 接口
3      interface  Animal{
4          public function run();
5          public function shout();
6      }
7      //定义 LandAnimal 接口
8      interface  LandAnimal{
9          public function LiveOnLand();
```

```
10    }
11    //定义 Dog 类，实现了 Animal 和 LandAnimal 接口
12    class Dog implements Animal,LandAnimal{
13      public function LiveOnLand()
14      {
15          echo"狗在陆地上生活<br>";
16      }
17      public function run(){
18          echo "狗在奔跑<br>";
19      }
20      public function shout(){
21          echo "汪汪……<br>";
22      }
23    }
24    $dog=new  Dog();
25    $dog->LiveOnLand();
26    $dog->run();
27    $dog->shout();
28?>
```

运行结果如图 5-22 所示。

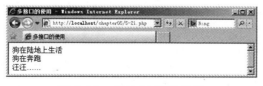

图 5-22 例 5-21 运行结果

在例 5-21 中，动物类 Dog 同时实现了接口 Animal 和 LandAnimal，通过 dog 对象调用了 LandAniamal 中的 LiveOnLand()方法和 Animal 接口中的 run()和 shout()方法。

多学一招：extends 和 implements 配合使用

在使用 implements 关键字实现接口的同时，还可以使用 extends 关键字继承一个类。即在继承一个类的同时实现接口，但一定要先使用 extends 继承一个类，再使用 implements 实现接口，具体示例如下所示：

```
class 类名 extends 父类名 implements 接口 1,接口 2,……,接口 n{
    //实现所有接口中的抽象方法
}
```

PHP 的单继承机制可保证类的纯洁性，比 C++中的多继承机制简洁。但是不可否认，对子类功能的扩展有一定影响。所以我们认为实现接口可以看作是对继承的一种补充。实现接口可在不打破继承关系的前提下，对某个类功能扩展，非常灵活。

5.8 多 态

在设计一个成员方法时，通常希望该方法具备一定的通用性。例如要实现一个动物叫的方法，由于每个动物的叫声是不同的，因此可以在方法中接收一个动物类型的参数的对象。当传入猫类对象时就发出猫类的叫声，传入犬类对象时就发出犬类的叫声，这种向方法中传入不同的对象，方法执行效果各异的现象就是多态。为了让读者更好地掌握多态的用法，接下来通过一个案例来学习，如例 5-22 所示。

【例 5-22】

```php
1  <?php
2    //定义 Animal 接口
3    abstract class  Animal{
4       public abstract function shout();
5    }
6    //定义 Dog 类，实现了 Animal 接口
7    class Dog extends Animal{
8       public function shout(){
9           echo "汪汪……<br>";
10      }
11   }
12   //定义 Cat 类，实现了 Animal 接口
13   class Cat extends Animal{
14      public function shout(){
15          echo "喵喵……<br>";
16      }
17   }
18   function   AnimalShout($obj){
19      if($obj instanceof Animal){
20          $obj->shout();
21      }else{
22          echo "Error: 对象错误！";
23      }
24   }
25   $cat=new  Cat();
26   $dog=new  Dog();
27   AnimalShout($cat);
28   AnimalShout($dog);
29?>
```

运行结果如图 5-23 所示。

图 5-23　例 5-22 运行结果

在例 5-22 中，通过向 AnimalShout 方法中传入不同的对象，AnimalShout()方法打印出不同动物的叫声。由此可见，多态使程序变得更加灵活，有效地提高了程序的扩展性。

5.9　设　计　模　式

在编写程序时经常会遇到一些典型的问题或需要完成某种特定需求，设计模式就是针对这些问题和需求，在大量的实践中总结和理论化之后优选的代码结构、编程风格，以及解决问题的思考方式。设计模式就像是经典的棋谱，不同的棋局，使用不同的棋谱，免得自己再去思考和摸索。本节将针对 PHP 应用程序中最常用的两种设计模式进行详细讲解。

5.9.1　单例模式

单例模式是 PHP 中的一种设计模式，它是指在设计一个类时，需要保证在整个程序运行期间针对该类只存在一个实例对象。就像世界上只有一个月亮，假设现在要设计一个类表示月亮，该类只能有一个实例对象，否则就违背了事实。在讲解单例设计模式之前，通过一个案例来演示在什么情况时需要使用单例模式，如例 5-23 所示。

【例 5-23】

```php
1 <?php
2   class dbHelper{
3       private $conn=null;
4       public function __construct(){
5           //打开一个到 MySQL 服务器的连接
6           $this->conn=mysql_connect("localhost","root","root");
7           echo "得到一个 conn<br/>";
8       }
9   }
10  $db1=new dbHelper();
11  $db2=new dbHelper();
12  if($db1===$db2){
13      echo "一个对象<br/>";
14  } else {
15      echo "两个对象<br/>";
16  }
17?>
```

运行结果如图 5-24 所示。

图 5-24　例 5-23 运行结果

从图 5-24 中可以看出，实例化类 dbHelper 的两个对象请求的数据库连接是两个不同的连接，而在实际开发中，有时会有这样的需求，在一次 HTTP 请求中，保证某个类的对象实例只能有一个，这样可以节省资源开销，此时可以使用单例模式。

单例模式（Singleton）用于为一个类生成一个唯一的对象。将上面的 dbHelper 类使用单例模式来实现，如例 5-24 所示。

【例 5-24】

```php
1 <?php
2   class dbHelper{
3     private static $instance=null;//定义一个私有的静态属性$instance
4     //声明一个构造方法
5     private function __construct(){
6       $this->conn=mysql_connect("localhost","root","root");
7       echo "得到一个 conn<br/>";
8     }
9     //只有通过这个方法才能返回本类的对象，该方法是静态方法
10    public static function getInstance(){
11      //如果本类中的$instance为空，说明它还没有被实例化过
12      if(self::$instance==null){
13        self::$instance=new self();//实例化本类对象
14      }
15      return self::$instance;//返回本类的对象
16    }
17    //阻止用户复制对象实例
18    private function __clone(){
19    }
20  }
21  $db1=dbHelper::getInstance();
22  $db2=dbHelper::getInstance();
23  if($db1===$db2){
24    echo "同一个对象";
25  }else{
26    echo "不是同一个对象";
27  }
28?>
```

运行结果如图 5-25 所示

图 5-25　例 5-24 运行结果

在例 5-24 中，dbHelper 类的构造方法使用了 private 关键字进行了修饰，即不能在类定义之外使用 new 来创建对象。如此一来就只能通过类名直接调用 getInstance()静态方法来创建对象。在第 3 行代码声明了一个私有的静态属性$instance，将实例化的对象赋值给它，再判断该属性，如果已经有值，就直接返回，如果其值为 null，就先实例化对象，这样就能保证 dbHelper 类只能被实例化一次。最后增加了一个私有的魔术方法__clone()，用于防止用户通过 clone 方法复制对象。

5.9.2　工厂模式

工厂模式的作用就是"生产"对象。工厂方法的参数是要生成对象的类名。为了让读者理解工厂模式的作用，接下来通过一个案例来演示如何使用工厂模式获取 MySQL 和 SQLite 的驱动对象。

首先在根目录下创建 MySQL.php 文件，示例代码如下：

```php
<?php
  class MySQL{
        //操作 MySQL 的驱动类
  }
?>
```

然后在根目录下创建 SQLite.php 文件，示例代码如下：

```php
<?php
  class SQLite{
        //操作 SQLite 的驱动类
  }
?>
```

最后定义一个工厂方法来获取各驱动对象，具体代码如例 5-25 示。

【例 5-25】

```php
1 <?php
2    header('Content-Type: text/html;charset=utf-8');
3    class Db{
4       //工厂方法
5       public static function factory($type){
6          if(include_once $type . '.php') {
7             $classname=$type;
8             return new $classname();
```

```
9              } else {
10                 echo "出错了!";
11             }
12        }
13   }
14   //获取 MySQL 驱动对象
15   $mysql=Db::factory('MySQL');
16   //获取 SQLite 驱动对象
17   $sqlite=Db::factory('SQLite');
18   var_dump($mysql);
19   var_dump($sqlite);
20?>
```

运行结果如图 5-26 所示。

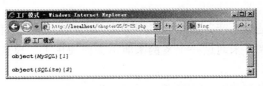

图 5-26　例 5-25 运行结果

例 5-25 中，第 5 行代码定义了一个静态方法 factory()，这就是工厂方法，该方法的参数为类名。第 6～11 行代码用于判断类名与参数是否相同，如果相同则创建该类的对象，否则输出"出错了!"。第 15、17 行代码分别调用 factory() 方法获取对应的驱动对象。从运行结果可以看出，工厂方法成功地创建了两个驱动类对象。

5.10　命名空间

5.10.1　为什么使用命名空间

在程序开发过程中经常会涉及大量的代码，而代码在编写时不可避免的可能会出现重名问题，当这些重名的类被调用时就会导致错误。因此在 PHP 语言中提出了命名空间这一概念，来解决在编写类库或应用程序时出现的重名问题。

为了让读者更好地理解命名空间的概念，接下来就以评论管理模块为案例来进行详细讲解，具体代码如下所示。

```php
<?php
   class Clean {
       public function FilterTitle($text){
           return ucfirst(trim($text));
       }
   }
?>
```

上述代码中将评论标题第一个词首字母转换为大写，其中该代码的类库名为Library.inc.php，类名为 Clean。

而在实际开发中对评论的管理当然不止上述一个处理功能，通常还包括敏感词过滤的模块，具体代码如下所示。

```php
<?php
    class Clean {
        public function removeProfanity($text){
            $badwords=array(
                    "idiotic"=>"shortsighted",
                    "moronic"=>"unreasonable",
                    "insane"=>"illogical"
            );
            return strtr($text,$badwords);
        }
    }
?>
```

上述代码实现了将评论中一些敏感词过滤的功能。其中类库名为 DataCleaner.inc.php，类名为 Clean。

此时当需要在项目中同时添加上述两个功能时，可以通过 include 关键字引入这两个类库到目标页面，具体代码如下：

```
include Library.inc.php;
include DataCleaner.inc.php;
```

在对类库引入成功后将这个程序加载到浏览器时会出现错误消息，具体如下所示：

```
Fatal error:Cannot redeclare class Clean
```

经过详细分析才发现引入的两个类库中都存在一个 Clean 类，当类库引入完毕后在该程序中就可以访问这两个类库中的 Clean 类，此时编译器就不清楚去调用哪个类，所以就会提示错误消息。

通过上述的一个综合的实例分析，可以看出程序在使用过程中出现同名问题是很正常的，而且当代码复杂时还是不能避免的，为了能提高代码的灵活性和稳定性，命名空间的概念就被提出来了，用于解决同名问题。同时还可以为标识符很长的名称创建别名，提高程序的可读性。

5.10.2 命名空间的定义

在 5.10.1 小节中学习了命名空间的概念，它可以用来解决应用程序之间的重名问题，下面就来学习一下命名空间是如何使用的。

命名空间是用关键字 namespace 来声明的，定义一个命名空间的代码如下：

```php
<?php
    namespace MyProject;
    const CONNECT_OK=1;
```

```php
class Connection { /* ... */ }
function connect() { /* ... */ }
?>
```

上述代码中 namespace 是表示命名空间的关键字，MyProject 是表示命名空间名，需要注意的是命名空间的声明必须在其他所有代码之前。

接下来就通过对 5.10.1 小节中的命名冲突问题进行解决，首先需要为各个类指定一个命名空间，具体步骤如下所示：

（1）打开 Library.inc.php 文件，定义命名空间 Library，代码如下所示：

```php
<?php
namespace Library; //定义命名空间
class Clean {
    public function FilterTitle($text){
        return ucfirst(trim($text));
    }
}
?>
```

（2）打开 DataCleaner.inc.php 文件，定义命名空间 DataCleaner，代码如下所示：

```php
<?php
namespace DataCleaner; //定义命名空间
class Clean {
    public function removeProfanity($text){
        $badwords=array(
            "idiotic"=>"shortsighted",
            "moronic"=>"unreasonable",
            "insane"=>"illogical"
        );
        return strtr($text,$badwords);
    }
}
?>
```

通过对上述两个代码文件中命名空间的定义，当在程序中包含这两个类库时，就不会出现错误信息了，此时就可以在程序中正常调用。

多学一招：定义子命名空间

与目录和文件的关系很像，PHP 命名空间也允许指定层次化的命名空间名称，通常把这种用法称为定义子命名空间，具体如下所示：

```php
<?php
namespace MyProject\Sub\Level;
const CONNECT_OK=1;
```

```
        class Connection { /* ... */ }
        function connect() { /* ... */ }
    ?>
```

5.10.3 命名空间的使用

在上面小节中对类库 Library.php 和 Library.inc.php 定义了命名空间，当在程序中通过 include 引入这两个类文件后，程序不会报错，此时就可以正常引用这两个类库中的类或方法等。接下来就可以对命名空间中的类、方法等成员进行引用。

PHP 命名空间中类名可以通过以下三种方式引用：

（1）非限定名称：即直接使用类名，如$a=new foo()。它表示使用的是当前命名空间的 foo 类。

（2）限定名称：即在类名前面添加前缀，如$a=new subnamespace\foo()。它表示使用的当前命名空间下子命名空间 subnamespace 下的 foo 类。

（3）完全限定名称：即在类名前面添加命名空间前缀，如果有子命名空间也要写上，如 $a = new \currentnamespace\foo()。它以命名空间反斜线开头的标识符，表示根命名空间下的子命名空间 currentnamespace 下的 foo 类。

通过上面的学习，我们了解了命名空间的几种使用方式，接下来就来学习在代码中是如何使用命名空间，具体如下所示：

```php
<?php
    include "Library.php";
    include "DataCleaner.php";
    //使用各自的命名空间并实例化对象
    $filter=new \Library\Clean(); //使用完全限定名称
    $profanity=new DataCleaner\Clean(); //使用限定名称
?>
```

上述代码中使用完全限定名称和限定名称的方式来分别对类 Clean 进行引用。需要注意的是，如果当前文件中声明了命名空间，此时使用限定名的方式引用成员可能会出错。

命名空间除了可以用于解决命名冲突之外，还可以用来定义别名。当在程序中多次使用某个类或命名空间时，每次不得不写一长串的单词，使程序阅读性变差。为此，PHP 提供了别名机制，允许通过别名引用或导入外部的完全限定名称。

在 PHP 中，命名空间的别名是通过 use 关键字来实现的。PHP 命名空间支持两种使用别名或导入方式：一是为类名称使用别名；二是为命名空间使用别名。下面就来学习一下别名的使用，具体代码如下所示：

```php
<?php
    namespace foo;
    include "Library.php";
    include "DataCleaner.php";
    use Library\Clean as L;     //为 Library 中的 Clean 类定义别名为 L
    use DataCleaner\Clean;      //为 DataCleaner 中的 Clean 类定义别名为 Clean
    use DataCleaner as D;       //为命名空间 DataCleaner 定义别名 D
```

```
$filter=new L();                //实例化 Library\Clean 对象
$profanity=new Clean();         //实例化 DataCleaner\Clean 对象
$profanity1=new D\Clean();      //实例化 DataCleaner\Clean 对象
?>
```

上述代码演示了在程序中如何为类和命名空间定义别名，并在程序中如何使用。在使用别名时需要注意以下几点：

（1）使用别名机制只能导入类，不支持导入函数或常量。

（2）对命名空间的名称来说，前面的反斜杠不是必须的，因为导入的名称必须是完全限定的，它不会根据当前的命名空间作相对解析。如果使用了反斜杠开始，则表示访问的是全局命名空间中的类。

（3）如果省略了 as，实际上它隐式地为其使用了别名 Clean。

（4）导入操作只影响非限定名称和限定名称。由于完全限定名称是确定的，所以不受导入的影响。

注意：

（1）PHP 在 5.3.0 以后的版本才开始支持命名空间。

（2）虽然任意合法的 PHP 代码都可以包含在命名空间中，但只有三种类型的代码受命名空间的影响，它们是：类，函数和常量。

（3）所有非 PHP 代码包括空白符都不能出现在命名空间的声明之前，下面的用法是错误的：

```
<html>
<?php
namespace MyProject; // 致命错误 -  命名空间必须是程序脚本的第一条语句
?>
```

本 章 小 结

本章主要介绍了 PHP 面向对象程序设计的各种特性。包括面向对象编程思想、类的声明、类的组成（成员属性和成员方法）、对象的使用、静态成员、继承、自动加载、魔术方法、抽象类与接口、多态等。并简单地介绍了设计模式和命名空间的用法。通过本章的学习读者应该了解面向对象编程思想，重点掌握类的声明、实例化并使用对象和继承。能够初步使用面向对象的方式来开发 Web 应用程序。

动 手 实 践

学习完前面的内容，下面来动手实践一下吧：

问题： 请编写一个计算器类。

描述： 类中有两个成员属性表示操作数，通过类的构造方法可以为成员属性赋值。当调用"加法"成员方法时返回两个操作数相加的结果。同理，再实现"减法"、"乘法"和"除法"。

说明： 动手实践参考答案可从中国铁道出版社教育资源数字化平台网址（http://www.tdpress.com/51eds/）下载。

第6章

→ 错误处理及调试

本章重点:

- 熟悉常见的错误级别。
- 掌握错误的处理。
- 掌握异常的处理。
- 掌握 PHP 的调试技术。

在使用 PHP 编写 Web 应用程序时，经常会遇到各种各样的错误，错误处理是代码编写的一个重要部分。如果代码中缺少错误检查，程序看上去会很不专业，并且程序会存在很多安全隐患。使用恰当的方法处理调试错误，是我们开发路上的一把利器。本章将针对 PHP 中的错误处理及调试进行详细讲解。

6.1　错误处理概述

在编程过程中如何能避免错误，使代码更加健壮和友好，这就需要在编写代码时对错误进行处理。在处理错误之前，首先要认识什么是错误，错误有哪些种类和级别，本节将针对不同的错误类型和错误级别进行详细讲解。

6.1.1　常见的错误类型

在 PHP 中，错误用于指出语法、环境或编程问题。根据错误出现在编程过程中的不同环节，大致可以分为四类，具体如下：

1. 语法错误

语法错误是指编写的代码不符合 PHP 的编写规范。语法错误最常见，也最容易修复，例如，遗漏了一个分号，就会显示错误信息。这类错误会阻止 PHP 脚本执行，通常发生在程序开发时，可以通过错误报告进行修复，再重新运行检查。

2. 运行错误

运行错误一般不会阻止 PHP 脚本的执行，但是会阻止脚本做希望它做的任何事情，例如，在调用 header() 函数前如果有字符输出，PHP 通常会显示一条错误信息，虽然 PHP 脚本继续执行，但 header() 函数并没有执行成功。

3. 逻辑错误

逻辑错误是最让人头疼的，不但不会阻止 PHP 脚本的执行，也不会显示出错误信息，例如，在 if 语句中判断两个变量的值是否相等，如果错把比较运算符"=="写成赋值运算符"="

就是一种逻辑错误，很难被发现。

4．环境错误

环境错误是由于 PHP 开发环境配置的问题引起的代码报错，比如用 PHP 画了一个五角星的图形，但是 PHP 扩展中却没有加载 GD 库，这样 PHP 脚本执行时的报错就是环境错误。

针对上述四种错误类型，在 PHP 中一般有两种方法处理错误，分别为标准 PHP 错误报告和异常处理。

标准 PHP 错误报告能够处理所有类型的错误，但是通常情况下，它适用于 PHP5 之前的版本。错误消息会进行全局报告，每个错误与一个代表错误严重性或类型的错误级别相关联。传统上运行错误和环境错误都可以通过函数的返回值或使用 die()、trigger_error()函数生成全局警告或致命错误来处理。

在 PHP5 中，异常被用于表示发生了一个异常事件并中断正常执行的脚本，例如，环境错误或编程错误。异常是面向对象编程的主要错误处理机制。

6.1.2 错误级别

PHP 中的错误不仅有多种类型，并且每个错误都有一个错误级别与之关联，用于表示当前错误的等级。例如 error、warning、notice 等错误。PHP 采用常量的形式来表示错误级别，每个错误级别都是一个整型。表 6-1 列出了 PHP 中常见的错误级别。

表 6-1　错误报告级别

级别常量	值	描　　　　述
E_ERROR	1	致命的运行时错误，这类错误不可恢复，导致脚本停止运行
E_WARNING	2	运行时警告，仅给出提示信息，但是脚本不会终止运行
E_PARSE	4	编译时语法解析错误，解析错误仅仅由分析器产生
E_NOTICE	8	运行时通知，表示脚本遇到可能会表现为错误的情况
E_CORE_ERROR	16	类似 E_ERROR，是由 PHP 引擎核心产生的
E_CORE_WARNING	32	类似 E_WARNING，是由 PHP 引擎核心产生的
E_COMPILE_ERROR	64	类似 E_ERROR，是由 Zend 脚本引擎产生的
E_COMPILE_WARNING	128	类似 E_WARNING，是由 Zend 脚本引擎产生的
E_USER_ERROR	256	类似 E_ERROR，由用户自己在代码中使用 trigger_error()来产生的
E_USER_WARNING	512	由用户自己在代码中使用 trigger_error()来产生的
E_USER_NOTICE	1024	类似 E_NOTICE，由用户自己在代码中使用 trigger_error()来产生的
E_STRICT	2048	启用 PHP 对代码的修改建议，确保代码具有互操作性和向前兼容性
E_ALL	30719	E_STRICT 除外的所有错误和警告信息

需要注意的是，表 6-1 中的 E_ALL 级别常量在不同的 PHP 版本中，它的值也不同，在 PHP 5.3 中是 30719，在 PHP5.2 中是 6143，在 PHP5.2 以前的版本中是 2047。

6.1.3 手动触发错误

表 6-1 中的 E_ERROR、E_NOTICE、E_WARNING、E_ALL 等错误都是由 PHP 解释器自

动触发的。实际上，除了 PHP 解释器自动触发的错误外，还可以根据不同的需求自定义错误，它们可以用于协助调试、在发布给其他人的代码中生成不推荐使用的通知等。

在程序开发中，可以使用 PHP 的内置函数 trigger_error() 来触发错误，该函数声明如下：

```
bool trigger_error( string $error_msg [, int $error_type = E_USER_NOTICE ] )
```

在上述声明中，第一个参数是错误信息内容，第二个参数是错误类别，默认为 E_UESR_NOTICE。接下来通过一个案例来演示如何使用 trigger_error() 函数手动触发错误，如例 6-1 所示。

【例 6-1】

```
1  <?php
2    ini_set('display_errors',1);//让错误显示
3    $a=10;
4    if ($a<20){
5        trigger_error('不能小于20');
6    }
7  ?>
```

运行结果如图 6-1 所示。

图 6-1 例 6-1 运行结果

从图 6-1 可以看出，手动触发了一个变量值不能小于 20 的错误。并且在程序中使用 trigger_error() 函数触发的错误也是有级别的，通过该函数的第二个参数来决定其错误级别，可以是 E_USER_NOTICE、E_USER_WARNING 或者 E_USER_ERROR。如果触发的是 E_USER_ERROR 错误，在出现错误之后，会停止脚本的执行。

需要注意的是，在使用 trigger_error() 函数触发错误之前，一定要先使用 ini_set() 函数让错误显示，否则使用 trigger_error() 函数无法触发错误。

6.2 如何处理错误

6.2.1 显示错误报告

在实际开发过程中，不可避免的会出现各种各样的错误，为了提高开发效率，PHP 语言提供了显示错误的机制，该机制可以控制是否显示错误以及显示错误的级别等。在 PHP 中实现显示错误的机制有两种方式，接下来将针对这两种方式进行详细讲解。

1. 修改配置文件

通过直接配置 php.ini 文件来实现显示错误报告，代码如下所示：

```
error_reporting(E_ALL & ~E_NOTICE);
```

```
display_errors=on;
```

上述代码中，error_reporting 用于设置错误级别，display_errors 用于设置是否显示错误报告。第 1 行代码中 E_ALL & ~E_NOTICE 表示显示除 E_NOTICE 之外的所有级别的错误，第 2 行表示显示错误报告。

2. error_reporting() 和 ini_set() 函数

通过 PHP 语言提供的 error_reporting() 和 ini_set() 函数来实现显示错误报告，代码如下所示：

```php
<?php
    error_reporting(E_ALL & ~E_NOTICE);
    ini_set('display_errors',1);

?>
```

上述代码中，ini_set() 函数用来设置 php.ini 中指定选项的值（仅在本脚本中生效），error_reporting() 函数用于设置错误级别。第 2 行表示显示除 E_NOTICE 之外的所有级别错误，第 3 行表示显示错误信息。接下来通过一个案例演示这两个函数的使用，如例 6-2 所示。

【例 6-2】

```php
1 <?php
2     ini_set('display_errors',1);
3     $rand_num=mt_rand(0,1);
4     echo $rand_num;
5     if($rand_num==0){
6         //报告所有错误
7         error_reporting(E_ALL);
8     }else{
9         // 除了 E_NOTICE，报告其他所有错误
10        error_reporting(E_ALL & ~E_NOTICE);
11    }
12    echo $info;
13?>
```

运行结果如图 6-2 所示。

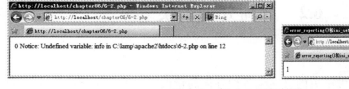

图 6-2　例 6-2 运行结果

在例 6-2 中，实现了使用 error_reporting() 函数控制是否显示错误以及显示错误级别的功能。在第 3 行代码通过 mt_rand() 函数产生一个 0 或 1 的随机数，如果 $rand_num 的值为 0，则显示所有错误，如果值为 1，则显示除 E_NOTICE 以外的错误。第 12 行代码中输出的变量 $info 未定义，会触发 E_NOTICE 错误。因此，当随机数为 0 时，会显示变量未定义的错误，当随机数为 1 时，不会显示错误。

3. die()函数

die()函数可以用来自定义输出错误信息，常用于业务逻辑的错误显示，接下来通过一个案例来学习一下 die()函数的使用，如例 6-3 所示。

【例 6-3】

```php
1  <?php
2    header('Content-Type: text/html;charset=utf-8');
3    $result=defined('PAI');
4    if(!$result){
5      die("PAI 常量不存在！");
6    }
7  ?>
```

运行结果如图 6-3 所示。

图 6-3　例 6-3 运行结果

在例 6-3 中通过 defined()函数实现了对常量 PAI 是否存在进行判断，如果常量 PAI 不存在则调用 die()函数进行处理。其中，die()函数用于输出一条消息，并退出当前脚本，是 exit() 函数的别名。需要注意的是，使用函数控制的方式只对当前脚本有效，而配置 php.ini 文件对所有脚本都有效。

> **多学一招：die()函数与 or 运算符的配合使用**
>
> 除了例 6-3 中的写法外，还有另外一种写法可以自定义输出错误信息，那就是通过逻辑运算符的短路特性，代码如下所示：
>
> ```php
> <?php
>     $result=defined('PAI') or die("PAI 常量不存在！");
> ?>
> ```
>
> 上述代码中，由于"="运算符的优先级要高于"or"运算符，所以先对 defined('PAI') 进行运算，如果判断存在则为真，or 后面的语句就不执行了，如果为假就执行 die()函数。

6.2.2　记录错误日志

在 6.2.1 小节中学习了如何让程序显示错误报告，但是如果网站已经上线或者正在运行，错误显示出来会影响用户体验，这时就需要将这些错误记录下来，为后期解决这些错误提供帮助。在 PHP 语言中可以通过配置文件来记录错误日志信息，还可以通过 error_log()函数来记录错误日志信息，接下来将针对这两种方式进行详细讲解。

1. 修改配置文件

通过修改 php.ini 配置文件，可以直接设置记录错误日志的相关信息，具体代码如下所示：

```
error_reporting=E_ALL
log_error=On
error_log=/tmp/php_errors.log
```

上述代码中，error_reporting 用于设置显示错误级别，E_ALL 表示显示所有错误，log_error 用于设置是否记录日志，error_log 用于指定日志写入的文件路径。

2. error_log()函数

error_log()函数用于将错误记录到指定的日志文件中或发送电子邮件到指定地址，其函数声明如下：

```
bool error_log ( string $message [, int $message_type=0 [, string
$destination [, string $extra_headers ]]] )
```

上述声明中，$message 表示要记录的错误信息。参数$message_type 表示消息类型，该参数有两个值 0 或 1，0 表示发送到服务器地址，1 表示使用 mail()函数发送到指定邮件地址。$destination 表示错误日志记录的位置，$extra_headers 表示额外的头，当$message_type=1 时才会使用。接下来通过一个简单示例来学习 error_log()函数的使用方法，如例 6-4 所示。

【例 6-4】

```php
1 <?php
2     $a=5;
3     if ($a<10){
4         error_log("\$a 小于 10",0);
5         echo "here";
6     }
7     if ($a==10){
8         error_log("\$a 等于 10",1,"xxx@itcast.cn");
9     }
10    if ($a > 10){
11        error_log("\$a 大于 10",3,"D:/error.log");
12    }
13?>
```

运行结果如图 6-4 所示。

图 6-4　例 6-4 运行结果

例 6-4 中通过 error_log()函数实现记录错误信息的功能。其中，第 4 行代码表示将错误信息发送到服务器日志或文件，默认情况下错误会被记录到 Apache 的错误日志中，如果开启了error_log = syslog 配置，则会记录到当前操作系统的日志内。第 8 行代码表示将错误信息通过

PHP 的 mail()函数发送到 xxx@itcast.cn，但默认情况下不能发送成功，需要配置邮件服务器信息。第 11 行代码表示将错误信息保存到 D 盘下的 error.log 文件。

注意：

（1）error_log 有两个特殊值，如果没有设置，则默认使用 Apache 的错误日志来记录错误信息。如果设置为 syslog，则将错误信息记录到当前系统的日志内，需使用事件查看器来查看。

（2）如果删除了 Apache 的错误日志 error.log 文件，则需要重启 Apache 让其重新生成 error.log。

6.2.3　自定义错误处理器

通过前面的学习了解了显示和记录错误信息都可以通过对 php.ini 配置文件进行修改来实现，但是在该文件中无法指定这些错误记录的显示格式，不能很好地定位错误。为此，PHP 提供了自定义错误处理器，自定义错误处理器是通过 set_error_handler()函数来实现的，其函数声明如下：

```
mixed set_error_handler( callable $error_handler [, int $error_types =
E_ALL | E_STRICT ])
```

上述声明中，callable 表示该参数$error_handler 为回调函数类型。$error_handler 是必须定义的参数，表示发生错误时运行的函数。$error_types 用于指定处理错误的级别类型。

其中，error_handler 参数必须符合错误处理器函数的原型，原型如下所示：

```
function handler(int $errno , string $errstr [, string $errfile [, int
$errline [, array    $errcontext ]]]);
```

上述代码中，参数$errno 表示错误级别，$errstr 表示错误说明，$errfile 表示发生错误代码的文件名称，errline 表示错误发生的代码行的行号，$errcontext 表示在触发错误的范围内存在的所有变量的数组。其中前两个参数是必填参数。

上面学习了 set_error_handler()函数的用法，接下来通过一个示例来演示如何自定义错误处理器，如例 6-5 所示。

【例 6-5】

```
1 <?php
2    //定义一个处理错误的函数
3    function customError($errno, $errstr){
4       echo "<b>Error:</b> [$errno] $errstr";
5    }
6    //调用自定义错误处理程序
7    set_error_handler("customError");
8    echo($student); //输出一个未定义的变量
9 ?>
```

运行结果如图 6-5 所示。

例 6-5 中通过 set_error_handler()函数实现了自定义错误处理的功能。其中，自定义回调函数 customError()实现了对错误信息进行输出。需要注意的是，在使用自定义错误处理器后，系统默认的错误处理就会失效，不能显示和记录错误了。如果在自定义的错误处理函数中返回 false，则会在自定义处理器函数处理完后交由系统默认的错误处理器来处理。

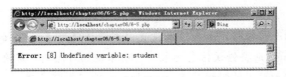

图 6-5 例 6-5 运行结果

6.3 异 常 处 理

6.3.1 异常的概述

在 PHP5 中加入了异常处理机制，它与错误的区别在于：异常定义了程序中遇到的非致命的错误。例如，程序运行时磁盘空间不足、网络连接中断、被操作的文件不存在等。在处理这些异常前，需要先获取异常信息，才能推断程序中的错误所在。在 PHP 中内置了一个异常类 Exception 来描述异常信息，Exception 类的定义如例 6-6 所示。

【例 6-6】

```
1 class Exception{
2    protected $message='Unknown exception'; // 异常信息
3    protected $code=0;                        // 用户自定义异常代码
4    protected $file;                          // 发生异常的文件名
5    protected $line;                          // 发生异常的代码行号
6    function __construct($message=null, $code=0);
7    final function getMessage();              // 返回异常信息
8    final function getCode();                 // 返回异常代码
9    final function getFile();                 // 返回发生异常的文件名
10   final function getLine();                 // 返回发生异常的代码行号
11   final function getTrace();                // backtrace() 数组
12   final function getTraceAsString();// 已格成化成字符串的 getTrace() 信息
13   /* 可重载的方法 */
14   function __toString();                    // 可输出的字符串
15}
```

在例 6-6 中，从 Exception 类的定义中可以看出，Exception 类中成员属性和方法是用来描述和获取程序中异常信息的，通过异常对象可以获取当前程序中的错误信息，从而方便程序对错误进行处理。

6.3.2 异常的处理

在上一小节学习了异常的相关知识，当程序发生异常时，需要对异常进行捕获并进行处理。在 PHP 中可以通过 throw 关键字来抛出一个异常，如果要捕获和处理异常需要 try…catch

代码块来完成。接下来通过一个具体的案例来学习如何捕获和处理异常，如例 6-7 所示。

【例 6-7】

```php
1 <?php
2    //创建可抛出一个异常的函数
3    function checkNum ($number){
4      if($number > 1){
5       //抛出异常
6         throw new Exception("Value must be 1 or below");
7      }
8      return true;
9    }
10   //可能触发异常的代码
11   try{
12     checkNum(2);
13   }
14   //捕获异常
15   catch(Exception $e){
16     echo 'Message: ' .$e->getMessage();
17   }
18?>
```

运行结果如图 6-6 所示。

图 6-6 例 6-7 运行结果

在例 6-7 中，第 6 行代码中使用 throw 关键字来抛出一个异常，第 11 ~ 13 行代码在 try 块中调用了可以引发异常的 checkNum()函数，如果没有触发异常，则代码继续执行。如果异常被触发，则会抛出一个异常。在第 15 ~ 17 行的代码中，使用 catch 块来捕获异常，并创建一个包含异常信息的对象，异常被捕获后，执行 catch 块中处理异常的代码。

6.3.3 自定义异常

虽然 PHP5 提供的异常处理类 Exception 具备常用的一些功能。但有时候我们希望使用不同的异常类，针对特定类型的异常进行处理，此时就需要创建一个自定义异常类。

自定义异常类非常简单，只需要继承自 Exception 类，并添加自定义的成员属性和方法即可。接下来通过一个具体的案例来学习如何自定义异常，如例 6-8 所示。

【例 6-8】

```php
1 <?php
2    //创建一个自定义的异常类 CustomException, 继承自 Exception
```

```
3    class CustomException extends Exception{
4        //定义错误方法errorMessage
5        public function errorMessage(){
6            //定义错误信息显示格式
7            $errorMsg='Error on line '.$this->getLine().' in '.$this->
8            getFile().': <b>'.$this->getMessage().'</b> is not a valid E-Mail
9            address';
10           return $errorMsg;
11       }
12   }
13   $email="someone@example...com";
14   try{
15       //检查邮件地址格式是否合法
16       if(filter_var($email, FILTER_VALIDATE_EMAIL) === FALSE){
17           //如果邮件地址不合法，则抛出异常
18           throw new CustomException($email);
19       }
20   }
21   catch (CustomException $e){
22       //输出错误信息
23       echo $e->errorMessage();
24   }
25?>
```

运行结果如图 6-7 所示。

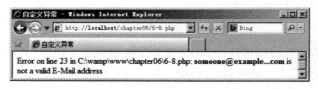

图 6-7　例 6-8 运行结果

在例 6-8 中，第 3 ~ 12 行代码定义了一个自定义的异常类 CustomException，继承自 Exception 类，并添加了成员方法 errorMessage()。第 14 ~ 20 行代码中的 try 代码块用于检查邮箱是否合法，若邮箱非法，则抛出自定义异常 CustomException。第 21 ~ 24 行代码中的 catch 代码块用来处理捕获的异常。

6.3.4　多个 catch 块

前面所列举的例子都是一个 try 语句对应于一个 catch 语句，实际上我们也可以为一段脚本使用多个异常，来检测多种情况。也就是说一个 try 语句对应于多个 catch 语句。在脚本中可以使用多个 if...else 代码块，或一个 switch 代码块，或者嵌套多个异常。这些异常能够使用

不同的异常类，并返回不同的错误消息。接下来通过一个具体的案例来学习多个 catch 块的使用，如例 6-9 所示。

【例 6-9 】

```php
1 <?php
2   class CustomException extends Exception{
3     public function errorMessage(){
4       //定义错误信息的显示格式
5       $errorMsg = 'Error on line '.$this->getLine().' in '.$this->getFile()
6           .': <b>'.$this->getMessage().'</b> is not a valid E-Mail
address';
7       return $errorMsg;
8     }
9   }
10  $email="someone@example.com";
11  try{
12    //检查邮件地址是否合法
13    if(filter_var($email, FILTER_VALIDATE_EMAIL)===FALSE){
14      //如果不合法抛出异常
15      throw new CustomException($email);
16    }
17    //检查邮件地址中是否有字符串 "example"
18    if(strpos($email, "example")!==FALSE){
19      //如果存在则抛出异常
20      throw new Exception("$email is an example e-mail");
21    }
22  }
23  catch (CustomException $e){
24    //捕获我们自定义的错误类 CustomException 中抛出的邮件是否合法的异常信息
25    echo $e->errorMessage();
26  }
27  catch(Exception $e){
28    //捕获默认错误类 Exception 中抛出的邮件地址中是否有字符串 "example" 的异常信息
29    echo $e->getMessage();
30  }
31?>
```

运行结果如图 6-8 所示。

例 6-9 中，定义了一个自定义异常类 CustomException，在 try 代码中根据用户输入的地址格式不同，会引发不同的异常，在代码中有两个 catch 块，分别用来捕获 CustomException 和 Exception 异常并处理。

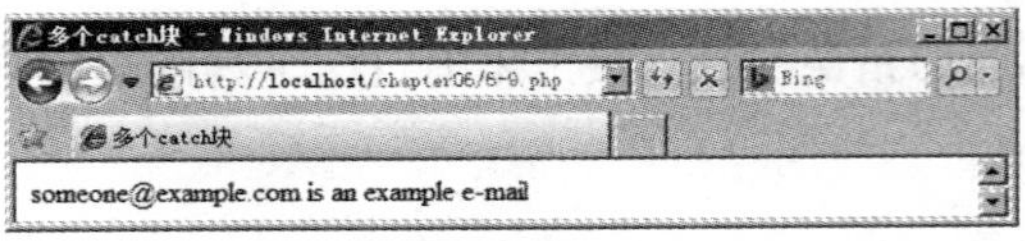

图 6-8　例 6-9 运行结果

从程序的运行结果可以看出，邮件地址中含有字符串“example”。由此可以说明，在程序中使用多个 catch 代码块来捕获异常，可以更好地捕获并处理错误消息。

多学一招：重新抛出异常

在实际开发中，当异常抛出时需要以不同的方式对它进行处理。此时，可以在一个 catch 代码块中再次抛出异常。脚本应该对用户隐藏系统错误。对编程人员来说，系统错误也许很重要，但是用户对它们并不感兴趣。为了让用户更容易使用，可以再次抛出比较友好的消息异常。接下来通过一个具体的案例来演示重新抛出异常，如例 6-10 所示。

【例 6-10】

```
<?php
    class customException extends Exception{
        public function errorMessage(){
            //定义错误信息的显示格式
            $errorMsg = $this->getMessage().' is not a valid E-Mail address.';
            return $errorMsg;
        }
    }
    $email = "someone@example.com";
    try{
        try{
            //检查邮件地址中是否包含字符串“example”
            if(strpos($email, "example") !== FALSE){
                //如果邮件中包含字符串“example”则抛出异常
                throw new Exception($email);
            }
        }
        catch(Exception $e){
             //再次抛出异常
            throw new customException($email);
            }
    }
    catch (customException $e){
        //捕获异常信息并输出
```

```
25        echo $e->errorMessage();
26    }
27?>
```

运行结果如图 6-9 所示。

图 6-9　运行结果

在例 6-10 中，在第 15 行代码中抛出的异常，由第 18～21 行的 catch 块捕获，并在此代码块中再次抛出 customException 异常，被第 23～26 行的代码中的 catch 块所捕获，从而输出了更加友好的异常消息。

6.3.5　设置顶层异常处理器

在实际开发中，为了保证程序正常运行，需要在所有可能出现异常的地方进行异常监视，但是程序出现异常的地方是无法预料的，为了保证程序的正常运行，PHP 提供了 set_exception_handler()函数用于对这些没有进行异常监视的异常进行处理，该函数也称为顶层异常处理器。

顶层异常处理器用于没有用 try/catch 块来捕获的异常，该函数声明如下所示：

```
callable set_exception_handler( callable $exception_handler )
```

该函数只有一个参数$exception_handler 表示异常处理函数，该异常处理函数需要在被调用前定义。接下来通过一个简单的示例来学习 set_exception_handler()函数的使用，如例 6-11 所示。

【例 6-11】

```
1 <?php
2     function ExceptionHandle($exception){
3         echo "<b>异常信息：</b>".$exception->getMessage();
4     }
5     set_exception_handler("ExceptionHandle");
6     throw new Exception("你没有捕获的异常来了");
7 ?>
```

运行结果如图 6-10 所示。

图 6-10　例 6-11 运行结果

在例 6-11 中，第 5 行代码 set_exception_handler()函数接收了 ExceptionHandle()函数作为参数。第 6 行通过 throw 抛出了一个异常，但并没有与之对应的 try 和 catch 代码块，所以触发了 set_exception_handler()函数，通过执行 ExceptionHandle()函数实现了对异常的处理。

6.4　PHP 的调试技术

在程序开发阶段，必然会遇到各种各样的错误，此时就需要使用 PHP 的调试技术。所谓调试就是通过一定方法，在程序中找到错误并减少错误的数量，从而使程序正常运行。本节将围绕着 PHP 开发过程中常用的调试方法和技术进行详细讲解。

6.4.1　使用输出函数进行调试

PHP 中提供了一系列输出函数，如 print()、echo()、print_r()和 var_dump()，这些输出函数不仅可以在程序中输出信息，还可用于简单的调试，接下来将针对这几个函数进行详细讲解。

1．print()

print()函数用于输出字符串，其语法格式如下：

```
int print ( string $arg )
```

print()函数非常简单，只接收一个参数$arg，用于指定输出的字符串。

2．echo()

echo()函数用于输出一个或多个字符串，其语法格式如下：

```
void echo ( string $arg1 [, string $... ] )
```

此函数可以接收一个或多个字符串类型参数，用于完成字符串输出功能。需要注意的是，echo()函数与 print()函数功能类似，只不过执行效率比 print()函数高。

3．print_r()

print_r()函数用于打印一个变量易于理解的信息，其语法格式如下：

```
bool print_r ( mixed $expression [, bool $return ] )
```

此函数如果打印的变量类型是 string、integer 或 float，将打印变量值本身。如果是数组，将会按照一定格式显示键和值。

4．var_dump()

var_dump()函数用于打印变量的相关信息，其语法格式如下：

```
void var_dump ( mixed $expression [, mixed $expression [, $... ]] )
```

此函数显示关于一个或多个表达式的结构信息，包括表达式的类型与值。如果是数组则通过递归的方式展开值，并缩进显示其结构。

6.4.2　使用文件记录进行调试

使用输出函数进行调试只适用于比较简单的程序代码，有时需要得到程序运行过程中的一些信息，但又不想让程序停下来，例如处理循环语句。针对这个情况，PHP 提供了一个函数 file_put_contents()，该函数可以将程序的相关信息记录到某个文件中。这样程序中出现过的错误或是警告等信息就会保存在文件中，方便以后进行信息的追溯。

file_put_contents()函数的声明方式如下：

```
int file_put_contents ( string $filename , mixed $data [, int $flags=0 [,
resource $context ]] )
```

从上述声明中可以看出，file_put_contents()函数有 3 个参数，其中第 1 个参数$filename 表示要被写入的文件名，第 2 个参数$data 表示要写入的数据。第 3 个参数表示附件选项，如 FILE_APPEND 表示追加数据而不是覆盖，该参数是可选的。

接下来在程序的根目录中创建一个 error_log.txt 文件用于记录调试信息，然后通过 file_put_contents()函数将调试信息写入该文件，如例 6-12 所示。

【例 6-12】

```php
1 <?php
2     $path=$_SERVER['DOCUMENT_ROOT']."/error_log.txt";
3     $data=10;
4     if($data>5){
5         //将调试信息记录到文件 error_log.txt 中
6         file_put_contents($path,date("Y-m-d H:i:s")."数据大于 5\r\n",FILE_
          APPEND);
7     }
8 ?>
```

程序运行成功后，会在 error_log.txt 文件中保留程序运行过程中的所有信息，为了验证这种情况，打开 error_log.txt 文件，如图 6-11 所示。

从图 6-11 可以看出，error_log.txt 记录了程序访问的数据。因此可以说明 file_put_contents()函数将程序运行过程中的数据成功的写入到文件中。

图 6-11　error_log.txt

6.4.3　使用 Xdebug 进行调试

从上面的讲解可以知道，输出函数和文件记录可以处理程序中绝大多数问题，但是当程序功能很复杂而且代码很多时，如果手动调试就比较烦琐。此时，就需要一个功能强大的调试工具 Xdebug。Xdebug 工具是一个开放源代码的 PHP 程序调试器，即一个 Debug 工具，用来调试和分析程序的运行状况。接下来将针对 Xdebug 工具的安装以及使用进行详细地讲解。

1. Xdebug 的安装

首先到 Xdebug 官网（www.xdebug.org）下载相应的版本，本书以 Xdebug 2.2 为例，然后将下载好的 php_xdebug-2.2.3-5.3-vc9.dll 文件放到 PHP 的 ext 目录中（C:\lamp\php5\ext）。接下来还需要在 php.ini 文件中添加几行配置信息，具体如下：

```
[Xdebug]
zend_extension="C:\lamp\php5\ext\ php_xdebug-2.2.3-5.3-vc9.dll"
xdebug.remote_enable=true
xdebug.remote_handler=dbgp
xdebug.remote_host=localhost
xdebug.remote_port=9000
```

上述信息配置完成后，需要重启 Apache 服务器使配置文件 php.ini 生效。为了验证是否安装成功，可以编写一个测试文件 test.php，在该文件中写入一行代码，具体如下：

```php
<?php
    phpinfo();
?>
```

打开 IE 浏览器，访问 test.php 文件，如果在页面中看到 Xdebug 信息，说明 Xdebug 安装成功，如图 6-12 所示。

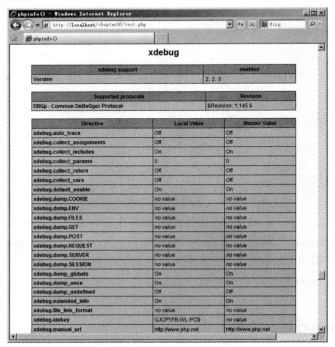

图 6-12　安装 xdebug 信息

2. Xdebug 的使用

为了演示 Xdebug 工具的使用，下面先创建一个出错的程序，该程序包含一个不存在的文件，如例 6-13 所示。

【例 6-13】

```php
1 <?php
2    testXdebug();
3    function testXdebug() {
4        requireFile();
5    }
6    function requireFile() {
7        require_once('abc.php');
8    }
9 ?>
```

打开 IE 浏览器，访问 6-13.php 文件，此时会发现错误信息变成了彩色，并且定位了出错的函数 testXdebug()，如图 6-13 所示。

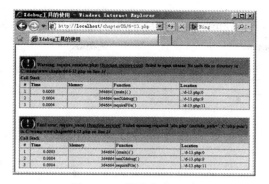

图 6-13　错误信息显示

从图 6-13 可以看出，Xdebug 工具可以追踪代码出错的具体位置，并具有迅速定位快速排错的功能。因此，在使用 Xdebug 工具调试程序，可以大大提高工作效率。

多学一招：Xdebug 工具的安装

Xdebug 工具的版本与 PHP 的版本有关，因此在安装的时一定要选择与其匹配的版本，为了更准确地选择哪个版本，可以进入 Xdebug 官网对其进行分析，具体步骤如下：

（1）进入 Xdebug 官方网站。

（2）然后编写一个 test.php 文件，在该文件中使用 phpinfo 输出本地 php 信息。

（3）将 test.php 页面中输出的内容粘贴到 wizard.php 页面的文本框中，如图 6-14 所示。

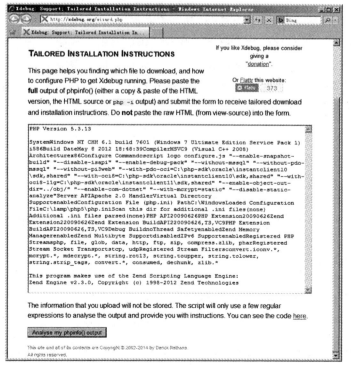

图 6-14　wizard.php

单击"Analyse my phpinfo() output"按钮，会列出适合安装的 Xdebug 版本，如图 6-15 所示。

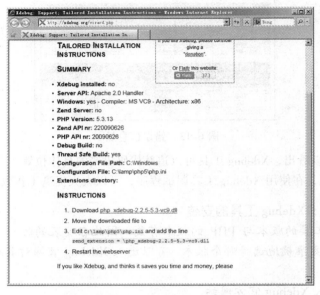

图 6-15　wizard.php

单击图 6-15 中的 php_xdebug-2.2.3-5.3-vc9.dll 超链接，进行下载即可。

本 章 小 结

本章首先介绍了错误处理的基本概念、常见的错误级别及如何触发错误，随后重点讲解了处理错误的几种常见方式以及异常处理，在异常处理方面，讲解了异常的概念、自定义异常、多个异常、设置顶层异常处理器，最后讲解了 PHP 中的调试技术。通过本章的学习，读者可以掌握如何调试错误并解决错误。

动 手 实 践

学习完前面的内容，下面来动手实践一下吧：

问题： 利用自定义错误处理器，控制错误输出信息。

描述： 请编写程序，利用自定义错误处理器，当发生错误时，让 PHP 以友好的形式显示错误信息。实现效果如下：

程序遇到错误！

错误等级：提醒（Notice）

错误说明：Undefined variable: student

错误位置：C:\web\www\test.php

错误行号：6

说明： 动手实践参考答案可从中国铁道出版社教育资源数字化平台网址（http://www.tdpress.com/51eds/）下载。

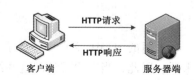

第7章

→ HTTP 协议

学习目标

- 了解 HTTP 协议。
- 熟练掌握 HTTP 请求和响应。
- 掌握 HTTP 协议的缓存机制。
- 学会使用 HTTP 实现文件下载功能。

如同两个国家元首的会晤过程需要遵守一定的外交礼节一样，在浏览器与服务器的交互过程中，也得遵循一定的规则，这个规则就是 HTTP。HTTP 专门用于定义浏览器与服务器之间交换数据的过程以及数据本身的格式。对于从事 Web 开发的人员来说，只有深入理解HTTP，才能更好地开发、维护、管理 Web 应用。本章将围绕 HTTP 协议的相关知识进行详细讲解。

7.1 HTTP 概述

7.1.1 什么是 HTTP

HTTP 是 Hyper Text Transfer Protocol 的缩写，即超文本传输协议，它是一种请求/响应式的协议，客户端在与服务器端建立连接后，由客户端（通常是浏览器）向服务器端发送一个请求，被称作 HTTP 请求，服务器端接收到请求后会做出响应，称为 HTTP 响应，客户端与服务器端在 HTTP 下的交互过程如图 7-1 所示。

图 7-1　请求/响应模式

由图 7-1 可以清楚地看到客户端与服务器端使用 HTTP 协议通信的过程，接下来总结一下 HTTP 协议的特点，具体如下：

（1）支持客户端/服务器模式。

（2）简单快速：客户端向服务器请求服务时，只需传送请求方式和路径。常用的请求方式有 GET、POST 等方式，每种方式规定了客户端与服务器联系的类型不同。由于 HTTP 协议简单，使得 HTTP 服务器的程序规模小，因而通信速度很快。

（3）灵活：HTTP 允许传输任意类型的数据，该数据的类型由 Content-Type 加以标记。

（4）无状态：HTTP 是无状态协议。无状态是指协议对于事务处理没有记忆能力，如果后续处理需要前面的信息，则它必须重传，这样可能导致每次连接传送的数据量增大。

7.1.2 HTTP1.0 和 HTTP1.1

HTTP 协议自诞生以来，先后经历了很多版本，其中，最早的版本是 HTTP0.9，它于 1990 年提出。后来，为了进一步完善 HTTP 协议，先后在 1996 年提出了 HTTP1.0 版本，在 1997 年提出了 HTTP1.1 版本。由于 HTTP0.9 版本已经过时，这里不作过多讲解。接下来，只针对 HTTP1.0 和 HTTP1.1 进行详细讲解。

1. HTTP1.0

基于 HTTP1.0 协议的客户端与服务器在交互过程中需要经过建立连接、发送请求信息、回送响应信息、关闭连接四个步骤，具体交互过程如图 7-2 所示。

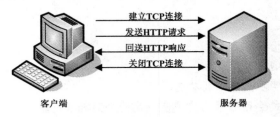

图 7-2　HTTP/1.0 交互过程

从图 7-2 中可以看出，客户端与服务器建立连接后，每次只能处理一个 HTTP 请求。对于内容丰富的网页来说，这样的通信方式明显有缺陷。例如，下列的一段 HTML 文档：

```html
<html>
    <body>
        <img src="/image01.jpg">
        <img src="/image02.jpg">
        <img src="/image03.jpg">
    </body>
</html>
```

上面的 HTML 文档中包含了三个<img>标记，由于<img>标记的 src 属性指明的是图片的来源，因此，当客户端访问这些图片时，还需要发送三次请求，并且每次请求都需要与服务器重新建立连接。如此一来，必然导致客户端与服务器端交互耗时，影响网页的访问速度。

2. HTTP1.1

为了克服上述 HTTP1.0 的缺陷，HTTP1.1 版本应运而生，它支持持久连接，也就是说在一个 TCP 连接上可以传送多个 HTTP 请求和响应，从而减少了建立和关闭连接的消耗和延时。具体交互过程如图 7-3 所示。

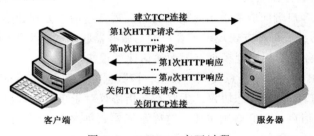

图 7-3　HTTP1.1 交互过程

从图 7-3 中可以看出，当客户端与服务器端建立连接后，客户端可以向服务器端发送多个请求，而且客户端在发送下个请求时，无须等待上次请求的返回结果。但服务器必须按照客户端发送请求的先后顺序返回响应结果，以保证客户端能够区分出每次请求的响应内容。由此可见，HTTP1.1 不仅继承了 HTTP1.0 的优点，而且有效解决了 HTTP1.0 的性能问题，显著地减少浏览器与服务器交互所需要的时间。

7.1.3　HTTP 地址

HTTP 地址又称网页地址，其全称是统一资源定位符（Uniform Resource Locator，URL），它用于描述网络上的资源，其基本格式如下所示：

```
http://host[:port][abs_path]
```

上述格式中，"http"表示使用的是 HTTP 协议，"host"可以是合法的 Internet 主机域名或者 IP 地址，"port"表示端口号，如果为空则使用默认端口 80，"abs_path"指定请求资源的 URI。为了便于大家更好地理解 URL，接下来列举几个常见的网址，具体如表 7-1 所示。

表 7-1　常用网址的构成

网　　　址	协议	主机域名/IP 地址	端　口　号	请求的资源
http://www.baidu.com/	http	www.baidu.com	无（即 80 端口）	Web 服务器根目录下的默认资源
http://119.75.218.77/	http	119.75.218.77	无（即 80 端口）	Web 服务器根目录下的默认资源
http://java.itcast.cn/java/course.shtml	http	java.itcast.cn	无（即 80 端口）	Web 服务器目录为 "java\course.shtml" 的页面

注意： 如果 HTTP 地址中没有给出 "abs_path"，那么它作为请求 URI 时，必须以 "/" 的形式给出，这项工作通常是由浏览器自动完成的。例如，用户在浏览器地址栏输入 "www.baidu.com" 后，它自动被浏览器转换成了 "http://www.baidu.com/"。

7.1.4　HTTP 消息

当用户在浏览器中访问某个 URL 地址、单击网页的某个超链接或者提交网页上的 form 表单时，浏览器都会向服务器发送请求数据，即 HTTP 请求消息。服务器接收到请求数据后，会将处理后的数据回送给客户端，即 HTTP 响应消息。HTTP 请求消息和 HTTP 响应消息统称为 HTTP 消息。

在 HTTP 消息中，除了服务器端的响应实体内容（HTML 网页、图片等）以外，其他信息对用户都是不可见的，要想观察这些"隐藏"的信息，需要借助一些网络查看工具。这里使用的是 HttpWatch 插件，它是一款强大的网页数据分析工具，能够在显示网页的同时显示出网页请求和响应的日志信息。HttpWatch 工具安装成功后，在 IE 浏览器中的效果如图 7-4 所示。

选择图 7-4 所示的 "HttpWatch Professional" 命令，就会进入 HttpWatch 页面，为了帮助大家更好地理解 HTTP 消息，接下来，分步骤讲解如何使用 HttpWatch 插件查看 HTTP 消息，具体如下：

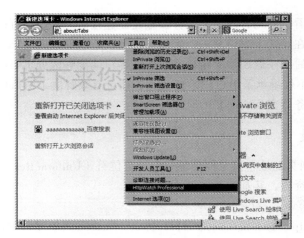

图 7-4　HttpWatch 安装成功

（1）首先单击 httpwatch 页面的"Record"按钮，然后在浏览器的地址栏中输入地址
www.baidu.com 访问百度首页，这时，HttpWatch 页面显示的内容如图 7-5 所示。

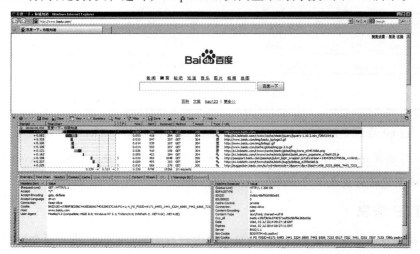

图 7-5　HttpWatch 页面

（2）选中 URL 栏中的 http://www.baidu.com/，会看到下方有一栏是"headers"，该栏显示
的信息是格式化后的请求头消息，具体如下所示：

```
(Request-Line):GET / HTTP/1.1
Accept: image/gif, image/jpeg, image/pjpeg, image/pjpeg, application/x-
shockwave-flash, application/vnd.ms-excel, application/vnd.ms-powerpoint,
application/msword, */*
Accept-Encoding: gzip, deflate
Accept-Language: zh-cn
Connection: Keep-Alive
```

在上述请求消息中，第一行为请求行，请求行下面的为请求头消息，空行代表请求头的
结束。关于请求消息的其他相关知识，将在后面的小节进行详细讲解。

（3）切换到"stream"栏，该栏显示的信息是格式化后的响应头消息，具体如下所示：

```
HTTP/1.1 200 OK
Date: Wed, 09 Jul 2014 09:31:32 GMT
Content-Type: text/html; charset=utf-8
Transfer-Encoding: chunked
Connection: Keep-Alive
Vary: Accept-Encoding
Cache-Control: private
Cxy_all: baidu+c680500c6f12230bf8ba60697b9a9834
Expires: Wed, 09 Jul 2014 09:31:26 GMT
X-Powered-By: HPHP
Server: BWS/1.1
```

在上面的响应消息中，第一行为响应状态行，响应状态行下面的为响应消息头，空行代表响应消息头的结束。关于响应消息的其他相关知识，将在后面的小节进行详细讲解。

7.2　HTTP 请求

在 HTTP 协议中，一个完整的请求由请求行、请求头和实体内容三部分组成，其中，每部分都有各自不同的作用。本节将围绕 HTTP 请求的请求行、请求头进行详细讲解。

7.2.1　HTTP 请求行

HTTP 请求行位于请求消息的第一行，它包括三个部分，分别是请求方式、资源路径以及所使用的 HTTP 协议版本，具体示例如下：

```
GET /index.php HTTP/1.1
```

上面的示例就是一个 HTTP 请求行，其中 GET 是请求方式，index.php 是请求资源路径，HTTP/1.1 是通信使用的协议版本。需要注意的是，请求行中的每个部分需要用空格分隔，最后要以回车换行结束。

关于请求资源和协议版本，大家都比较容易理解，而 HTTP 请求方式则比较陌生，接下来针对 HTTP 的请求方式进行具体分析。

在 HTTP 的请求消息中，请求方式有 GET、POST、HEAD、OPTIONS、DELETE、TRACE、PUT 和 CONNECT 八种，每种方式都指明了操作服务器中指定 URI 资源的方式，它们表示的含义如表 7-2 所示。

表 7-2　HTTP 的八种请求方式

请求方式	含　义
GET	请求获取"Request-URI"标识的资源
POST	向指定资源提交数据，请求服务器进行处理（例如提交表单或者上传文件）
HEAD	请求获取由"Request-URI"标识的资源的响应消息报头
PUT	请求服务器存储一个资源，并用"Request-URI"作为其标识

请求方式	含　义
DELETE	请求服务器删除"Request-URI"标识的资源
TRACE	请求服务器回送收到的请求信息，主要用于测试或诊断
CONNECT	保留将来使用
OPTIONS	请求查询服务器的性能，或者查询与资源相关的选项和需求

表 7-2 中列举了 HTTP 的八种请求方式，其中最常用的就是 GET 和 POST 方式，接下来，针对这两种请求方式进行详细讲解。

1. GET 方式

当用户在浏览器地址栏中直接输入某个 URL 地址或者单击网页上一个超链接时，浏览器将使用 GET 方式发送请求。如果网页上的 form 表单的 method 属性设置为"GET"或者不设置 method 属性（默认值是 GET），当用户提交表单时，浏览器也将使用 GET 方式发送请求。

如果浏览器请求的 URL 中有参数部分，在浏览器生成的请求消息中，参数部分将附加在请求行中的资源路径后面。先来看一个 URL 地址，具体如下：

```
http://www.itcast.cn/reg.php?name=lee&psd=hnxy
```

在上述 URL 中，"?"后面的内容为参数信息。参数是由参数名和参数值组成的，并且中间使用等号（=）进行连接。需要注意的是，如果 URL 地址中有多个参数，参数之间需要用"&"分隔。

当浏览器向服务器发送请求消息时，上述 URL 中的参数部分会附加在要访问的 URI 资源后面，具体示例如下：

```
GET /reg.php?name=lee&psd=hnxy HTTP/1.1
```

需要注意的是，使用 GET 方式传送的数据大小是有限制的，最多不能超过 1 KB。

2. POST 方式

如果网页上 form 表单的 method 属性设置为"POST"，当用户提交表单时，浏览器将使用 POST 方式提交表单内容，并把各个表单元素及数据作为 HTTP 消息的实体内容发送给服务器，而不是作为 URI 地址的参数传递。另外，在使用 POST 方式向服务器传递数据时，Content-Type 消息头会自动设置为"application/x-www-form-urlencoded"，Content-Length 消息头会自动设置为实体内容的长度，具体示例如下：

```
POST /reg.php HTTP/1.1
Host: www.itcast.cn
Content-Type: application/x-www-form-urlencoded
Content-Length: 17
name=lee&psd=hnxy
```

对于使用 POST 方式传递的请求信息，服务器端程序会采用与获取 URI 后面参数相同的方式来获取表单各个字段的数据。

需要注意的是，在实际开发中，通常都会使用 POST 方式发送请求，其原因主要有两个，具体如下：

（1）POST 传输数据大小无限制。由于 GET 请求方式是通过请求参数传递数据的，因此最多可传递 1KB 的数据。而 POST 请求方式是通过实体内容传递数据的，因此可以传递数据的大小没有限制。

（2）POST 比 GET 请求方式更安全。由于 GET 请求方式的参数信息都会在 URL 地址栏明文显示，而 POST 请求方式传递的参数隐藏在实体内容中，用户是看不到的，因此，POST 比 GET 请求方式更安全。

动手体验：使用 HttpWatch 查看 GET 和 POST 请求

上面介绍了 HTTP 的 GET 和 POST 请求方式，接下来通过 HttpWatch 工具来查看使用这两种方式请求时如何传递数据，具体步骤如下：

（1）首先在 c:\lamp\apache2\htdocs 目录下创建一个 Web 工程 chapter07，然后在 chapter07 中创建两个文件 GET.php 和 POST.php，具体如例 7-1、例 7-2 所示。

【例 7-1】　GET.php

```html
<html>
  <body>
  <form action="" method="get">
    姓名: <input type="text" name="name" style="width: 150px" /><p />
    年龄: <input type="text" name="age" style="width: 150px" /><p />
    <input type="submit" value="提交" /><p />
  </form>
  </body>
</html>
```

【例 7-2】　POST.php

```html
<html>
  <body>
    <form action="" method="post">
      姓名: <input type="text" name="name" style="width: 150px" /><p />
      年龄: <input type="text" name="age" style="width: 150px" /><p />
      <input type="submit" value="提交" /><p />
    </form>
  </body>
</html>
```

例 7-1 和例 7-2 中都定义了一个 form 表单，不同的是，在例 7-1 中，form 表单的 method 属性值为 "get"，而在 7-2 中，form 表单的 method 属性值为 "post"。

（2）启动 Apache 服务器，打开 IE 浏览器和 HttpWatch 工具，在浏览器地址栏中输入 "http://localhost/chapter07/GET.php" 访问 GET.php 文件，浏览器显示的内容如图 7-6 所示。

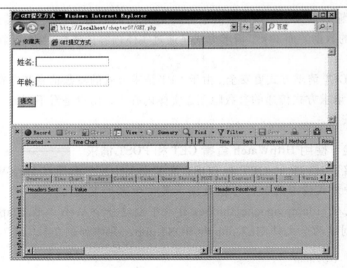

图 7-6　GET.php 页面

　　在图 7-6 中，单击 HttpWatch 工具的"Record"按钮录制 HTTP 请求信息，然后填写姓名 "Jack"，年龄 "40"，并单击"提交"按钮提交表单，这时可以发现地址栏中的 URL 地址发生了变化，在原有的 URL 地址后面附加上了参数信息，如图 7-7 所示。

图 7-7　GET.php 页面

　　查看 HttpWatch 显示的请求头信息，发现在请求行的 URI 请求资源后附加了参数的信息，具体如图 7-8 所示。

　　（3）在浏览器的地址栏中输入 http://localhost/chapter07/POST.php 访问 POST.php 文件，浏览器显示的内容如图 7-9 所示。

　　在图 7-9 中，点击 HttpWatch 工具的"clear"按钮清除之前的请求信息，然后填写姓名 "Jack"，年龄 "40"，并单击 "提交" 按钮提交表单，这时，浏览器地址栏中的 URL 地址并没有发生变化，但是，打开 HttpWatch，发现在请求消息中多了三个请求消息头，如图 7-10 所示。

162

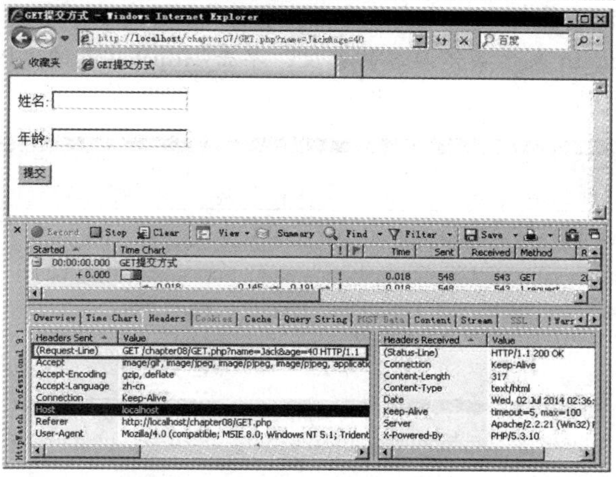

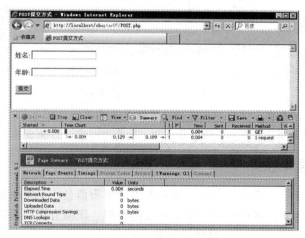

图 7-8 HttpWatch 中显示的请求行信息

图 7-9 POST.php 页面

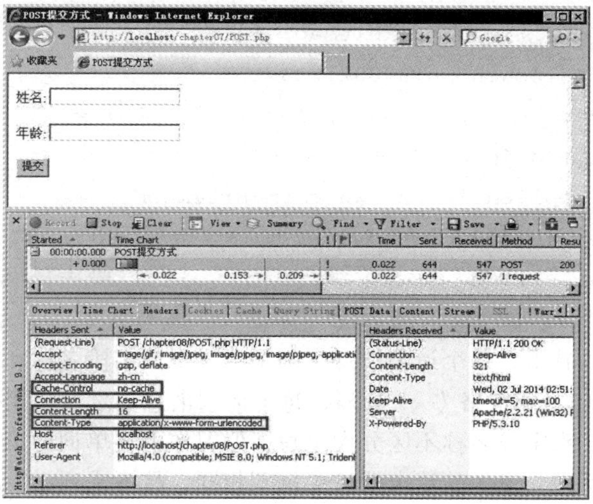

图 7-10 POST 请求新添加的请求消息头

图 7-10 中所标识的是新添加的请求消息头，其中，Content-Type 表示实体内容的数据格式，Content-Length 表示实体内容的长度。单击 HttpWatch 的 "POST Data" 标签，可以看到表单的提交信息，如图 7-11 所示。

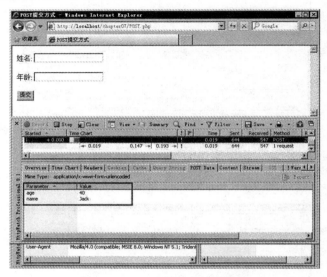

图 7-11　POST 请求的请求数据

从图 7-11 中可以看出，被标识出来的内容就是表单要提交的内容，也是 HTTP 请求消息的实体内容。也就是说，在 POST 请求方式中，表单的内容将作为实体内容提交给服务器。

7.2.2　HTTP 请求消息头

在 HTTP 请求消息中，请求行之后，便是若干请求头消息。请求头消息主要用于向服务器端传递附加消息，例如，客户端可以接受的数据类型、压缩方法、语言以及发送请求的超链接所属页面的 URL 地址等信息，具体示例如下：

```
Host: localhost:8080
Accept: image/gif, image/x-xbitmap, *
Referer: http://localhost:8080/itcast/
Accept-Language: zh-cn,zh;q=0.8,en-us;q=0.5,en;q=0.3
Accept-Encoding: gzip, deflate
Content-Type: application/x-www-form-urlencoded
User-Agent: Mozilla/4.0 (compatible; MSIE 7.0; Windows NT 5.1; GTB6.5; CIBA)
Connection: Keep-Alive
Cache-Control: no-cache
```

从上述示例中可以看出，每个请求消息头都是由一个头字段名称和一个值构成，头字段名称和值之间用冒号（:）和空格（ ）分隔，每个请求消息头之后使用一个回车换行符标志结束。需要注意的是，头字段名称不区分大小写，但习惯上将单词的第一个字母大写。

根据功能需求的不同，发送的请求消息头也不相同，接下来列举一些常用的 HTTP 请求消息头，如表 7-3 所示。

表 7-3　常见 HTTP 请求消息头

HTTP 请求消息头	含　义
Accept	客户端浏览器支持的数据类型
Accept-Charset	客户端浏览器采用的编码
Accept-Encoding	客户端浏览器支持的数据压缩格式
Accept-Language	客户端浏览器所支持的语言包，可以指定多个
Host	客户端浏览器想要访问的服务器主机
If-Modified-Since	客户端浏览器对资源的最后缓存时间
Referer	客户端浏览器是从哪个页面去访问服务器的
User-Agent	客户端主机的环境信息，包括使用的操作系统，浏览器版本号等
Cookie	客户端需要带给服务器的数据
Connection	请求完成后，客户端希望是保持连接还是关闭连接

从表 7-3 中可以看出，每一个请求消息头都有它相应的含义和作用。PHP 提供了一个 getallheaders() 函数用于获取全部的 HTTP 请求头信息，接下来通过一个案例来演示如何使用 getallheaders() 函数获取当前 HTTP 请求的消息头，如例 7-3 所示。

【例 7-3】

```php
1 <?php
2    foreach(getallheaders() as $name=>$value){
3        echo "$name: $value"."<br/>";
4    }
5 ?>
```

运行结果如图 7-12 所示。

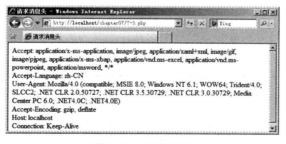

图 7-12　运行结果

从图 7-12 中可以看出，程序输出了一系列请求头信息，其中，"Accept"消息头表示浏览器支持的数据类型包括 text/html、application/xhtml+xml、application/xml 等；"Accept-Language"消息头表示浏览器所支持的语言是中文；"User-Agent"表示客户端主机使用的操作系统是 Windows NT 6.1，浏览器是 Mozilla/4.0；"Accept-Encoding"消息头表示客户端浏览器支持的 gzip 数据压缩格式；"Host"消息头表示客户端浏览器想要访问的服务器主机是本机；"Connection"消息头表示请求完成后，客户端希望保持长连接。

7.3 HTTP 响应

当服务器收到浏览器的请求后，会回送响应消息给浏览器。一个完整的响应消息主要包括响应状态行、响应消息头和实体内容。其中，每个组成部分都代表了不同的含义。接下来，本节将围绕 HTTP 的响应消息进行详细讲解。

7.3.1 HTTP 响应状态行

HTTP 响应状态行位于响应消息的第一行，它主要包含三个部分，分别是 HTTP 协议版本、状态码和状态描述信息，具体示例如下：

```
HTTP/1.1 200 OK
```

上面的示例就是一个 HTTP 响应状态行，其中 HTTP/1.1 是通信使用的协议版本，200 是状态码，OK 是状态描述信息。响应状态行的每个部分需要使用空格分隔，最后以回车换行结束。

关于协议版本，大家都比较容易理解，而状态码和状态信息比较陌生，接下来就针对它们进行具体分析。

响应状态码（Status-Code）用于表示服务器对客户端请求的各种不同处理结果和状态，它是由一个三位的十进制数表示。响应状态码可以分为 5 个类别，通过最高位为 1~5 来进行分类，这 5 个类别的作用分别如下所示：

- 1xx：成功接收请求，要求客户端继续提交下一次请求才能完成整个处理过程。
- 2xx：成功接收请求并已完成整个处理过程。
- 3xx：为完成请求，客户端需进一步细化请求。
- 4xx：客户端的请求有错误。
- 5xx：服务器端出现错误。

下面通过表 7-4 ~ 表 7-8 对 HTTP1.1 协议版本下的 5 种类别的状态码、状态信息（每个状态码后面小括号中的内容就是状态信息）及其作用分别进行说明。

表 7-4　1xx 状态码

状 态 码	说　　明
100（继续）	告诉客户端应该继续请求。如客户端发送一个值为 100-continue 的 Expect 头字段，询问服务器是否可以在后面的请求中发送一个附加文档。这种情况下，如果服务器返回 100 状态码，则告诉客户机可以继续，如果返回 417 状态码，则告诉客户端不能接收下次请求中附加的文档
101（切换协议）	如果客户端发送的请求要求使用另外一种协议与服务器进行对话，服务器发送 101 响应状态码表示自己将遵从客户端请求，转换到另外一种协议

表 7-5　2xx 状态码

状 态 码	说　　明
200（正常）	客户端的请求成功，响应消息返回正常的请求结果
201（已创建）	服务器已经根据客户端的请求创建了文档，文档的 URL 为响应消息中 Location 响应头的值
202（已接受）	客户端的请求已被接受，但服务器的处理目前尚未完成，比如说对于批处理的任务

状 态 码	说　明
203（非权威信息）	文档已经正常返回，但一些实体头可能不确切，使用的是本地缓存或者第三方信息，而不是最原始的（最权威的）信息
204（无内容）	规定浏览器显示已缓存的文档。服务器只会回送一些响应消息头，而不会回送实体内容。如果用户刷新某个页面时，并且服务器能够确定客户端当前显示的页面已经是最新的，这种功能就很有用，不用向客户端传送文档内容，节省了网络流量和服务器处理时间
205（重置内容）	表示没有新的文档，浏览器应显示原来的文档，但要重置文档的内容，例如，清除表单字段中已经存在的内容
206（部分内容）	当客户端发送的请求消息中包含一个 Range 头（可能还包含一个和 Range 头一起使用的 If-Range 头）请求文档的部分内容，如果服务器按客户端的要求完成了这个请求，就会返回一个 206 的状态码

表 7-6　3xx 状态码

状 态 码	说　明
300（多项选择）	客户端请求的文档可以在多个位置找到，这些位置已经在返回的文档内列出。如果服务器要提供一个优先选择的文档，它应该把文档的 URL 作为 Location 响应消息头的值返回，这样客户端可以根据 Location 头的值进行自动跳转
301（永久移动）	指示被请求的文档已经被移动到别处，此文档新的 URL 地址为响应头 Location 的值，浏览器以后对该文档的访问会自动使用新的 URL 地址
302（找到）	和 301 类似，但是 Location 头中返回的 URL 是一个临时的、而非永久的地址
303（参见其他）	和 302 类似，很多客户端处理 303 状态码的方式和 302 一样
304（未修改）	如果客户端有缓存的文档，它会在发送的请求消息中附加一个 If-Modified-Since 请求头，表示只有请求的文档在 If-Modified-Since 指定的时间之后发生过更改，服务器才需要返回新文档。状态码 304 表示客户端缓存的版本是最新的，客户端应该继续使用它。否则，服务器将使用状态码 200 返回所请求的文档
305（使用代理）	客户端应该通过 Location 头所指定的代理服务器获得请求的文档
307（临时重定向）	和 302 类似。按照规定，如果浏览器使用 POST 方式发出请求，只有响应状态码为 303 时才能重定向，但实际上许多浏览器对 302 状态码也按 303 状态码来处理。由于这个原因，HTTP1.1 新增了 307 状态码，以便更加清楚地区分几个状态码：如果服务器发送 303 状态码，浏览器可以重定向 GET 和 POST 请求；如果是 307 状态码，浏览器只能重定向 GET 请求

表 7-7　4xx 状态码

状 态 码	说　明
400（请求无效）	客户端的请求中有不正确的语法格式。在使用浏览器发送请求时一般不会遇到这种情况，除非使用 telnet 或者自己编写的客户端
401（未经授权）	当客户端试图访问一个受密码保护的页面，且在请求中没有使用 Authorization 请求头传递用户信息时，服务器返回 401 状态码，同时结合一个 www-Authenticate 响应头来提示客户机应该重新发出一个带有 Authorization 头的请求消息
402（需要付款）	保留状态码，为以后更高版本的 HTTP 协议使用
403（禁止）	服务器理解客户端的请求，但是拒绝处理。通常由于服务器上文件或目录的权限设置导致
404（找不到）	这个状态码很常见，表示服务器上不存在客户端请求的资源
405（不允许此请求方式）	请求行中的请求方式对指定的资源不适用。例如，有的资源只能用 GET 方式访问，当使用 POST 方式访问时，服务器将返回 405。405 状态码通常伴随着 Allow 响应头一起使用，Allow 响应头指定有效的请求方式

第 7 章　HTTP 协议

状　态　码	说　　　　明
406（不能接受）	客户端请求的资源已经找到，但是和请求消息中 Accept、Accpet-Charset、Accept-Encoding、Accept-Language 请求头的值不兼容
407（需要代理服务验证）	由代理服务器向客户端发送的状态码，配合 Proxy-Authenticate 响应头一起使用，表示客户端必须经过代理服务器的授权。客户端再次发送请求时，应该带上一个 Proxy-Authorization 请求头
408（请求超时）	在服务器等待的时间内，客户端没有发出任何请求
409（冲突）	由于请求和资源当前的状态相冲突，导致请求不能成功。这个状态码通常和 PUT 请求有关，例如，要上传的文件覆盖一个正在服务器端打开的文件
410（离开）	请求的文档已经不再可用，而且服务器不知道应该重定向到哪个地址。410 通常表示文档被永久移除，而不像 404 那样表示由于未知的原因文档不可用
411（需要长度）	请求消息中包含了实体内容，却没有包含指定内容长度的 Content-Length 请求头
412（为满足前提条件）	请求头中的一些前提条件在服务器中测试失败
413（请求实体过大）	请求消息的大小超过了服务器愿意或者能够处理的范围，服务器会关闭连接，阻止客户端继续请求。如果服务器认为自己稍后能够再处理该请求，则在响应消息中发送一个 Retry-After 响应头告诉客户端不能处理只是暂时的，稍后可以再次尝试请求
414（请求 URI 过长）	请求的 URI（这里就是指 URL）太长，服务器无法进行解释处理。这种情况很少发生，一般是客户端误把 POST 请求当成 GET 请求进行处理
415（不支持的媒体类型）	请求消息中实体内容的格式不被服务器所支持
416（请求的范围不正确）	当客户端请求消息中的 Range 头指定的范围和请求资源没有交集时，服务器会返回 416 状态码
417（预期失败）	可以被服务器或者代理服务器回送。当客户端的请求消息中包含 Expect 请求头，Expect 头中的请求服务器不支持，或者代理服务器明确知道服务器不支持，则会回送 417 状态码

表 7-8　5xx 状态码

状　态　码	说　　　　明
500（内部服务器错误）	最常见的服务器错误。大部分情况下，是服务器端的 CGI、ASP、JSP 等程序发生了错误，一般服务器会在相应消息中提供具体的错误信息
501（未实现）	服务器不支持 HTTP 请求消息使用的请求方式
502（无效网关）	服务器作为网关或者代理访问上游服务器，但是上游服务器返回了非法响应
503（服务不可用）	由于服务器目前过载或者处于维护状态，不能处理客户端的请求。也就是说这种情况只是暂时的，服务器会回送一个 Retry-After 头告诉客户端何时可以再次请求。如果客户端没有接收到 Retry-After 响应头，会把它当做 500 状态码来处理
504（网关超时）	服务器作为网关或者代理访问上游服务器，但是未能及时获得上游服务器的响应
505（不支持 HTTP 版本）	服务器不支持请求行中的 HTTP 版本。响应消息中会描述服务器为什么不支持该 HTTP 版本以及支持的 HTTP 版本

表 7-4 ~ 表 7-8 列举了 HTTP 协议的大多数状态码，这些状态码无须记忆。接下来列举几个 Web 开发中比较常见的，具体如下：

- 200：表示服务器成功处理了客户端的请求。
- 302：表示请求的资源临时从不同的 URI 响应请求，但请求者应继续使用原有位置来进行以后的请求。例如，在请求重定向中，临时 URI 应该是响应的 Location 头字段所指向的资源。

- 404：表示服务器找不到请求的资源。例如，访问服务器不存在的网页经常返回此状态码。
- 500：表示服务器发生错误，无法处理客户端的请求。

7.3.2　HTTP 响应消息头

在 HTTP 响应消息中，第一行内容是响应状态行，其余的内容是响应消息头，响应消息头中包含了大量附加响应信息，其中包括服务程序名、被请求资源需要的认证方式、客户端请求资源的最后修改时间、重定向地址等信息，常见的 HTTP 响应消息头如表 7-9 所示。

表 7-9　HTTP 响应消息头

HTTP 响应消息头	说　明
Location	控制浏览器显示哪个页面
Server	服务器的类型
Content-Encoding	服务器发送的压缩编码方式
Content-Length	服务器发送显示的字节码长度
Content-Language	服务器发送内容的语言和国家名
Content-Type	服务器发送内容的类型和编码类型
Last-Modified	服务器最后一次修改的时间
Refresh	控制浏览器 1 秒后转发 URL 所指向的页面
Accept-Ranges	服务器是否支持断点续传，bytes 表示支持，none 表示不支持
Content-Disposition	服务器控制浏览器以下载方式打开文件
Transfer-Encoding	服务器分块传递数据到客户端
Set-Cookie	服务器发送 Cookie 相关的信息
Expires	服务器控制浏览器不要缓存网页，默认是缓存
Cache-Control	服务器控制浏览器不要缓存网页
Pragma	服务器控制浏览器不要缓存网页
Connection	HTTP 请求的版本的特点
Date	响应网站的时间

第 7 章　HTTP 协议

表 7-9 列举的都是 HTTP 的响应消息头，这些响应消息头比较多，仅靠上面的介绍无法真正理解。接下来，通过一个访问新浪网首页的案例来演示响应消息头的作用，具体如例 7-4 所示。

【例 7-4】

```php
1 <?php
2     $url="http://www.sina.com.cn";
3     $html=file_get_contents($url);
4     foreach($http_response_header as $name=>$value){
```

```
5        echo "$value"."<br/>";
6    }
7 ?>
```

运行结果如图 7-13 所示。

图 7-13   运行结果

从图 7-13 中可以看出，程序输出了一系列响应消息头，其中，"Content-Type"消息头表示服务器发送的内容类型为 text/html；"Last-Modified"消息头表示本次发送的 HTTP 响应中的实体内容的生成时间；"Expires"消息头表示本次发送的 HTTP 响应中的实体内容的过期时间，"Cache-Control"消息头表示发送的 HTTP 响应消息在浏览器中的缓冲时间；"Content-Length"消息头表示服务器发送的字节码长度，"Connection"消息头表示在本次响应完成之后，服务器不希望支持长连接。

注意： 在例 7-4 中，file_get_contents()函数的作用是将整个文件的内容读入一个字符串，$http_response_header 和 get_headers()函数的作用类似，都是用于获取消息头。

本 章 小 结

本章首先介绍了 HTTP 的基本概念，包括 HTTP 的特点、HTTP 的版本、HTTP 地址以及如何使用 HttpWatch 查看 HTTP 消息，然后分别讲解了 HTTP 的请求和响应消息。通过本章的学习，希望读者可以了解 HTTP 通信原理，深入理解 HTTP 消息的结构和内容，从而轻松地开发 PHP 后期的 Web 程序。

动 手 实 践

学习完前面的内容，下面来动手实践一下吧：

问题： 编程实现模拟发送 POST 请求。

描述： 在实际网站中，经常遇到黑客通过模拟 HTTP 请求，实现采集、灌水、刷票、暴力破解和模拟登录等非法操作。要防范这类问题，就需要先了解 HTTP 协议的原理。

请通过查阅资料，尝试使用 PHP 模拟发送一个 POST 请求。

说明： 动手实践参考答案可从中国铁道出版社教育资源数字化平台网址（http://www.tdpress.com/51eds/）下载。

第8章

➡ PHP 与 Web 页面交互

学习目标

- 熟悉 PHP 执行流程。
- 掌握 Web 表单的操作。
- 掌握超全局变量的使用。

通过前面的学习可以知道，PHP 是用于 Web 开发领域的脚本语言。PHP 与 Web 页面的交互是学习 PHP 语言编程的基础。本章将针对 PHP 与 Web 网页交互的相关知识进行详细讲解。

8.1   解析 PHP 执行过程

PHP 是一种运行在服务器端的语言，可以被嵌入到 HTML 中。其中，HTML 只能提供静态的数据，而 PHP 则可以提供动态的数据。为了方便用户进行交互，通常情况下会将二者结合使用，当用户通过 HTML 页面输入数据后，输入的内容就会从客户端传送到服务器，经过服务器上的 PHP 程序进行处理后，再将用户所需要的信息返回给客户端浏览器。

为了让读者更好地理解 PHP 程序的执行过程，接下来通过一个简单的案例进行演示，如例 8-1 所示。

【例 8-1】

```
1  <?php
2    if($_SERVER['REQUEST_METHOD']=='POST'){
3        echo "姓名：".$_POST['name']."<br>";
4        echo "年龄：".$_POST['age']."<br>";
5        exit;
6    }
7  ?>
8  <form action="8-1.php" method="post">
9    <p>姓名：<input type="text" name="name" /></p>
10   <p>年龄：<input type="text" name="age" /></p>
11   <p><input type="submit" /></p>
12 </form>
```

运行结果如图 8-1 所示。

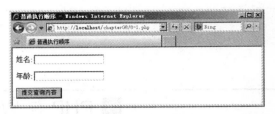

图 8-1　例 8-1 运行结果（一）

在图 8-1 所示的窗口中，输入姓名"张三"，年龄"10"，然后单击"提交查询内容"按钮，此时页面的显示结果如图 8-2 所示。

图 8-2　例 8-1 运行结果（二）

从图 8-2 可以看出，在表单中提交的姓名和年龄信息获取成功了。这个过程看起来非常简单，但 PHP 程序在处理这种交互时还是相当复杂的，接下来通过一个图来描述 PHP 页面的处理过程，如图 8-3 所示。

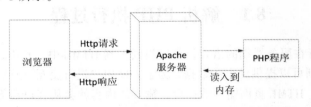

图 8-3　PHP 页面的处理过程

从图 8-3 可以看出，当浏览器向 Web 服务器发送一个请求时，Web 服务器会对请求做出处理，并将处理结果返回。在这个交互过程中，浏览器是通过 URL 地址来访问服务器的，并且数据在传输过程中需要遵循 HTTP。当数据传输到 Web 服务器时，Web 服务器中的 PHP 程序会对数据进行处理，然后将处理好的数据以 HTML 形式返回给浏览器。接下来对页面处理过程中的关键部分进行详细讲解。

1. HTTP 请求

当在客户端浏览器输入 URL 地址后，就会向指定服务器发起 HTTP 请求。在请求的同时，会附带一些相关的信息，如请求消息头、请求消息体等。

2. Apache 服务端处理

当请求到达服务器之后，Apache 就开始工作了。如果请求的是静态资源如 HTML、CSS、JavaScript 和图片等文件，Apache 就直接在服务器目录下获取这些文件。如果请求的是 PHP 文件，Apache 则会将其交给 PHP 模块来处理，PHP 模块将处理得到的结果以 HTML 的方式返回给 Apache。

3. 返回 HTTP 响应数据

服务器将通过 Apache 获取到的静态资源（包括直接获取的静态资源和 PHP 处理的结果）通过 HTTP 响应发送到浏览器端。

4. 浏览器显示

客户端将服务器返回的静态资源，包括 HTML、CSS、JavaScript 和图片下载到本地，进行解析并显示出来。

8.2　Web 表单

Web 表单主要用来在网页中发送数据到服务器，例如提交注册信息时需要使用到表单。当用户填写完信息后提交操作，就会将表单的内容从客户端浏览器传送到服务器端，经过服务器上的 PHP 程序进行处理后，再将用户所需要的信息传递回客户端浏览器上。本节将针对 Web 表单进行详细讲解。

8.2.1　表单组成

一个完整的表单由两部分组成，分别是表单标签和表单元素。接下来将针对这两个组成部分进行详细讲解。

1. 表单标签

表单标签是用 form 标记来表示的，它属于 HTML 标签的一种，可以用来显示和提交数据，其基本形式如下：

```
<form name ="" method ="" action="" enctype="" target="">
    ...
</form>
```

从上述代码中可以看出，form 标签有 5 个属性，其中，"name" 属性用于设置表单名称，"method" 属性用于设置表单的提交方式，可以使用 GET 或 POST 提交，"action" 属性用于指定接收数据的路径，"enctype" 属性用于设置提交数据的编码格式，"target" 属性用于设置返回信息的显示格式。

2. 表单元素

表单元素是指在表单中的一些元素标签，如域标记<input>、文字域标记<textarea>等，这些元素用于提供用户输入数据的可视化界面。具体示例如下：

```
<form>
    <input name="username" type="text"></br>
    <input name="pwd" type="password"></br>
    <input name="sex" type="radio"></br>
    <input name="hobby" type="checkbox">
    <input name="upload" type="file">
    <input name="login" type="submit">
    <input name="girl" type="image">
    <input name="clean" type="reset">
    <textarea name="content"></textarea>
</form>
```

上述表单元素，一般都有 name 和 type 属性，其中 type 属性可以指定不同的表单元素，如 type="text"表示文本框，type="radio"表示单选按钮，type="checkbox"表示复选框。因此，在域标记<input>中指定不同的 type 属性就可以看到不同的表单元素。

8.2.2 获取表单数据

当用户在网站上注册一个账户的时候，在填写完相应表单后，需要将数据提交给网站后台对数据进行处理或保存。在处理用户提交来的数据之前还需要获取表单数据。一般表单在提交数据时都会通过 method 属性指定提交方式。如果是 POST 提交方式就使用全局数组 $_POST[]来获取表单元素的值，如果是 GET 提交方式则使用全局数组$_GET[]来获取表单元素的值，具体示例如下：

```
$username=$_GET['username'];
$username=$_POST['username'];
```

上述代码中，$username 表示接收数据的变量名，$_GET 和$_POST 表示分别使用 GET 和 POST 请求提交数据，username 表示标签的名称，用于标识哪一个标签的数据。因此，在对表单元素命名时，注意不要出现重名的情况，以免在获取属性值时出错。

为了让读者更好地掌握如何获取表单数据，接下来通过一个用户注册的案例来演示如何获取 POST 方式提交的数据，如例 8-2 所示。

【例 8-2】

```
1  <?php
2    header("Content-Type:text/html; charset=utf-8");
3    if ($_SERVER['REQUEST_METHOD']=='POST'){
4      $username=$_POST['username'];
5      $password=$_POST['password'];
6      $gender=$_POST['gender'];
7      $interest=$_POST['interest'];
8      echo "用户: " .$username ."<br />";
9      echo "密码: " .$password ."<br />";
10     echo "性别: " .$gender ."<br />";
11     echo "爱好: " .implode('、',$interest) ."<br />";
12      exit;
13   }
14 ?>
15  <form action="8-2.php" method="POST" enctype="multipart/form-data">
16  <p>
17      <label for="">用   户:   </label>
18    <input type="text" name="username" />
19  </p>
20  <p>
21      <label for="">密   码:   </label>
```

```
22          <input type="password"  name="password" />
23      </p>
24      <p>
25          <label for="">确认密码：</label>
26      <input type="password" name="repassword" />
27      </p>
28      <p>
29          <label for="">性别：</label>
30      <input type="radio" name="gender" value="男" /> 男
31      <input type="radio" name="gender" value="女"checked="checked" /> 女
32      </p>
33      <p>
34          <label for="">兴趣爱好：</label>
35      <input type="checkbox" name="interest[]" value="弹琴" /> 弹琴
36      <input type="checkbox" name="interest[]" value="下棋" /> 下棋
37      <input type="checkbox" name="interest[]" value="书法" /> 书法
38      <input type="checkbox" name="interest[]" value="绘画" /> 绘画
39      </p>
40          <input type="submit" name="submit" value="注册" class="login_btn" />
41  </form>
```

打开 IE 浏览器，访问 8-2.php 页面，然后在页面中输入相应信息，如图 8-4 所示。

图 8-4　用户注册表单

填写好相关信息之后，单击"注册"按钮，提交到 form 表单中的数据到 8-2.php 页面，结果如图 8-5 所示。

图 8-5　例 8-2 运行结果

从图 8-5 中可以看出，用户的注册信息都被成功获取到了。

8.2.3 表单安全验证

用户可以将表单数据提交给 PHP 后台，当获取数据后需要对数据进行处理，但如果用户提交的数据属于非法数据，例如给网页提交一段表单标签，或者浏览器可以执行的 JavaScript 代码，此时用户提交的数据可以改变网页的正常处理方式，这必然会给网站的安全带来风险。接下来通过一个案例来演示这种情况，如例 8-3 所示。

【例 8-3】

```php
1  <?php
2     header('Content-Type:text/html;charset=utf-8');
3     if($_SERVER['REQUEST_METHOD']=='POST'){
4        echo $_POST['content'].'<br/>';
5        exit;
6     }
7  ?>
8  <form action="8-3.php" method="post">
9     留言内容:<textarea name="content"></textarea><br/>
10    <input type="submit" value="留言">
11 </form>
```

运行上述代码，并在留言框中输入以下内容：

```
<script type="text/javascript">
    while(true){
        alert("哈哈,中招了吧！");
    }
</script>
```

然后单击"提交"按钮，此时就会在页面中循环地弹出对话框，导致页面无法正常浏览，如图 8-6 所示。

上述这种情况会导致网站出现很多安全问题，而且会使用户无法正常访问页面。为了解决这种问题，PHP 中提供了 strip_tags()函数和 htmlentities()函数，这两个函数都可以过滤表单数据。其中，strip_tags()函数用于去除字符串中的 HTML 和 PHP 标记，htmlentities()函数可以将 HTML 和 PHP 标记转换成字符，以文本的形式输出。接下来对例 8-3 中的代码进行修改，修改后的代码如例 8-4 所示。

图 8-6　例 8-3 运行结果

【例 8-4】

```php
1  <?php
2     header('Content-Type:text/html;charset=utf-8');
3     if($_SERVER['REQUEST_METHOD']=='POST'){
4        echo "<pre>";
5        echo htmlentities($_POST['content'],ENT_NOQUOTES,'UTF-8').'<br/>';
```

```
6        echo strip_tags($_POST['content']).'<br/>';
7        echo "<pre>";
8        exit;
9   }
10?>
11<form action="8-4.php" method="post">
12    留言内容:<textarea name="content"></textarea><br/>
13    <input type="submit" value="留言">
14</form>
```

打开 IE 浏览器，访问 8-4.php 页面，然后在页面中输入同样的代码，并单击"提交"按钮，此时页面效果如图 8-7 所示。

图 8-7　例 8-4 运行结果

从图 8-7 中可以看出，JavaScript 代码都被正常输出了。而且使用 htmlentities()函数过滤后的代码是按照文本的形式输出，strip_tags()函数过滤后的代码去除了<script>标记。

8.2.4　表单数据验证

8.2.3 节学习了如何对用户的输入进行验证以及过滤脚本内容，为了方便对常见的数据类型进行验证，PHP 语言提供了 isset()、empty()和 is_numeric()等函数，这三个函数用于对表单提交的数据进行验证，关于这三个函数的相关说明如下：

- isset()函数：用于检测变量是否具有值，包括 0、FALSE 或者一个空字串，但不能是 NULL。
- empty()函数：用于检测变量是否具有空值，包括空字串、0、null 或 false。
- is_numeric()函数：用于检测数字或数字字符串。

为了让读者更好地掌握这 3 个函数，接下来通过一个转账的案例来演示这些函数的用法，如例 8-5 所示。

【例 8-5】

```
1 <?php
2    header('Content-Type:text/html;charset=utf-8');
3    if($_SERVER['REQUEST_METHOD']=='POST'){
4       if(!isset($_POST['name']) || $_POST['name']===''){
5           echo '必须输入转账人员！';
```

```
6            exit;
7        }
8        if(empty($_POST['amount'])){
9            echo '必须输入非 0 的转账金额!';
10           exit;
11       }
12       if(!is_numeric($_POST['amount'])){
13           echo '转账金额必须是数字!';
14           exit;
15       }
16       echo '转账'.$_POST['amount'].'元给'.$_POST['name'];
17       exit;
18   }
19?>
20<form action="8-5.php" method="post">
21    转账: <input type="text" name="amount">给<input type="text" name="name"><br/>
22    <input type="submit" value="转出">
23</form>
```

打开 IE 浏览器, 访问 8-5.php 页面, 如图 8-8 所示。

图 8-8　例 8-5 运行结果 (一)

在图 8-8 页面中, 在第一个文本框中输入 "0", 第二个文本框中输入任意一个名字, 输入完成后单击 "转出" 按钮, 结果如图 8-9 所示。

图 8-9　例 8-5 运行结果 (二)

刷新浏览器再次访问 8-5.php 页面, 在图 8-8 页面中第一个文本框中输入任意字母或其他非数字数据, 第二个文本框中输入任意一个名字, 输入完成后单击 "转出" 按钮, 结果如图 8-10 所示。

图 8-10　例 8-5 运行结果 (三)

刷新浏览器再次访问 8-5.php 页面，在图 8-8 页面中第一个文本框中输入"100"，第二个文本框中输入"张三"，输入完成后单击"转出"按钮，结果如图 8-11 所示。

图 8-11　例 8-5 运行结果（四）

从图 8-9 ~ 图 8-11 中可以看出，根据输入数据的不同会产生不同的错误提示。因此，可以说明 isset()、empty() 和 is_numeric() 三个函数可以对表单提交的数据进行了验证。

8.3　超全局变量

超全局变量是指在全部作用域中始终可用的内置变量。PHP 中的许多预定义变量都是超全局变量，这意味着它们在一个脚本的全部作用域中都可用。在函数或方法中无须执行 global $variable; 语句就可以访问它们。本节将针对超全局变量进行详细讲解。

8.3.1　超全局变量

超全局变量是从 PHP 4.1.0 开始引入的，在 PHP 中一共有 9 个预定义的超全局变量，具体如表 8-1 所示。

表 8-1　PHP 的预定义超全局变量

变　量　名	功　能　描　述
$_GET	经由 HTTP GET 方法提交至脚本的变量
$_POST	经由 HTTP POST 方法提交至脚本的变量
$_REQUEST	经由 GET、POST 和 COOKIE 机制提交至脚本的变量
$_SERVER	经由 Web 服务器设定或者直接与当前脚本的执行环境相关联
$_ENV	执行环境提交至脚本的变量
$_FILES	经由 HTTP POST 文件上传而提交至脚本的变量
$_COOKIE	经由 HTTP Cookies 方法提交至脚本的变量
$_SESSION	当前注册给脚本会话的变量
$GLOBALS	包含一个引用指向每个当前脚本的全局范围内有效的变量

表 8-1 中所列举的超全局变量在 Web 开发中经常使用，掌握这些超全局变量的使用在实际开发中非常重要。读者在此只需了解这些超全局变量的作用即可，后面的小节中会针对这些超全局变量进行详细讲解。

8.3.2　$_GET

在操作 PHP 脚本文件时，经常需要获取客户端提交的数据。对于 GET 方式提交的数据，可以使用 $_GET 变量来获取，$_GET 变量实际上就是一个数组，它可以获取 GET 方式提交表单中的数据，也可以获取在 URL 地址中的参数值。接下来通过一个案例来演示如何使用 $_GET 变量获取 URL 中的参数值，如例 8-6 所示。

【例 8-6】

```php
1 <?php
2    //判断通过 URL 传递的参数中是否有 username
3    if(isset($_GET['username'])){
4        $val=$_GET['username'];
5        echo "username=$val"."<br/>";
6    }
7    else{
8        echo "没有找到 username 参数"."<br/>";
9    }
10?>
```

打开 IE 浏览器，在地址栏中输入 http://localhost/8-6.php?username=abc，如图 8-12 所示。

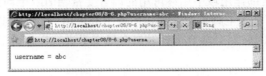

图 8-12　例 8-6 运行结果

从图 8-12 可以看出，使用 $_GET 超全局变量成功地获取到了 URL 中传入的参数 username 的值。需要注意的是，$_GET 变量只能获取以 GET 方式提交的表单中的参数信息。

8.3.3　$_POST

对于 POST 方式提交的表单，在 PHP 中可以通过 $_POST 变量来获取，它也是一个数组。数组中的每个键对应表单中的一个元素。例如，表单中包含一个 name 为"userrname"的文本输入框，则在使用 POST 方式提交数据后，可以使用 $_POST['username']获取用户输入的数据。接下来通过一个案例来演示 $_POST 变量的使用，如例 8-7 所示。

【例 8-7】

```php
1 <?php
2    header('Content-Type:text/html;charset=utf-8');
3    if($_SERVER['REQUEST_METHOD']=='POST'){
4        echo "姓名：";
5        $name=$_POST['name'];
6        echo $name."<br>";
7        echo "性别：";
8        $sex=$_POST['sex'];
9        echo $sex."<br>";
10       $hobby=$_POST['hobby'];
11       echo "爱好：";
12       foreach($hobby as $key=>$val){
13           echo "$val ";
```

```
14        }
15      exit;
16  }
17?>
18<form action="8-7.php" method="post">
19    姓名:
20    <input type="text" name="name" /><br/>
21    性别:
22    <input type="radio" name="sex" value="女"/>女
23    <input type="radio" name="sex" value="男"/>男<br/>
24    爱好:
25    <input type="checkbox" name="hobby[]" value="唱歌"/>唱歌
26    <input type="checkbox" name="hobby[]" value="跳舞"/>跳舞
27    <input type="checkbox" name="hobby[]" value="游泳"/>游泳<br/>
28    <input type="submit" value="提交"/>
29</form>
```

打开 IE 浏览器，在地址栏中输入 http://localhost/8-7.php，如图 8-13 所示。

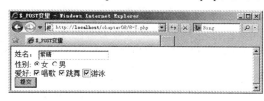

图 8-13　例 8-7 运行结果（一）

在页面添加完信息之后单击 "提交" 按钮，此时会在当前页面显示提交的信息，如图 8-14 所示。

图 8-14　例 8-7 运行结果（二）

从图 8-14 可以看出，在 8-7.php 文件中成功获取到了页面中提交的信息，这说明使用 $_POST 变量可以获取 POST 方式提交表单中的参数信息。

8.3.4　$_REQUEST

在 PHP 开发中，如果需要通过一种方式同时获取 $_GET、$_POST 中的数据时，可以使用预定义的超全局变量 $_REQUEST，$_REQUEST 是一个可以保存各种方式传递数据给 PHP 的数组变量。默认情况下包含 $_GET、$_POST 和 $_COOKIE 中的内容。也就是说，通过 $_REQUEST，可以获取 $_GET、$_POST 和 $_COOKIE 中的数据。

为了使读者更好地理解超全局变量$_REQUEST，接下来通过$_REQUEST 获取通过 URL 传递参数的案例来演示$_REQUEST 的用法，如例 8-8 所示。

【例 8-8】

```php
1  <?php
2      "<pre>";
3      $a=$_REQUEST['a'];
4      echo "a=".$a."<br>";
5      $b=$_REQUEST['b'];
6      echo "b=".$b;
7      "</pre>";
8  ?>
```

打开 IE 浏览器，在地址栏中输入 http://localhost/chapter08/8-8.php?a=1&b=2，如图 8-15 所示。

在例 8-8 中，通过 URL 向地址中传入参数 "a=1&b=2"，在 8-8.php 文件中$_REQUEST 以访问数组元素的形式获取传入的参数的值，最后输出在页面中。

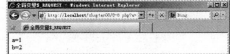

图 8-15　例 8-8 运行结果

值得一提的是，$_GET、$_POST 和$_COOKIE 在$_REQUEST 中出现的顺序依赖于 PHP 的配置文件 php.ini 中 variables_order 配置指令所指定的顺序。默认情况下，PHP 对于预定义超全局变量的解析顺序为$_ENV、$_GET、$_POST、$_COOKIE、$_SERVER，解析后新值会覆盖同名的旧值。

注意：由于$_REQUEST 中的变量是通过 GET、POST 和 COOKIE 输入机制传递给脚本文件，所以可以被远程用户篡改而降低安全性，例如用户可以通过浏览器来修改 URL 等。所以在实际开发中，只有在不能确定是 GET 请求还是 POST 请求的时候才会用到$_REQUEST。

8.3.5　$_SERVER

在 PHP 程序中，如果需要在 Web 服务器中保存页面交互信息，可以使用预定义超全局变量$_SERVER。它是由 Web 服务器创建的信息数组，用于存放 HTTP 请求头信息以及 Web 服务器的信息。对于不同的 Web 服务器，$_SERVER 中包含的变量也会有所不同，其中常用的变量如表 8-2 所示。

表 8-2　$_SERVER 常见变量

变量分类	变量名	变量说明
HTTP 请求 头信息	HTTP_HOST	Web 服务器的地址
	HTTP_USER_AGENT	客户端操作系统和浏览器信息
	HTTP_ACCEPT	当前 HTTP 请求的 Accept 头部信息
	HTTP_ACCEPT_LANGUAGE	当前 HTTP 请求的 Accept_Language 头部信息
	HTTP_ACCEPT_ENCODING	当前 HTTP 请求的 Accept_Encoding 头部信息
	HTTP_REFERER	链接到当前页面的前一页面的 URL 地址

变量分类	变量名	变量说明
Web 服务器信息	SERVER_NAME	Web 服务器的名字
	SERVER_ADDR	Web 服务器的 IP 地址
	SERVER_PORT	Web 服务器的端口号
	REMOTE_ADDR	客户端 IP 地址
	DOCUMENT_ROOT	Web 服务器中的应用代码存放位置
	SERVER_ADMIN	Web 服务器的管理员账号
	SCRIPT_FILENAME	当前访问的脚本文件的文件名
	REMOTE_PORT	客户端使用的端口号
	GATEWAY_INTERFACE	网关接口的信息
	SERVER_PROTOCOL	Web 服务器使用的协议的信息
	REQUEST_METHOD	客户端发出的 HTTP 请求中使用的方法
	QUERY_STRING	客户端发出的 HTTP 请求中的参数串
	REQUEST_URI	URL 中的路径部分
	SCRIPT_NAME	当前访问的脚本文件的相对路径
	PHP_SELF	当前访问的 PHP 脚本文件的相对路径
	REQUEST_TIME	客户端发出 HTTP 请求的时间

表 8-2 列举了$_SERVER 中常用的变量，这些变量在实际开发中非常重要，为了让读者更好地掌握这些变量的使用，接下来通过一个具体的案例来学习，如例 8-9 所示。

【例 8-9】

```
1 <?php
2     //在这里只演示工作中可能使用到的几个
3     echo "客户端的 IP 地址：".$_SERVER['REMOTE_ADDR']."<br>";//客户端 IP 地址
4     echo "文件的存放位置：".$_SERVER['DOCUMENT_ROOT']."<br>";
5     echo "脚本文件的名称：".$_SERVER['SCRIPT_FILENAME']."<br>";
6     echo "表单的请求方式：".$_SERVER['REQUEST_METHOD']."<br>";
7     echo "文件的相对路径：".$_SERVER['PHP_SELF']."<br>";
8 ?>
```

打开 IE 浏览器，在地址栏中输入 http://local host/8-9.php，如图 8-16 所示。

从图 8-16 的运行结果中可以看出，在浏览器中输出了客户端地址和当前访问文件的相关信息。这是因为在例 8-9 中以数组的形式访问了超全局变量$_SERVER 相关的变量，在$_SERVER 中存放了 HTTP 请求头和 Web 服务器相关的信息。

图 8-16　例 8-9 运行结果

8.3.6　$GLOBALS

超全局变量$GLOBALS 是一个引用全局作用域中全部可用变量的数组，变量名就是数组的键。通过键就可以获取对应的全局变量的值。为了读者更好地理解超全局变量$GLOBALS的用法，接下来通过一个案例来演示，如例 8-10 所示。

【例 8-10】

```
1 <?php
2 function test(){
3     $foo1="local variable";
4     echo "foo in current scope:". $foo1."<br/>";
5     echo "foo in global scope:".$GLOBALS['foo1']."<br/>";
6     echo "foo in global scope:".$GLOBALS['foo2']."<br/>";
7     echo "foo in global scope:".$GLOBALS['foo3']."<br/>";
8 }
9 $foo1="global variable1";
10$foo2="global variable2";
11$foo3="global variable3";
12test();
13?>
```

运行结果如图 8-17 所示。

在例 8-10 中，定义了 3 个全局变量$foo1、$foo2、$foo3。在 test()函数中，定义了局部变量$foo1，并且在方法中通过$GLOBALS 以数组的形式访问这三个全局变量，并在浏览器中输出运行结果。

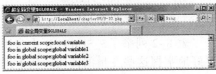

图 8-17　例 8-10 运行结果

本 章 小 结

本章首先讲解了 PHP 页面的执行过程，然后讲解 Web 表单的相关内容，包括表单组成、获取表单数据、表单安全性验证以及数组的验证等。最后讲解 PHP 引擎内置的超全局变量。

通过本章的学习，读者应该熟悉 PHP 的执行流程，熟练掌握编写具有安全性的各种表单应用程序，以及熟练掌握预定义超全局变量的概念和使用方法。

动 手 实 践

学习完前面的内容，下面来动手实践一下吧：

问题：编写函数实现自动生成一组单选按钮。

描述：请编写一个函数，实现自动生成一组单选按钮，函数第一个参数为数组，保存各选项的文本，第二个参数为表单元素的"name"属性，第三个参数用于设置默认选中哪个元素。

说明：动手实践参考答案可从中国铁道出版社教育资源数字化平台网址（http://www.tdpress.com/51eds/）下载。

第**9**章

➡ PHP 会话技术

学习目标

- 掌握 Cookie 机制及使用。
- 掌握 Session 机制及使用。
- 会使用会话技术开发会员登录系统。

当用户通过浏览器访问 Web 应用时，通常情况下，服务器需要对用户的状态进行跟踪。例如，用户在网站结算商品时，Web 服务器必须根据请求用户的身份，找到该用户所购买的商品。在 Web 开发中，服务器跟踪用户信息的技术称为会话技术。本章将针对 PHP 中的会话技术进行详细地讲解。

9.1　会话技术概述

在日常生活中，从拨通电话到挂断电话之间的一连串你问我答的过程就是一个会话。Web 应用中的会话过程类似于生活中的打电话过程，它指的是一个客户端（浏览器）与 Web 服务器之间连续发生的一系列请求和响应过程，例如，一个用户在某网站上的整个购物过程就是一个会话。

在打电话过程中，通话双方会有通话内容，同样，在客户端与服务器端交互的过程中，也会产生一些数据。例如，用户在某个网站观看视频之后，过几天之后再打开该网站，会看到上一次的播放记录，同时还会推荐一些与之相关的视频，说明这些网站可以跟踪用户，并且记录用户的行为。

由于 HTTP 协议是无状态的协议，也就是说当一个用户在请求一个页面后再请求另外一个页面时，HTTP 将无法告诉我们这两个请求是来自同一个用户，这就意味着我们需要有一种机制来跟踪和记录用户在该网站所进行的活动，这就是会话技术。会话技术是一种维护同一个浏览器与服务器之间多次请求的数据状态的技术，它可以很容易地实现对用户登录的支持，记录该用户的行为，并根据授权级别和个人喜好显示相应的内容。

Cookie 和 Session 是目前最常用的两种会话技术。其中 Cookie 是一种在远程浏览器端存储数据并以此来跟踪和识别用户的机制。而 Session 则是将信息存放在服务器端的会话技术。关于 Cookie 和 Session 的相关知识，将在下面的小节进行详细讲解。

9.2　Cookie 技术

9.2.1　Cookie 概述

在现实生活中，当顾客在购物时，商城经常会赠送顾客一张会员卡，卡上记录用户的个

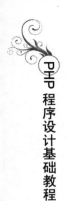
人信息(姓名，手机号等)、消费额度和积分额度等。顾客一旦接受了会员卡，以后每次去该商场时，都可以使用这张会员卡，商场也将根据会员卡上的消费记录计算会员的优惠额度和累加积分。在 Web 应用中，Cookie 的功能类似于这张会员卡，当用户通过浏览器访问 Web 服务器时，服务器会给客户发送一些信息，这些信息都保存在 Cookie 中。这样，当该浏览器再次访问服务器时，都会在请求头中将 Cookie 发送给服务器，方便服务器对浏览器做出正确的响应。

服务器向客户端发送 Cookie 时，会在 HTTP 响应头中增加 Set-Cookie 响应头字段。Set-Cookie 头字段中设置的 Cookie 遵循一定的语法格式，具体示例如下：

```
Set-Cookie: City=Beijing; Path=/;
```

在上述示例中，City 表示 Cookie 的名称，Beijing 表示 Cookie 的值，Path 表示 Cookie 的属性。需要注意的是，Cookie 必须以键值对的形式存在，其属性可以有多个，但这些属性之间必须用分号（；）和空格分隔。

了解了 Cookie 的发送方式，接下来，通过一张图来描述 Cookie 在浏览器和服务器之间的传输过程，具体如图 9-1 所示。

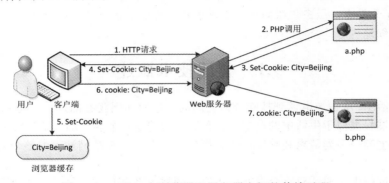

图 9-1　Cookie 在浏览器和服务器之间的传输过程

图 9-1 描述了 Cookie 在浏览器和服务器之间的传输过程。当用户第一次访问服务器时，服务器会在响应消息中增加 Set-Cookie 头字段，将信息以 Cookie 的形式发送给浏览器，一旦用户接收了服务器发送的 Cookie 信息，就会将它保存到浏览器的缓冲区中，这样，当浏览器后续访问该服务器时，都会将信息以 Cookie 的形式发送给服务器，从而使服务器分辨出当前请求是由哪个用户发出的。

9.2.2　创建 Cookie

在使用 Cookie 之前，首先得创建 Cookie。在 PHP 中通过 setcookie()函数创建 Cookie，其声明方式如下所示：

```
bool setcookie( string $name [, string $value [, int $expire = 0 [, string $path [, string $domain [, bool $secure]]]]] )
```

上述声明格式中，参数$name 是必需的，除此之外，其他的参数都是可选的，其中，$expire 用于表示 Cookie 的有效期，$value 用于表示 Cookie 的值，$path 用于表示 Cookie 在服务器端的有效路径，$domain 用于表示 Cookie 的有效域名，$secure 用于指定 Cookie 是否通过安全的HTTPS 连接来传输。

为了帮助大家更好地理解 setcookie()函数的使用，接下来，通过一个案例来演示如何使用 setcookie()函数创建 Cookie，如例 9-1 所示。

【例 9-1】

```php
1 <?php
2    //创建两个Cookie，并设置Cookie的有效期
3    setcookie("city", "北京市", time() +60*60*1);
4    setcookie("district", "海淀区", time() +60*60*1);
5    echo 'cookie创建成功!';
6 ?>
```

运行结果如图 9-2 所示。

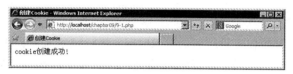

图 9-2　例 9-1 运行结果

从图 9-2 中可以看出，Cookie 创建成功了。与此同时，在浏览器的系统临时文件夹下，还会自动生成一个 Cookie 文件，名称为 "Cookie:administrator@localhost/chapter09/"，有效期为 1 小时。

注意：

（1）由于 Cookie 是 HTTP 请求消息头的一部分，因此 setcookie()函数必须在其他信息被输出到浏览器前调用，否则会导致程序出错。

（2）一个浏览器或一个域名下最多可以存放 Cookie 的数量以及每个 Cookie 的大小都与浏览器的版本相关。

9.2.3　读取 Cookie

当用户通过浏览器访问 Web 服务器时，服务器会给用户发送一些信息，这些信息很多都会保存在 Cookie 中。要想获取 Cookie 中的信息，可以使用超全局数组$_COOKIE[]来读取，具体示例如下：

```php
$val = $_COOKIE ['key'];
```

在上述代码中，$val 表示一个变量，用于存储从 Cookie 中获取的数据，key 是一个字符串。为了帮助大家更好地掌握 Cookie 的读取，接下来，通过一个案例来演示如何使用超全局数组$_COOKIE[]读取 Cookie 中的信息，如例 9-2 所示。

【例 9-2】

```php
1 <?php
2    $city=$_COOKIE["city"];//读取$_COOKIE[]中的信息
3    $district=$_COOKIE["district"];//读取$_COOKIE[]中的信息
4    echo 'city: ' . $city;//输出变量信息
5    echo '<br>district: ' . $district; //输出变量信息
```

```
6 ?>
```

运行结果如图 9-3 所示。

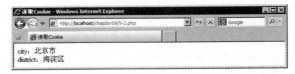

图 9-3　例 9-2 运行结果

在例 9-2 中，$_COOKIE[]是一个超全局数组，它包含了所有的 Cookie 信息，在第 2~3 行代码中，使用$_COOKIE[]获取指定的 Cookie，然后使用 echo 语句输出。从图 9-3 中可以看出，程序成功读取到了 Cookie 中保存的信息。

9.2.4　删除 Cookie

当 Cookie 创建后，如果没有设置它的有效时间，其 Cookie 文件会在关闭浏览器时自动被删除。但是，如果希望在关闭浏览器前删除 Cookie 文件，则同样可以使用 setcookie()函数实现。与使用 setcookie()函数创建 Cookie 不同，删除 Cookie 时只需将 setcookie()函数中的参数$value 设置为空，参数$expire 设置为小于系统的当前时间即可。接下来，通过一个案例来演示如何使用 setcookie()函数删除 Cookie，如例 9-3 所示。

【例 9-3】

```
1 <?php
2    //删除名为"city"和"district"的 Cookie
3    setcookie("city", "", time() - 60*60*1);
4    echo "名称为 city 的 Cookie 被删除！";
5    setcookie("district","", time() - 60*60*1);
6    echo "<br>名称为 district 的 Cookie 被删除！";
7 ?>
```

运行结果如图 9-4 所示。

图 9-4　例 9-3 运行结果

从图 9-4 中可以看出，名称为 city 和 district 的 Cookie 被删除了。与此同时，系统临时文件夹下的名称为 "Cookie:administrator@localhost/chapter09/" 的 Cookie 文件被删除了。

9.3　Cookie 案例——显示用户上次访问时间

当用户访问某些 Web 应用时，经常会显示出上次的访问时间。例如，QQ 登录成功后，会显示用户上次的登录时间。接下来，本节将通过一个具体的案例来演示如何使用 Cookie 实现显示用户上次访问时间的功能，具体步骤如下：

（1）在 chapter09 目录下，新建一个 cookie.php 文件，具体如例 9-4 所示。

【例 9-4】

```php
1 <?php
2    header('Content-Type: text/html;charset=utf-8');
3    //设置当前登录时间到 Cookie 中，有效期为半小时
4    setcookie('lastLoginTime',time(),time()+60*30);
5    //判断 Cookie 是否存在
6    if(isset($_COOKIE['lastLoginTime'])){
7    //如果存在则显示 Cookie 中保存的值
8    echo '您上次访问的时间是:'.date('Y-m-d H:i:s',$_COOKIE['lastLoginTime']);
9    }else{
10   //如果不存在，则表示第一次访问本站
11      echo '您是首次访问本站!!!';
12   }
13?>
```

在例 9-4 中，首先使用 setcookie() 函数创建了一个名称为 lastLoginTime 的 Cookie，然后通过 if 语句判断该 Cookie 是否存在，如果存在，说明用户不是第一次访问，提示上次访问的时间，否则，提示用户"您是首次访问本站"。

（2）运行程序，由于是第一次访问地址"http://localhost/chapter09/cookie.php"，程序会提示用户"您是首次访问本站!!!"，具体如图 9-5 所示。

图 9-5 例 9-4 运行结果（一）

（3）单击图 9-5 所示的刷新按钮或者重新访问"http://localhost/chapter09/cookie.php"，发现浏览器显示出了用户上次的访问时间，具体如图 9-6 所示。

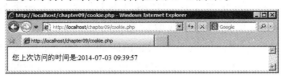

图 9-6 例 9-4 运行结果（二）

图 9-6 之所以显示了用户的上次访问时间，是因为第一次访问时，setcookie() 函数向浏览器发送了保存用户访问时间的 Cookie 信息。但是，当将图 9-6 所示的浏览器关闭后，再次打开浏览器，访问地址 http://localhost/chapter09/cookie.php，则浏览器的显示界面如图 9-7 所示。

从图 9-7 可以看出，通过浏览器访问 cookie.php 时，还是会显示用户上次访问的时间，这是因为在第 4 行代码中，设置 Cookie 的有效时间为半个小时，Cookie 依然有效，所以用户一直可以看到上次的访问时间。

图 9-7　例 9-4 运行结果（三）

9.4　Session 技术

9.4.1　Session 概述

日常网上购物时，会发现无论页面怎么跳转，用户的登录信息以及所购买的商品都不会丢失。这是因为在使用浏览器进行页面访问时，都会通过 Session 来记录这些重要信息。由于网页是一种无状态的连接程序，不能记录用户的浏览状态，因此 Session 在 Web 技术中占有非常重要的地位。

Session 是一种服务器端的技术，它的生命周期从用户访问页面开始，直到断开与网站链接结束。Web 服务器在运行时可以为每个用户的浏览器创建一个供其独享的 Session 文件。如图 9-8 所示。

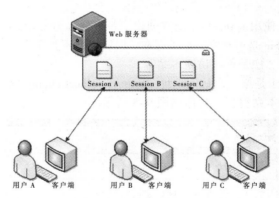

图 9-8　Web 服务器中的 Session 文件

如图 9-8 所示，"Session A""Session B"和"Session C"分别用来保存服务器为用户 A、用户 B 和用户 C 创建的 Session 信息文件。当用户再去访问 Web 服务器中的其他资源时，就可以直接从其独有的 Session 信息文件中获取信息。

在会话期间，当用户第一次访问服务器时，PHP 都会自动生成一个唯一的会话 ID，用于标识不同的用户。Session 会话时，会话 ID 会分别保存在客户端和服务器端两个位置。在客户端，使用临时的 Cookie 保存在浏览器指定目录中（称为 Session Cookie），在服务器端，以文本文件形式保存在指定的 Session 目录中，具体如图 9-9 所示。

首先，当客户端的浏览器向 Web 服务器发送 URL 请求后，Web 服务器会生成一个会话 ID，并将客户端浏览器的一些信息保存在 Web 服务器中由会话 ID 标识。然后，Web 服务器将会话 ID 发送到浏览器端保存到 Cookie 里。当浏览器再次向 Web 服务器发送请求时，会将 Cookie 中保存的会话 ID 一并发送给 Web 服务器，服务器根据接收到的 ID 处理不同用户的请求。

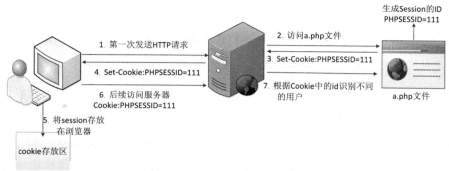

图 9-9　Session 工作原理

多学一招：更改 Session 文件目录

当我们在 Windows 操作系统上部署 Web 服务器时，在默认情况下，Session 文件将被保存在 "C:/windows/temp" 目录中。如果要修改这个目录，可以在 PHP 的配置文件 php.ini 中找到关于 Session 的配置节并修改其中的 "session.save_path" 配置项的值。session 文件的命名格式是 "sess_[PHPSESSID 的值]"。

9.4.2　启动 Session

在使用 Session 之前，首先需要启动 Session。在 PHP 中使用 session_start() 函数启动 Session，其声明方式如下所示：

```
bool session_start()
```

在上述声明中，bool 是 session_start() 函数的返回值类型，如果 session 启动成功，该函数返回 true，否则返回 false。

为了帮助大家更好地掌握 Session 的启动，接下来，通过一个具体的案例来演示如何使用 session_start() 函数启动 Session，如例 9-5 所示。

【例 9-5】

```
1 <?php
2    session_start();//启动 session
3    echo "当前 Session 的 ID: ".session_id();//输出 session 的 ID
4 ?>
```

运行结果如图 9-10 所示。

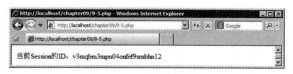

图 9-10　例 9-5 运行结果

在例 9-5 中，使用 session_start() 函数启动 Session，并获取 session 的 id。从图 9-10 中可以看出，程序获取到了 Session 的 id，说明 Session 启动成功了。

注意： 在调用 session_start() 之前不能有任何输出，包括空行和空格，有输出就会报错。因为 HTTP 协议规定，HTTP 请求消息头必须在 HTTP 请求的内容之前发送，而且在 session_start() 函数中已经封装了发送 Cookie 的操作，这就意味着 session_start() 内部已经进行了一次发送头部动作。

9.4.3　向 Session 添加数据

完成 Session 的启动后，Web 服务器会声明一个超全局数组$_SESSION[]，用于保存用户特定的数据。将各种类型的数据添加到 Session 中（不包括资源），必须使用超全局数组$_SESSION[]，具体示例如下：

```
$_SESSION['key']=$val;
```

在上述代码中，key 表示一个字符串，$val 表示除资源类型外的任意类型的数据。为了帮助大家学习如何向 Session 中添加数据，接下来看一段代码，具体如下：

```
<?php
    session_start();
    $_SESSION['bookname']='天龙八部';//向$_session[]数组中添加数据
    $_SESSION['writer']='金庸';//向$_session[]数组中添加数据
?>
```

在上述代码中，首先使用 sesssion_start() 函数启动 Session，然后向$_SESSION[]数组中添加了两个元素，它们的 key 依次是"bookname"和"writer"，值依次是"天龙八部"和"金庸"。

9.4.4　读取 Session 中的数据

在实际开发中，常常需要读取 Session 中存储的数据，由于 Session 中的数据都保存在超全局数组$_SESSION[]中，因此，我们需要从超全局数组$_SESSION[]中读取数据，其读取方式如下所示：

```
$val=$_SESSION['key'];
```

在上述语法格式中，$val 表示一个变量，用来存储从 Session 中获取的数据，它可以是基本数据类型，也可以是数组或对象。key 是$_SESSION[]数组中元素所对应的字符串下标。接下来，通过一个案例来演示如何读取 Session 中的数据，具体如例 9-6 所示。

【例 9-6】

```
1 <?php
2    //取出 session
3    session_start();
4    $_SESSION['bookname']='天龙八部';
5    $val=$_SESSION['bookname'];
6    echo 'val='.$val;//输出$val 的值
7 ?>
```

运行结果如图 9-11 所示。

图 9-11   例 9-6 运行结果

在例 9-6 中，首先使用 sesssion_start() 函数启动 Session，然后使用超全局数组 $_SESSION
获取指定的 Session，并输出其中保存的数据。

9.4.5   删除 Session 中的数据

服务器在收到用户退出网站请求时，需要删除该次会话中的数据。在 PHP 中，有三种删
除 Session 中数据的方式，它们分别是删除单个数据、删除所有数据以及结束当前会话，下面
对它们分别进行介绍。

1. 删除单个数据

删除单个数据通过 unset() 函数来完成，具体示例如下：

```
unset($_SESSION['key']);
```

在上述示例中，unset() 函数的参数是 $_SESSION[] 数组中的指定元素，通过该函数删除数
组中的一个元素。例如，unset($_SESSION['username']) 可以删除 $_SESSION[] 数组中键为
"username" 对应的数据。

2. 删除所有数据

如果想一次删除 Session 中所有的数据，只需要将一个空的数组赋值给 $_SESSION[] 即可，
具体示例如下：

```
$_SESSION=array();
```

在上述代码中，右边就是一个空数组，将空数组赋值给左边的 $_SESSION[] 数组，这样便
一次删除了所有的数据。值得注意的是，使用 session_unset() 函数也能达到删除所有数据的
目的。

3. 结束当前会话

PHP 中提供了 session_destroy() 函数用于结束当前会话，调用该函数将注销当前会话，并
且删除会话中的全部数据，其函数声明如下：

```
bool session_destroy();
```

在上述声明中，bool 表示该函数的返回值为布尔类型，销毁成功时会返回 true，失败时
返回 false。调用该函数后，如果需要再次使用会话，必须重新调用 session_start() 函数重新启
动新会话。

为了让大家掌握删除 Session 中数据的三种方式，接下来通过一个案例来演示如何删除
Session 中的数据，具体如例 9-7 所示。

【例 9-7】

```
1 <?php
2   session_start();
```

```
3     //指定删除 session 某一个数据
4     unset($_SESSION['bookname']);
5     //清空 session 的值
6     $_SESSION=array();
7     //销毁 session
8     session_destroy();
9     echo " sessionid = ".session_id();
10?>
```

运行结果如图 9-12 所示。

图 9-12　例 9-7 运行结果

在例 9-7 中，第 2 行代码用于启动 Session，第 4 行代码用于删除$_SESSION[]中键为"bookname"对应的数据，第 6 行代码用于删除 Session 中所有的数据。第 8 行代码用于结束当前会话。从图 9-12 中可以看出，Session 的 id 不存在了，由此可见，Session 被成功删除了。

注意：

（1）不能以 unset($_SESSION[])的形式来调用 unset()函数，这样会将超全局变量$_SESSION 销毁，而且无法恢复，使得用户不能再注册$_SESSION 变量了。

（2）使用 session_unset()函数或者 $_SESSION[]= array() 方式删除 Session 中的所有数据时，Session 文件仍然存在，只不过它是一个空文件。通常情况下，我们需要将这个空文件删除掉，以节省资源。此时，可以通过调用 session_destroy()函数来达到目的。

9.5　Session 案例——实现用户登录

9.5.1　需求分析

在 Web 应用开发中，经常需要实现用户登录的功能。假设有一个名为"username"的用户，当该用户进入网站首页时，如果还未登录，则页面会提示登录并且自动跳转，进入登录界面。当用户登录时，如果用户名和密码都正确，则登录成功，否则提示登录失败。登录成功后，还可以单击"注销"，回到首页，显示用户未登录时的界面。

为了实现上述需求，整个程序定义了一个 HTML 文件和三个 PHP 文件，具体如下：

（1）login.html：用于显示用户登录的界面。在该文件的 form 表单中，有两个文本输入框，分别用于填写用户名和密码，还有一个"登录"按钮。

（2）login.php：该文件用于判断用户的登录条件，并显示网站的首界面。如果用户没有登录，那么首界面需要提示用户登录，否则，显示用户已经登录的信息。为了判断用户是否登录，该类在实现时，需要获取并保存用户信息的 Session 对象。

（3）index.php：该文件用于显示用户登录成功后跳转到的首界面，同时，该页面还提供了一个"注销"按钮，用于注销用户登录。

（4）logout.php：用于完成用户注销功能。当用户单击"注销"时，Session 中的信息会被移除，并跳转到网站的首界面。

为了使大家可以更直观地了解用户登录的流程，接下来，通过一张图来描述，具体如图 9-13 所示。

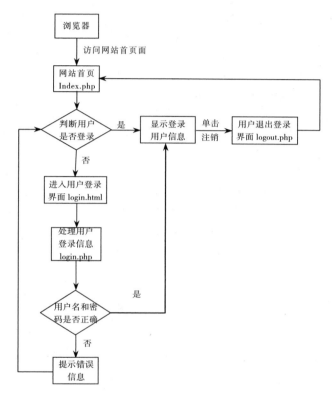

图 9-13　用户登录的流程图

图 9-13 描述了用户登录的整个流程，当用户访问某个网站的首界面时，首先会判断用户是否登录，如果已经登录则在首界面中显示用户登录信息，否则进入登录页面，完成用户登录功能，然后显示用户登录信息。在用户登录的情况下，如果单击用户登录界面中的"注销"时，就会注销当前用户的信息，返回首界面。

9.5.2　案例实现

用户登录案例需求分析完毕后，接下来，针对上述需求，分步骤实现用户登录的功能，具体如下：

（1）编写用户登录的 HTML 表单文件 login.html，如例 9-8 所示。

【例 9-8】　login.html

```
1 <!DOCTYPE html PUBLIC "-//W3C//DTD XHTML 1.0 Transitional//EN"
2 "http://www.w3.org/TR/xhtml1/DTD/xhtml1-transitional.dtd">
3 <html xmlns="http://www.w3.org/1999/xhtml" xml:lang="en">
```

```
4  <head>
5    <meta http-equiv="Content-Type" content="text/html;charset=UTF-8" />
6    <title>会员登录系统</title>
7    <style type="text/css">
8      ul,li{margin:0; padding:0;}
9      form{margin:40px 30px 0;}
10     form li{list-style:none; padding:5px 0;}
11     form li label{float:left; width:70px; text-align:right;}
12     form li a{font-size:12px; color:#999; text-decoration:none;}
13     .login_btn{border:none; background:#01A4F1; color:#fff;
14     font-size:14px;font-weight:bold; height:28px; line-height:28px;
15     padding:0 10px; cursor:pointer;}
16     form li img{vertical-align:top;}
17   </style>
18</head>
19<body>
20<form action="login.php" method="POST">
21   <fieldset>
22     <legend>用户登录</legend>
23     <ul>
24       <li>
25         <label for="">用户名: </label>
26         <input type="text" name="username" />
27       </li>
28       <li>
29         <label for="">密码: </label>
30         <input type="password" name="password" />
31       </li>
32       <li>
33         <label for=""> </label>
34     <input type="checkbox" name="remember" value="yes" />7 天内自动登录
35       </li>
36       <li>
37         <label for=""> </label>
38     <input type="submit" value="登录" name="login"    class="login_btn" />
39       </li>
40     </ul>
41   </fieldset>
42</form>
```

```
43</body>
44</html>
```

在浏览器的地址栏中输入地址 http://localhost/chapter09/login.html 访问 login.html，浏览器
显示的结果如图 9-14 所示。

图 9-14　例 9-8 运行结果

（2）编写 login.php 页面，login.php 的实现代码如例 9-9 所示。

【例 9-9】　login.php

```
1  <?php
2    header("Content-Type:text/html; charset=utf8");
3    session_start();
4    if (isset($_POST['login'])){
5      //获取用户提交的数据
6      $username=trim($_POST['username']);
7      $password=trim($_POST['password']);
8      if (($username=='') || ($password=='')){
9        header('refresh: 3; url=login.html');
10       echo "该用户名或者密码不能为空,3 秒后跳转到登录页面";
11       exit;
12     }
13     else if (($username!='username') || ($password!='password')){
14       //用户名或密码错误
15       header('refresh: 3; url=login.html');
16       echo "用户名或者密码错误,3 秒后跳转到登录页面";
17     }
18     else if (($username=='username') && ($password=='password')){
19       //登录成功,将用户信息保存到 session 中
20       $_SESSION['username']=$username;
21       $_SESSION['islogin']=1;
22       //如果勾选 7 天内自动登录,则将其保存到 Cookie
23       if ($_POST['remember']=="yes"){
24         setcookie("username", $username, time()+7*24*60*60);
```

```
25          setcookie("code", md5($username . md5($password)),
26              time() + 7*24*60*60);
27      } else{
28          //没有勾选则删除 Cookie
29          setcookie("username", '', time() - 1);
30          setcookie("code", '', time() - 1);
31      }
32      //跳转到用户首页
33      header("location:index.php");
34    }
35  }
36?>
```

（3）编写用户首页 index.php，index.php 的实现代码如例 9-10 所示。

【例 9-10】

```
1  <?php
2    header("Content-Type:text/html; charset=utf8");
3    session_start();
4    //首先判断 Cookie 是否有记住用户信息
5    if (isset($_COOKIE['username'])){
6      $_SESSION['username'] = $_COOKIE['username'];
7      $_SESSION['islogin'] = 1;
8    }
9    if (isset($_SESSION['islogin'])){
10     //已经登录
11     echo $_SESSION['username'] . ", 你好，欢迎来到个人中心！ <br /> ";
12     echo " <a href='logout.php'>注销</a>";
13   } else{
14     //未登录
15     echo "你还未登录，请<a href ='login.html'>登录</a>";
16   }
17?>
```

（4）编写 logout.php 页面，logout.php 的实现代码如例 9-11 所示。

【例 9-11】

```
1  <?php
2    header("Content-Type:text/html; charset=utf8");
3    session_start();
4    //清除 Session
5    $username=$_SESSION['username'];
```

```
6     $_SESSION=array();
7     session_destroy();
8     //清除 Cookie
9     setcookie("username", '', time()-1);
10    setcookie("code", '', time()-1);
11    echo "$username,欢迎下次光临！";
12    echo "重新<a href='login.html'>登录</a>";
13?>
```

（5）在浏览器的地址栏中输入地址 http://localhost/chapter09/index.php 访问 index.php，浏览器显示的结果如图 9-15 所示。

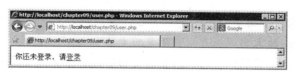

图 9-15　例 9-10 运行结果

（6）单击"登录"，进入登录页面，输入用户名"username"、密码"password"，如图 9-16 所示。

图 9-16　登录界面

单击图 9-16 中的"登录"按钮，浏览器显示的结果如图 9-17 所示。

从图 9-17 中可以看出，用户登录成功，提示信息为"username，你好，欢迎来到个人中心"。如果用户想退出登录，可以单击"注销"，用户注销登录之后，如果想再次访问用户个人中心，则需要重新登录。但是，如果用户输入的用户名或者密码错误，那么，当单击"登录"时，登录会失败，浏览器显示的效果如图 9-18 所示。

图 9-17　登录成功的界面

图 9-18　登录失败的界面

第 9 章　PHP 会话技术

本 章 小 结

本章首先介绍了 Cookie 基本概念、Cookie 的创建、读取和删除，然后介绍了 Session 的概念、Session 的启动、读取和删除，并分别将 Cookie 和 Session 应用到实际开发中，从而加强对它们的认识和理解。通过本章的学习，应该熟悉会话机制的相关概念，重点掌握 Cookie 和 Session 的使用、运行机制，以及它们之间的区别。这需要读者在 Web 开发的实践过程中不断练习、思考和总结。

动 手 实 践

学习完前面的内容，下面来动手实践一下吧：

问题：运用 Cookie 技术实现保存用户浏览历史。

描述：请运用 Cookie 实现保存用户浏览历史的功能，浏览历史最多保存 4 个，当超过 4 个时，自动删除最早的浏览历史。

说明：动手实践参考答案可从中国铁道出版社教育资源数字化平台网址（http://www.tdpress.com/51eds/）下载。

第 10 章

➡ 正则表达式

学习目标

- 掌握正则表达式的语法规则。
- 掌握 PCRE 兼容正则表达式函数。
- 掌握正则表达式的常见案例。

在开发网页时，经常需要对页面表单中的文本框输入内容进行限制，比如，手机号、身份证号、邮箱等，由于这些内容遵循的规则繁多而复杂，如果要成功匹配，可能需要上百行代码，这种做法明显不可取。这时出现了一项伟大的技术——正则表达式，它是一种描述字符串结构的语法规则，在字符串的查找、匹配、替换等方面具有很强的能力，并且支持大多数编程语言，包括 PHP。本章将围绕正则表达式进行详细讲解。

10.1　正则表达式概述

正则表达式（Regular Expression，简称 regexp）是一种描述字符串结构的语法规则，是一个特定的格式化模式，它可以匹配、替换、截取匹配的字符串。对于用户来说，在 Windows 资源管理器中查找某个目录下所有的 JPG 图像，可以输入"*.jpg"，按【Enter】键后，所有的".jpg"文件都会被列出来，这里的"*.jpg"就可以理解为一个简单的正则表达式。

在学习正则表达式语法规则之前，我们先来了解一下正则表达式中的几个容易混淆的术语，这对于学习正则表达式有很大的帮助。

- grep：最初是 ED 编辑器中的一条命令，用来显示文件中特定的内容，后来成为一个独立的工具 grep。
- egrep：grep 虽然不断地更新升级，但仍然无法跟上技术的脚步。为此，贝尔实验室推出了 egrep，意为"扩展的 grep"，这大大增强了正则表达式的功能。
- POSIX（Portable Operating System Interface of Unix，可移植操作系统接口）：在 grep 发展的同时，其他一些开发人员也按照自己的喜好开发出了具有独特风格的版本。但问题也随之而来，有的程序支持某个元字符，而有的程序则不支持。因此就有了 POSIX，POSIX 是一系列标准，确保了操作系统之间的可移植性。但 POSIX 和 SQL 一样，没有成为最终的标准而只能作为一个参考。
- Perl（Practical Extraction and Reporting Language，实际抽取与汇报语言）：1987 年，Larry Wall 发布了 Perl。在随后的 7 年时间里，Perl 经历了从 Perl1 到现在 Perl5 的发展，最终 Perl 成为了一个标准。

- PCRE：Perl 的成功，让其他的开发人员在某种程度上要兼容 Perl，包括 C/C++、Java、Python 等都有自己的正则表达式。1997 年，Philip Hazel 开发了 PCRE 库，这是兼容 Perl 正则表达式的一套正则引擎，其他开发人员可以将 PCRE 整合到自己的语言中，为用户提供丰富的正则功能。许多语言都使用 PCRE，PHP 正是其中之一。

10.2 正则表达式语法规则

一个完整的正则表达式由元字符和文本字符两部分构成，其中，元字符就是具有特殊含义的字符，如前面提到的"*"，文本字符就是普通的文本，如字母和数字等。接下来，本节将围绕不同的元字符讲解正则表达式的使用。

10.2.1 定位符（^、$、\b、\B）

在程序开发时，经常需要确定字符在字符串中的具体方位，例如，判断某行文字是否是章节的标题，这时，可以使用定位符来实现。正则表达式支持定位功能，它可以确定字符在字符串中的具体方位（如字符串的头部和尾部，或者单词的边界），正则表达式中的定位符如表 10-1 所示。

表 10-1　定位符

字　　符	说　　　　　　明
^	匹配输入字符串开始的位置。
$	匹配输入字符串结尾的位置。
\b	匹配一个字边界，也就是指单词和空格间的位置
\B	匹配非单词边界

表 10-1 列举了四个定位符，其中"^"和"$"分别用于匹配输入字符串的开始位置和结束位置，"\b"用于匹配单词边界，"\B"用于匹配非单词边界，具体示例如下：

```
^itcast   //该表达式表示要匹配以 itcast 开头的字符串，如"itcast is the best"可
            以匹配
itcast$   //该表达式表示要匹配以 itcast 结尾的字符串，如"welcome to itcast"可
            以匹配
er\b   //该表达式表示匹配 er 和空格间的位置，如可以匹配"never"中的"er"，但不能匹配
          "verb"中的"er"
er\B   //该表达式可以匹配不在边界的 er，如可以匹配"verb"中的"er"，但不能匹配"never"
          中的"er"
```

10.2.2 字符类（[]）

正则表达式是区分大小写的，如果要忽略大小写，我们可以使用方括号表达式"[]"。一个方括号只能匹配一个字符，并且只要匹配的字符出现在方括号内，就表示匹配成功。例如，

要匹配字符串"Hi"不区分大小写，其表达式的格式如下所示：

```
[Hh][Ii]
```

上述的表达式匹配字符串"hi"的所有写法，如 hi、Hi、hI、HI 都可匹配。

针对字符类的常见使用，POSIX 和 PCRE 都使用了一些预定义字符类，但表示的方法有所不同。POSIX 风格的预定义字符类如表 10-2 所示。

表 10-2　POSIX 预定义字符类

预 定 义 字 符 类	说　　　　　明
[:digit:]	十进制数字集合，等同于[0-9]
[[:alnum:]]	字母和数字的集合，等同于[a-z A-Z 0-9]
[[:alpha:]]	字母集合，等同于[a-z A-Z]
[[:blank:]]	空格和制表符
[[:xdigit:]]	十六进制数字
[[:punct:]]	特殊字符集合，包括键盘上的所有特殊字符，如！@＃？等
[[:print:]]	所有的可打印字符，包括空白字符
[[:space:]]	空白字符（空格、换行符、换页符、回车符、水平制表符）
[[:graph:]]	所有的可打印字符，不包括空白字符
[[:upper:]]	所有大写字母，[A-Z]
[[:lower:]]	所有小写字母，[a-z]
[[:cntrl:]]	控制字符

表 10-2 列举了 POSIX 中的一些预定义字符类，这些字符类都是使用单词来表示的，而 PCRE 的预定义字符类则是使用反斜线表示的，关于 PCRE 预定义字符类的相关知识，将在后面的小节中进行详细讲解。

10.2.3　选择字符（|）

在正则表达式中，如果要忽略字符串的大小写，除了可以使用方括号（[]）实现外，还可以使用选择字符（|），该字符可以理解为"或"，例如，同样要匹配字符串"hi"不区分大小写，使用选择字符的表示方式如下所示：

```
(H|h)(I|i)
```

上述表达式表示以字母 H 或 h 开头，后面接一个字母 I 或 i，它等同于[Hh][Ii]。

注意："[ ]"和"|"的区别在于"[ ]"只能匹配单个字符，而"|"可以匹配任意长度的字符串。例如，忽略大小写匹配字符串"hi"，也可以写成下列表达式：

```
HI|Hi|hi|hI
```

10.2.4　连字符（-）

在 PHP 中，变量只能以字母和下划线开头，如果使用正则表达式来匹配变量名的第一个字母，就需要写成下面这种方式：

```
[abcdefghijklmnopqrstuvwxyzABCDEFGHIJKLMNOPQRSTUVWXYZ]
```

上述写法将 26 个字母的大小写全部都写一遍，这无疑是非常麻烦的。这时，可以使用正则表达式中的连字符"–"来简化正则表达式。当使用连字符指定字符列表时，需要指定起始字符和结束字符，例如，要匹配所有的大小写字母，可以写成下列方式：

```
[a–zA–Z]
```

注意：

（1）字符范围类是遵循字符编码的顺序来匹配的，也就是说，如果要测试的字符恰好是按照字符编码的排列顺序时，就可以使用这种表达式来表示。

（2）注意在字符类内部不要有空格，否则会被认为是要匹配一个空格，如：

```
[0-9 ]
```

这个正则不仅匹配所有的数字，还会匹配所有空格。

（3）在通常情况下，字符"–"都只表示一个普通字符，只有在表示范围时才被作为元字符来使用。

10.2.5　反义字符（[^]）

有时候，我们需要匹配除某些字符外的其他字符，这时可以使用反义字符来实现。反义字符就是除了字符类中指定的字符以外任意的字符。如果在字符类内部添加"^"前缀，即定义了反义字符类。例如，要匹配除数字以外任意的字符，可以采用下列表达式：

```
[^0123456789]
```

上述表达式匹配的是除数字以外的任意字符，这时，使用反义字符比使用简单字符显得更加方便。

10.2.6　限定符（?*+{n,m}）

经常使用 google 的用户可能会发现，在搜索结果页的下方，google 中间字母 o 的个数会随着搜索页的增加而增加。其实，对于这类重复出现的字母或字符串，可以使用限定符来实现。正则表达式中的限定符有 6 种，具体如表 10-3 所示。

表 10-3　限定符

字　符	说　　　明	举　　　例
?	匹配前面的字符零次或一次	colou?r，该表达式可以匹配 colour 和 color
+	匹配前面的字符一次或多次	go+gle，该表达式可以匹配的范围从 gogle 到 goo…gle
*	匹配前面的字符零次或多次	go*gle，该表达式可以匹配的范围从 ggle 到 goo…gle
{n}	匹配前面的字符 n 次	go{2}gle，该表达式只匹配 google
{n,}	匹配前面的字符最少 n 次	go{n,}gle，该表达式可以匹配的范围从 google 到 goo…gle
{n,m}	匹配前面的字符最少 n 次，最多 m 次	employe{0,2}，该表达式可以匹配 employ、employe 和 employee 三种情况

表 10-3 中列举了一些限定符及其用法，这些限定符的用法比较灵活，且语义有一定的重叠性，使用时需要小心，以免产生混淆。

注意：当使用元字符"*"和"?"时，由于这些字符可能匹配前面字符或表达式 0 次，所以它们允许什么都不匹配，如正则表达式/a*/实际上与字符串"bcd"匹配，因为该字符串含有 0 个字符"a"。

10.2.7　点字符（.）

在论坛中，需要对用户发布的帖子进行审核，查看其中内容是否包含一些非法的字符，而过滤其中的非法字符可以使用点字符来完成。

在正则表达式中，点字符"."可以匹配换行符外的任意一个字符，例如，匹配以 s 开头、t 结尾、中间包含一个字母的单词的表达式如下所示：

```
^s.t$
```

上述表达式中，可以匹配的单词有很多，如 sat、set、sit 等。

10.2.8　转义符（\）

正则表达式中的转义字符（\）和 PHP 中的大同小异，都是将特殊字符（如"."" ? ""\"等）变为普通的字符。例如，要匹配 127.0.0.1 这样格式的 IP 地址，如果直接使用点字符，会写成下列表达式：

```
[0-9]{1,3}(.[0-9]{1,3}){3}
```

上述表达式虽然可以匹配 127.0.0.1，但也可以匹配 127101011 这样的字符串，所以，要想将"."当做一个普通的字符，需要使用转义字符（\），对上述表达式进行修改，修改后的表达式如下所示：

```
[0-9]{1,3}(\.[0-9]{1,3}){3}
```

10.2.9　反斜线（\）

在正则表达式中，"\"除了可作转义符外，还具有其他功能，例如，显示一些不可打印的字符、指定预定义字符集、定义一些限定符。接下来，通过三张表来列举反斜线的作用，如表 10-4 ～ 表 10-6 所示。

表 10-4　反斜线输出不可打印字符

字　　符	说　　　　　　　明
\a	警报，即 ASCII 中的\<BEL>字符
\b	退格，即 ASCII 中的\<BS>字符
\e	Escape，即 ASCII 中的\<ESC>字符
\f	换页符，即 ASCII 中的\<FF>字符
\n	换行符，即 ASCII 中的\<LF>字符
\r	回车符，即 ASCII 中的\<CR>字符
\t	水平制表符，即 ASCII 中的\<HT>字符
\xhh	十六进制代码
\ddd	八进制代码
\cx	即 control-x 的缩写，匹配由 x 指明的控制字符，其中 x 是任意字符

表 10-5 反斜线指定的预定义字符集

字　符	说　　　　明
\d	任意一个十进制数字，相当于[0-9]
\D	任意一个非十进制数字
\s	任意一个空白字符（空格、换行符、换页符、回车符、水平制表符），相当于[\f\n\r\t]
\S	任意一个非空白字符
\w	任意一个单词字符，相当于[a-zA-Z0-9_]
\W	任意一个非单词字符

表 10-6 反斜线定义断言的限定符

字　符	说　　　　明
\b	单词分界符，用来匹配字符串中的某些位置
\B	非单词分界符序列
\A	总是能够匹配待搜索文本的起始位置
\Z	表示在未指定任何模式下匹配的字符，通常是字符串的末尾位置，或者在字符串末尾的换行符之前的位置
\z	只匹配字符串的末尾，而不考虑任何换行符
\G	当前匹配的起始位置

10.2.10 括号字符（()）

在正则表达式中，括号字符"（ ）"有两个作用：一是改变限定符的作用范围；二是分组。接下来，针对这两个作用分别进行讲解。

（1）改变限定符的作用范围，具体示例如下：

```
(thir|four)th
```

上述表达式用于匹配单词 thirth 或 fourth，如果不使用小括号，那么就变成了匹配单词 thir 或 fourth 了。

（2）分组，对子表达式进行重复操作，具体示例如下：

```
(\.[0-9]{1,3}){3}
```

上述表达式就是对分组(\.[0-9]{1,3})进行 3 次重复操作。

10.3 PCRE 兼容正则表达式函数

在 PHP 中，提供了两套支持正则表达式的函数库，分别是 PCRE 兼容正则表达式函数和 POSIX 函数库，但是，由于 PCRE 函数库在执行效率上优于 POSIX 函数库，而且 POSIX 函数库中的函数已经过时，因此，本节只针对 PCRE 函数库中常见的函数进行详细讲解。

10.3.1 preg_grep()函数

在程序开发中，经常需要使用正则表达式对数组中的元素进行匹配，可以使用 preg_grep() 函数，其声明方式如下所示：

```
array preg_grep ( string $pattern, array $input )
```

在上述声明中,$pattern用于表示正则表达式模式,$input用于表示被匹配的数组,该函数返回一个数组,其中包括参数$input数组中与给定参数$pattern模式相匹配的单元,该函数对于输入数组$input中的每个元素只匹配一次。

为了帮助大家更好地理解 preg_grep()函数的作用。接下来通过一个案例来演示如何使用preg_grep()函数匹配仅有一个单词组成的科目名,如例10-1所示。

【例10-1】

```
1  <?php
2     $subjects=array(              //创建数组$subjects
3        "Mechanical Engineering",
4        "Medicine",
5        "Social Science",
6        "Agriculture",
7        "Commercial Science",
8        "Politics"
9     );
10    //匹配仅由一个单词组成的科目名
11    $alonewords=preg_grep("/^[a-zA-Z]*$/", $subjects);
12    echo "<pre>";
13    print_r ($alonewords);        //输出结果
14    echo "</pre>";
15 ?>
```

运行结果如图10-1所示。

图10-1　例10-1运行结果

在例10-1中,第2~9行代码定义了存放所有科目名称的数组$subjects,第11行代码使用preg_grep()函数匹配字符串,其中,参数"/^[a-zA-Z]* $/"表示要匹配以字母开头,以字母结尾的字符串,参数$subjects表示要搜索的字符串。如果匹配成功,则存放到$alonewords中并输出。从图10-1中可以看出,程序成功获取到了数组$subjects中的由一个单词组成的科目名。

10.3.2　preg_match()函数

在程序开发中,经常需要根据正则表达式的模式对指定的字符串进行搜索并匹配,这时,可以使用preg_match()函数,其声明方式如下所示:

```
int preg_match ( string $pattern, string $subject [, array &$matches  [,
```

```
int $flags]] )
```

在上述声明中，参数$pattern 用于表示正则表达式模式，参数$subject 用于指定被搜索的字符串，参数$matches 是可选的，用于存储匹配结果，参数$flags 也是可选的，如果将该参数的值设置为"PREG_OFFSET_CAPTURE"，那么 preg_match()函数将在返回每个出现的匹配结果的同时也会返回该匹配结果在原字符串中的位置。

为了帮助大家更好地理解 preg_match()函数的用法，接下来，通过一个具体的案例来演示如何使用 preg_match()函数搜索字符串中 3 个连续的数字，如例 10-2 所示。

【例 10-2】

```
1 <?php
2     $str="firstnumber123 secondnumber456";        //定义字符串变量$str
3     preg_match('/(\d)(\d)(\d)/i',$str,$arr);       //匹配字符串中有 3 个连续数字的
4     echo "<pre>";
5     print_r ($arr);
6     echo "</pre>";
7 ?>
```

运行结果如图 10-2 所示。

图 10-2 例 10-2 运行结果

在例 10-2 中，preg_match()函数的参数 "/(\d)(\d)(\d)/" 表示匹配 3 个连续的数字，$str 表示待匹配的字符串，$arr 表示存放匹配结果的数组。从图 10-2 中可以看出，$arr[0]中存放的是第一个被匹配到的目标，即 3 个连续的数字 "123"，$arr[1]中存放的是匹配第 1 个子表达式 "(\d)" 的结果，$arr[2]中存放的是匹配第 2 个子表达式 "(\d)" 的结果，以此类推。由于 preg_match()函数会在第一次匹配成功之后就停止匹配，所以在输出结果中不会出现 "456"。

10.3.3 preg_match_all()函数

preg_match_all()函数的功能与 preg_match()函数类似，区别在于 preg_match()函数在第一次匹配成功后就停止查找，而 preg_match_all()函数会一直匹配到最后才停止，获取到所有相匹配的结果。preg_match_all()函数的声明方式如下所示：

```
    int preg_match_all ( string $pattern, string $subject , array
&$matches [, int $flags] )
```

在上述声明中，$pattern 用于表示正则表达式模式，$subject 表示被搜索的字符串，$matches 是可选参数，用于存储匹配结果，$flages 是可选参数，它的值有 PREG_PATTERN_ORDER 和 PREG_SET_ORDER，其中，PREG_PATTERN_ORDER 是默认排序方式，数组$matches 中的$matches[0]保存的是匹配的整体内容，其他元素则保存的是与正则表达式内子表达式相

匹配的内容，PREG_SET_ORDER 用于确定$matches[0]中存储第一组匹配的数组，$matches[1]元素中存储第二组匹配的数组，依此类推。

接下来，对例 10-2 进行修改，使用 preg_match_all()函数匹配字符串，修改后的代码如例10-3 所示。

【例 10-3】

```
1  <?php
2    $str="firstnumber123 secondnumber456";
3    preg_match_all('/(\d)(\d)(\d)/i',$str,$arr);
4    echo "<pre>";
5    print_r ($arr);
6    echo "</pre>";
7  ?>
```

运行结果如图 10-3 所示。

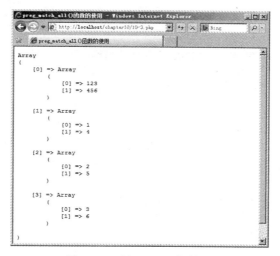

图 10-3　例 10-3 运行结果

从图 10-3 中可以看出，$arr 变成了二维数组，其中$arr[0]存放匹配到的所有结果，即 3个连续的数字"123"和"456"；$arr[1]存放每个匹配到的结果中的第一个子表达式的结果，分别是"1"和"4"；$arr[2]存放每个匹配到的结果中的第二个子表达式的结果，分别是"2"和"5"，以此类推。由于 preg_match_all()函数会一直匹配到最后才停止匹配，所以在输出结果中我们可以看到"456"也被匹配到了。

10.3.4　preg_replace()函数

在程序开发中，如果想通过正则表达式完成字符串的搜索和替换，则可以使用preg_replace()函数。与字符串处理函数 str_replace()相比，preg_replace()函数的功能更加强大。preg_replace()函数的声明方式如下所示：

```
mixed preg_replace ( mixed $pattern, mixed $replacement, mixed $subject
[, int $limit=-1 [, int &$count ]] )
```

在上述声明中，该函数会搜索$subject 中匹配$pattern 的部分，并将匹配的部分用$replacement 进行替换，其中参数$pattern 表示正则表达式要搜索的模式，参数$replacement 指定字符串替换内容，$subject 指定需要进行替换的目标字符串，参数$limit 指定在目标字符串上需要进行替换的最大次数，默认值为–1（无限，表示所有的匹配项都会被替换），参数$count 是可选的，用于返回完成替换的次数。

为了让大家更好地掌握 preg_replace()函数的用法，接下来通过一个案例来演示如何使用preg_replace()函数将<a>标签中链接地址的名称提取出来，具体如例 10-4 所示。

【例 10-4】

```
1 <?php
2 $str='<a href="http://www.itcast.cn/">传智播客官方网站</a>';
3 //用第二个子表达式匹配的结果替换整个字符串
4 $string=preg_replace('/<a href="(.*?)">(.*?)<\\/a>/','$2', $str);
5 echo $string;
6 ?>
```

运行结果如图 10-4 所示。

图 10-4   例 10-4 运行结果

在例 10-4 中，第 4 行代码使用 preg_replace()函数对字符串进行替换，其中，"$2"指的是第二个子表达式匹配的结果，由于" <a href="(.*?)">" 可以匹配 " <a href="http://www.itcast.cn/">"，"(.*?)"可以匹配"传智播客官方网站"，"<\\/a>"可以匹配"</a>"，因此，程序将字符串 str 替换成了"传智播客官方网站"。

10.3.5　preg_split()函数

通过前面章节的学习，知道 explode()函数可以将字符串按照指定的字符分割成字符串数组，但是，如果希望按照特定的规则对字符串进行分隔，那么使用 explode()函数就会变得很麻烦。在 PCRE 函数库中提供了 preg_split()函数，它可以完成复杂的字符串分割操作，例如，将邮箱字符串中出现 "@"和 "."字符的地方同时进行分割。preg_split()函数的声明方式如下所示：

```
array preg_split( string $pattern, string $subject [, int $limit [, int $flags]])
```

在上述声明中，$pattern 用于表示正则表达式模式，$subject 表示被分割的字符串。$limit 是可选参数，和 explode()函数中的$limit 作用是一样的（参考 3.4.1 小节），$flags 也是可选参数，它的值包括 3 个，具体如下：

- PREG_SPLIT_NO_EMPTY：如果设定了本标记，则 preg_split()只返回非空的部分。
- PREG_SPLIT_DELIM_CAPTURE：如果设定了本标记，定界符模式中的括号表达式也会被捕获并返回。

- PREG_SPLIT_OFFSET_CAPTURE：如果设定了本标记，对每个出现的匹配结果也同时返回其附属的字符串偏移量。注意这改变了返回数组的值，使其中的每个单元也是一个数组，其中第一项为匹配字符串，第二项为其在$subject 中的偏移量。

　　为了让大家更好地掌握 preg_split()函数的用法，接下来通过一个案例来演示如果使用preg_split()函数对字符串$pizza 进行分割，代码如例 10-5 所示。

【例 10-5】

```php
1 <?php
2   $pizza="piece1 piece2,piece3 piece4 piece5 piece6";
3   //分隔字符为空格或者逗号
4   $pieces=preg_split('[\s|,]',$pizza);
5   echo "<pre>";
6   print_r($pieces);
7   echo "</pre>";
8 ?>
```

运行结果如图 10-5 所示。

图 10-5　例 10-5 运行结果

　　从图 10-5 中可以看出，字符串$pizza 被分割成了一个字符串数组，它是按照空格和逗号分隔而成的。这说明 preg_split()函数可以将字符串按照指定的规则进行分割操作。

10.4　正则表达式应用案例

　　通过前面小节的学习，相信大家对正则表达式的基本概念、语法规则以及相关函数有所了解，但是，如果想真正掌握并熟练应用正则表达式，还需要大量的练习，接下来，本节将通过几个正则表达式的应用案例，来帮助读者进一步学习、理解和应用正则表达式。

10.4.1　验证电子邮箱

　　随着互联网的发展，电子邮箱已经在日常社交中起到了不容忽视的作用。在程序开发过程中，验证电子邮箱是常遇到的验证之一。合法的电子邮箱有其相对固定的格式，一般来说，它包含下列三部分：

- 用户名：约定邮箱用户名的规则是含有大小写字母、数字及下划线。
- 服务器域名：包含小写字母、数字和点（.）。
- @符号：连接用户名和服务器域名。

根据上述规则，我们可以得出以下正则表达式：

^[\w]+(\.[\w]+)*@[a-z0-9]+(\.[a-z0-9]+)+$

在上述表达式中，^[\w]+表示匹配至少由一个数字、字母或下划线开头的字符串，(\.[a-z0-9]+)+$表示包含小写字母、数字和点结尾的字符串。

为了验证上述正则表达式是否正确，接下来通过一个具体的案例来验证，如例 10-6 所示。

【例 10-6】

```php
1  <?php
2      //编写checkEmail()函数，输出电子邮箱格式校验的结果
3      function checkEmail($email){
4          $email_pattern="/^[\w]+(\.[\w]+)*@[a-z0-9]+(\.[a-z0-9]+)+$;
5          //preg_match()函数用来校验邮箱格式的正确性
6          if (preg_match($email_pattern,$email)==1){
7              $result=$email." 是合法的邮箱格式.<br>";
8          } else if (preg_match($email_pattern,$email)==0) {
9              $result=$email." 不是合法的邮箱格式.<br>";
10         }
11         echo $result;
12     }
13     //以下通过checkEmail()函数来验证四个邮箱格式
14     checkEmail("test@itcast.cn");
15     checkEmail("test123@126.com");
16     checkEmail("test@com.");
17     checkEmail("123@com.126@com");
18 ?>
```

运行结果如图 10-6 所示。

图 10-6   例 10-6 运行结果

从图 10-6 中可以看出，程序对所有的邮箱号码进行了正确的判断，由此可见，自定义的正则表达式可以实现验证电子邮箱的功能。

10.4.2   验证手机号码

作为互联网用户，经常碰到需要输入手机号码的情况，例如在淘宝网填写收货地址时，不光需要填写详细地址信息，同时还需要填写手机号码，以防在网购中的突发情况，方便联系用户，此时在程序中对手机号码进行验证是很有必要的。目前中国内地手机号码遵循的规则可以归纳为以下三点：

- 手机号共由 11 位数字组成。
- 手机号必须以 1 开头，并且第二位数只能是 3、5 或 8。
- 手机号后 9 位数，由 0~9 之间的十进制数随机组成，没有其他限制。

根据上述规则，我们可以得出以下正则表达式：

```
^[1][358]\d{9}$
```

在上述表达式中，"^[1]"表示字符串以 1 的开头，"[358]"表示第二位数字只能是 3 或 5 或 8，"d{9}"表示 9 个 0~9 之间的数字，"$"表示字符串的结尾。

为了验证上述表达式是否正确，接下来通过一个具体的案例来验证，如例 10-7 所示。

【例 10-7】

```php
1  <?php
2      //编写 checkMobile()函数，输出手机号码格式校验的结果
3      function checkMobile($mobile){
4          $mobile_pattern="/^[1][358]\d{9}$/";
5          //preg_match()函数用来校验手机号码格式的正确性
6          if (preg_match($mobile_pattern,$mobile)==1) {
7              $result=$mobile."是合法的手机号码.<br>";
8          } else if (preg_match($mobile_pattern,$mobile)==0) {
9              $result=$mobile."不是合法的手机号码.<br>";
10         }
11         echo $result;
12     }
13     //以下通过 checkMobile()函数来验证 4 个电话号码格式
14     checkMobile("1381024571221");      //错误号码，不是 11 位
15     checkMobile("18922224544");        //正确号码
16     checkMobile("17547893141");        //错误号码，没有 17 这个号码段
17     checkMobile("15045000000");        //错误号码，没有 150 这个号码段
18 ?>
```

运行结果如图 10-7 所示。

从图 10-7 中可以看出，程序对所有的手机号码进行了正确的判断，由此可见，自定义的正则表达式可以实现验证手机号码的功能。

图 10-7　例 10-7 运行结果

注意：随着手机用户的增多，手机号码段也在不断增加，例 10-7 中的校验规则不可能永久适用，因此这里重点是掌握校验规则的写法，才能根据实际情况随机应变。

10.4.3　验证 QQ 号

现在主流社交网站，都提供了 QQ 号免注册登陆的功能，为了避免恶意登陆，给服务器增加访问压力。这时，我们可以通过正则表达式来验证 QQ 号的正确性。通过分析 QQ 号码的规律，可以总结出以下几点规则：

- 以 1 ~ 9 中的数字为开头。
- 从第二位开始，后面的数字可以是 0 ~ 9 中的任意数的组合。
- 长度至少为 5 位（因为使用 QQ 的人数在不断增加）。

根据上述规则，可以得出以下正则表达式：

```
^[1-9][0-9]{4,}$
```

上述表达式中，"^[1-9]"表示第一位数是在 1 到 9 之间，"[0-9]{4,} $"表示至少 4 位由 0 ~ 9 组成的数字结束。为了验证上述正则表达式是否正确，接下来通过一个具体的案例来验证，如例 10-8 所示。

【例 10-8】

```php
1 <?php
2    //编写函数 checkQQ() 来校验 QQ 号码格式的合法性
3    function checkQQ($qq){
4        $qq_pattern="/^[1-9][0-9]{4,}$/";
5        if (preg_match($qq_pattern,$qq)==1) {
6            $result=$qq."是合法的 QQ 号码.<br>";
7        } else if (preg_match($qq_pattern,$qq)==0) {
8            $result=$qq."不是合法的 QQ 号码.<br>";
9        }
10       echo $result;
11   }
12   checkQQ("helloworld");          //错误号码，QQ 号码不能以 0 开头
13   checkQQ("1254571");             //正确号码
14   checkQQ("1200");                //错误号码，QQ 号码最短是 5 位
15   checkQQ("58349058304");         //正确号码
16?>
```

运行结果如图 10-8 所示。

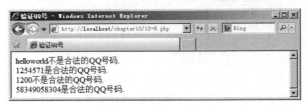

图 10-8　例 10-8 运行结果

从图 10-8 中可以看出，程序对所有的 QQ 号码进行了正确的判断，由此可见，自定义的

正则表达式可以实现验证 QQ 号的功能。

10.4.4　验证网址 URL

在这个互联网高度发展的年代，上网浏览网页是生活中不可缺少的一部分，打开网页当然离不开 URL（网址），URL 是按照一定格式组成的字符串。通过图 10-9 分析 url 的规律，可以总结出以下几点规则：

图 10-9　URL 组成

- 协议名，通常是 http://、https://、ftp:// 开头，此处以 http:// 为例。
- 域名部分，通常是以 cn、com、net 等结尾。
- 路径文件部分，通常指的是 cn、com 后面的部分。

根据上述规则，可以得出以下正则表达式：

```
/^(http:\/\/)?[\w]+(\.[\w.\/]+)+$/i
```

上述表达式中，所有的"/"和"."都需要使用转义符"\"进行转义。另外，URL 中不包含协议名部分，也是可以进行访问的，因此该正则表达式的开头部分写成^(http:\/\/)?，表示可以匹配"http://"字符串 0 次或者 1 次。域名部分可以是任意字母数字或下划线的组合，文件路径部分可以是任意字母、数字、"/"、下划线和"."的组合。

为了验证上述正则表达式是否正确，接下来，通过一个具体的案例来验证，如例 10-9 所示。

【例 10-9】

```php
1  <?php
2     //编写函数 checkUrl() 来校验身份证号码格式的合法性
3     function checkUrl($url){
4        $url_pattern="/^(http:\/\/)?[\w]+(\.[\w.\/]+)+$/i";
5        if (preg_match($url_pattern,$url)==1) {
6           $result=$url."是合法的 url 地址.<br>";
7        } else if (preg_match($url_pattern,$url)==0) {
8           $result=$url."不是合法的 url 地址.<br>";
9        }
10       echo $result;
11    }
12    checkUrl('www.baidu.com');
13    checkUrl('weibo.com');
14    checkUrl('weibo\haha')
15 ?>
```

运行结果如图 10-10 所示。

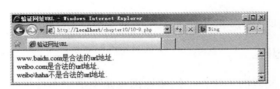

图 10-10　例 10-9 运行结果

从图 10-10 中可以看出，程序对所有的 URL 地址进行了正确的判断，由此可见，自定义的正则表达式可以实现验证网址 URL 的功能。

10.4.5　验证身份证号码

在 12306 网站购买车票时，网站会对用户填写的信息进行校验，其中包括身份证号码。一个合法的身份证号码主要包含三部分，具体如下：

- 第一部分为户口所在地的地址码，一共有 6 位数字。
- 第二部分为出生日期码，新版身份证是 4 位年份数字+2 位月份数字+2 位日期数字一共 8 位，老版身份证是 2 位年份数字+2 位月份数字+2 位日期数字一共 6 位。
- 第三部分为数字顺序码，一共 3 位数字，也就是同一天出生的人的排序，奇数代表男性，偶数代表女性。
- 第四部分为数字校验码，只有新版的身份证才有，可以是 0～9 中的一位数字或者是字母 "X"。

根据上述规则，可以得出以下正则表达式：

```
^(\d{6})(18|19|20)?(\d{2})([01]\d)([0123]\d)(\d{3})(\d|X)?$
```

在上述正则表达式中，"^(\d{6})" 是对第一部分的校验，"(18|19|20)?(\d{2})[01]\d)([0123]\d)" 是对第二部分的校验，其中，"(18|19|20)?(\d{2})" 是对年份的校验，"([01]\d)" 是对月份的校验，"([0123]\d)" 是对日期的校验，"(\d{3})" 是对第三部分的校验，"(\d|X)? $" 是对第四部分的校验。

为了验证上述表达式是否正确，接下来，通过一个具体的案例来验证，如例 10-10 所示。

【例 10-10】

```
1  <?php
2      //编写函数 checkID() 来校验身份证号码格式的合法性
3      function checkID ($id){
4          $id_pattern="/^(\d{6})(18|19|20)?(\d{2})([01]\d)([0123]\d)(\d{3})
   (\d|X)?$/";
5          if (preg_match($id_pattern,$id)==1) {
6              $result=$id."是合法的身份证号码.<br>";
7          } else if (preg_match($id_pattern,$id)==0) {
8              $result=$id."不是合法的身份证号码.<br>";
9          }
10         echo $result;
```

```
11    }
12    checkID("11010220130101021X");              //合法身份证号码
13    checkID("110102130101021");                 //合法身份证号码
14    checkID("11010217130101021");               //非法身份证号码
15?>
```

运行结果如图 10-11 所示。

图 10-11　例 10-10 运行结果

从图 10-11 中可以看出，程序可以对一些身份证号码进行验证。但是，本例中对身份证号码的校验并不严格，比如没有考虑前 6 位的省市编号规则、月份与日期的关系等，如果大家感兴趣可以自己尝试写出校验更加严格的正则表达式。

本 章 小 结

本章讲述的主要内容有正则表达式的基本概念、正则表达式的语法规则、PCRE 兼容正则表达式函数以及正则表达式常见的应用案例。通过本章的学习，希望读者能够熟练掌握正则表达式的书写规则，可以使用正则表达式对简单的字符串进行匹配操作。

动 手 实 践

学习完前面的内容，下面来动手实践一下吧：

问题：运用正则表达式实现表单验证。

描述：先制作一个用户资料表单，然后验证用户提交的表单内容是否符合规则，不符合则给出提示。

表单内容：

姓名：必须是 2~4 个汉字

年龄：18~40 岁之间

性别：只能是"男"或"女"

说明：动手实践参考答案可从中国铁道出版社教育资源数字化平台网址（http://www.tdpress.com/51eds/）下载。

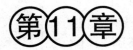

→ 文 件 操 作

学习目标

- 掌握文件的常见操作。
- 掌握目录的常见操作。
- 掌握文件上传与下载。

对于一台计算机而言，最基本的功能就是存储数据。通常来讲，数据在计算机上都是以文件的形式存放的。在任何编程语言中，都会涉及对文件的处理，Web 编程也一样，在程序中也经常需要对文件进行操作，例如打开一个文件、向文件写入内容、关闭一个文件等。本章将针对 PHP 中的文件操作进行详细讲解。

11.1　文 件 概 述

在计算机中，各种数据、信息和程序主要以文件形式存储，文件是数据源的一种，例如大家经常使用的 Word 文档、Excel 表格都是文件。文件最主要的作用就是保存数据，它既可以保存文字，也可以保存图片、视频和声音等。本节将针对文件流、文件类型和文件属性进行详细讲解。

11.1.1　文件流

文件在程序中是以流的形式来操作的。流是指数据在数据源（文件）和程序（内存）之间经历的路径。

所谓文件流，是指在通过 HTTP 协议 POST 或 GET 数据的过程中，传输一方直接以二进制流的方式传送某个文件的内容，这样就形成了一条文件流，接收方只要将接收的流内容直接写进文件即可。流根据数据的传输方向可分为输入流和输出流。输入流是指数据从数据源（文件）到程序（内存）的路径，输出流是指数据从程序（内存）到数据源（文件）的路径。

为了方便理解，可以把输入流和输出流比作两根"水管"，如图 11-1 所示。

图 11-1 中，输入流被看成一个输入管道，输出流被看成一个输出管道，数据通过输入流从数据源输入到程序，通过输出流从程序输出到数据源，从而实现数据的传输。由此可见，文件流中的输入输出都是相对于程序而言的。

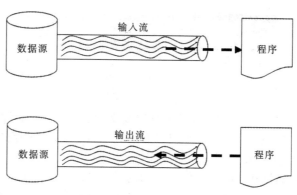

图 11-1　输入流和输出流

11.1.2　文件类型

计算机中的文件可分为多种类型，如文本文件、图片、音频、视频、可执行程序等。接下来通过表 11-1 来列举常见的文件类型。

表 11-1　常见文件类型

文件类型	描　　　　述
block	块设备文件，如某个磁盘分区、光驱等
char	字符设备，是指在 I/O 传输过程中以字符为单位进行传输的设备，如键盘
dir	目录类型，目录也是文件的一种
fifo	命名管道，常用于将信息从一个进程传递到另一个进程
file	普遍文件类型，如文本文件、图片、可执行文件等
link	符号链接，是指向文件的指针，类似于 Windows 中的快捷方式
unknown	未知类型

表 11-1 中列出了常用的文件类型，由于 PHP 对文件系统的操作是基于 UNIX 系统模型的，因此在 Windows 系统中只能获得 "file" "dir" 或 "unknown" 三种文件类型。而在 UNIX 系统中，可以获得表 11-1 中所示的七种类型。

为了方便获取文件的类型，PHP 中提供了 filetype() 函数，filetype() 函数声明方式如下：

```
string filetype( string $filename )
```

上述代码中，$filename 表示文件名，函数的返回值为该文件的类型，如果文件不存在，则返回 false。接下来通过一个案例来演示 filetype() 函数如何获取文件类型，如例 11-1 所示。

【例 11-1】

```
1 <?php
2     $filename1="C:/lamp/apache2/htdocs/index.html";
3     $filename2="C:/lamp/apache2";
4     echo "文件类型为: ".filetype($filename1)."<br>";
5     echo "文件类型为: ".filetype($filename2)."<br>";
6 ?>
```

运行结果如图 11-2 所示。

图 11-2　例 11-1 运行结果

例 11-1 中，定义了两个变量用于存储文件以及文件的路径，并通过 filetype()函数获取这两个变量所存储的文件类型。从运行结果可以看出，变量 filename1 存储的文件类型为 file，filename2 存储的文件类型为 dir。

需要注意的是，分隔符在 Linux 系统中使用的是正斜线 "/"，如/src/var/。而在 Windows 系统中，一般使用反斜线 "\"，但也可以使用正斜线，为兼容不同的操作系统，建议尽量使用正斜线 "/"。

多学一招：判断文件是否存在

在操作一个文件时，如果该文件不存在，则会出现错误。为了避免这种情况出现，PHP 提供了 file_exists()函数，用于检查文件或目录是否存在。其声明方式如下：

```
bool file_exists ( string $filename )
```

上述声明中，"filename" 指文件或目录，如果指定的文件或目录存在则返回 true，否则返回 false。接下来通过一个案例来演示 file_exists()函数的用法，如例 11-2 所示。

【例 11-2】

```php
1 <?php
2     $filename="C:/lamp/apache2/htdocs/index.php";
3     if (file_exists($filename)) {
4         echo "The file exists";
5     } else {
6         echo "The file does not exist";
7     }
8 ?>
```

运行结果如图 11-3 所示。

图 11-3　例 11-2 运行结果

从图 11-3 可以看出，计算机中不存在文件 "C:/lamp/apache2/htdocs/index.php"。通过这个函数判断就可以避免因操作不存在的文件而出错。

11.1.3　文件属性

在操作文件的时候，经常需要获取文件的一些属性，如文件的大小、权限和访问时间等。

PHP 内置了一系列函数用于获取这些属性，如表 11-2 所示。

表 11-2　获取文件属性的函数

函　　数	功　　能
int filesize (string $filename)	获取文件大小
int filectime(string $filename)	获取文件的创建时间
int filemtime(string $filename)	获取文件的修改时间
int fileatime(string $filename)	获取文件的上次访问时间
bool is_readable(string $filename)	判断给定文件是否可读
bool is_writable(string $filename)	判断给定文件是否可写
bool is_executable(string $filename)	判断给定文件是否可执行
bool is_file(string $filename)	判断给定文件名是否为一个正常的文件
bool is_dir(string $filename)	判断给定文件名是否是一个目录
array stat(string $filename)	给出文件的信息

表 11-2 中，所列举的函数都需要提供一个$filename 作为参数，即文件名（包括普通文件和目录），然后获取该文件的相关信息。接下来通过一个案例来演示如何使用上述函数获取文件的属性，如例 11-3 所示。

【例 11-3】

```php
1 <?php
2    $filename="C:/lamp/apache2/htdocs/index.html";
3    if (file_exists($filename)&is_file($filename)){
4       echo "文件大小为" . filesize($filename) . "字节<br />";
5       echo "文件的创建时间为". date('Y-m-d',filectime($filename)) ."<br />";
6       echo "文件的修改时间为". date('Y-m-d',filemtime($filename)) ."<br />";
7       echo "文件的访问时间为". date('Y-m-d',fileatime($filename)) ."<br />";
8       echo is_readable($filename) ? "该文件可读<br />":"该文件不可读<br />";
9       echo is_writable($filename) ? "该文件可写<br />":"该文件不可写";
10      echo is_executable($filename) ? "该文件可执行<br />" : "该文件不可执行
<br />";
11   } else {
12      echo "该文件不存在";
13   }
14?>
```

运行结果如图 11-4 所示。

从图 11-4 可以看出这些函数成功的获取了 "C:/lamp/apache2/htdocs/index.html" 文件的各种属性。

除了使用例 11-3 中的独立函数分别获取文件的属性外，还可以使用 stat()函数获取文件的统计信息，接下来通过一个案例来演示 stat()函数的用法，如例 11-4 所示。

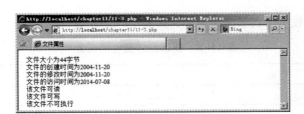

图 11-4　例 11-3 运行结果

【例 11-4】

```php
1 <?php
2   $filename = "C:/wamp/www/index.html";
3   if (file_exists($filename)&is_file($filename)){
4     echo "<pre>";
5     print_r(stat($filename));
6     echo "</pre>";
7   } else {
8       echo "该文件不存在";
9   }
10?>
```

运行结果如图 11-5 所示。

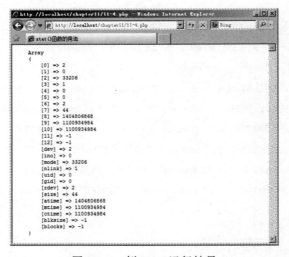

图 11-5　例 11-4 运行结果

从图 11-5 可以看出，使用 stat()函数返回的统计信息，既包括索引数组，也包括关联数组。其具体含义如表 11-3 所示。

表 11-3　stat()函数统计信息说明

数字下标	关联键名	说　　　明
0	dev	设备名
1	ino	号码

数字下标	关联键名	说　　　　明
2	mode	inode 保护模式
3	nlink	被连接数目
4	uid	所有者的用户 id
5	gid	所有者的组 id
6	rdev	设备类型，如果是 inode 设备的话
7	size	文件大小的字节数
8	atime	上次访问时间（UNIX 时间戳）
9	mtime	上次修改时间（UNIX 时间戳）
10	ctime	上次改变时间（UNIX 时间戳）
11	blksize	文件系统 IO 的块大小
12	blocks	所占据块的数目

需要注意的是，表 11-3 中所列出的文件统计信息是以 UNIX 系统为基础的，而在 Windows 下并没有 uid、gid、blksize 和 blocks 等属性，所以在 Windows 下它们的值分别取默认值 0 或 -1。

11.2　文　件　操　作

在程序开发过程中，经常会涉及文件的操作，例如打开、关闭、创建、删除等。PHP 提供了很多与文件相关的标准函数用于完成文件的操作。本节将针对文件的操作进行详细讲解。

11.2.1　打开和关闭文件

在操作硬盘上的某个文件时，首先需要打开文件，然后对其进行操作，最后关闭文件。同理，在程序中对文件的操作也是这个步骤，但是在程序中打开文件和关闭文件都是通过函数完成的，接下来将针对文件的打开与关闭进行详细讲解。

1. 打开文件

在 PHP 中打开文件使用的是 fopen()函数，其声明方式如下：

```
resource fopen( string $filename , string $mode [, bool $use_include_path
=false [,resource $context ]] )
```

上述声明中，$filename 表示指定打开的文件，$mode 表示文件打开的模式，可选参数 $use_include_path 表示是否需要在 inlcude_path 中搜寻文件，可选参数$context 表示上下文，通常用来设置一些其他的协议。

通常在使用 fopen()函数的时候，$filename 参数的值不仅可以是本地文件，还可以是以 http 或者 ftp 开头的网络 URL 地址，而参数$mode 指定文件的打开模式也有很多种，常见的模式如表 11-4 所示。

表 11-4　文件打开模式

模　　式	说　　　　　明
r	只读方式打开，将文件指针指向文件头
r+	读写方式打开，将文件指针指向文件头
w	写入方式打开，将文件指针指向文件头并将文件大小截为零。如果文件不存在则尝试创建之
w+	读写方式打开，将文件指针指向文件头并将文件大小截为零。如果文件不存在则尝试创建之
a	写入方式打开，将文件指针指向文件末尾。如果文件不存在则尝试创建之
a+	读写方式打开，将文件指针指向文件末尾。如果文件不存在则尝试创建之
x	创建并以写入方式打开，将文件指针指向文件头。如果文件已存在，则 fopen()调用失败并返回 FALSE，并生成一条 E_WARNING 级别的错误信息。如果文件不存在则进行创建
x+	创建并以读写方式打开，其他的行为和 'x' 一样

表 11-4 列举了文件的所有打开模式，接下来通过一个简单示例来学习一下 fopen()函数的使用，如例 11-5 所示。

【例 11-5】

```php
1 <?php
2     //以只读的方式打开当前目录的 index.html 文件
3     $file1=fopen("index.html","r");
4     //以写入方式打开 C:/lamp/apache/htdocs/目录下的 index.html 文件
5     $file2=fopen("C:/lamp/apache/htdocs/index.html","w");
6     //以只读方式打开 http 远程文件
7     $file3=fopen("http://www.itcast.cn/","r");
8     //以写入方式打开 ftp 远程文件
9     $file4=fopen("ftp://user:password@example.com/index.html","w");
10?>
```

在例 11-5 中实现了通过 fopen()函数分别打开不同位置的文件。其中，代码第 3 行以只读方式打开本地磁盘上的文件，第 5 行以写入方式打开本地磁盘上的文件，但是以绝对路径的方式打开文件，代码第 7、9 行分别以 http 和 ftp 的方式打开网络上的文件。

2.　关闭文件

在 PHP 中关闭文件使用的是 fclose()函数，其声明方式如下：

```
bool fclose( resource $handle )
```

上述代码中，fclose()函数只有一个参数，该参数类型为 fopen()函数成功打开文件时返回的文件指针，如果文件关闭成功时返回 true，失败则返回 false。

接下来通过一个简单案例来学习一下文件的打开关闭操作，如例 11-6 所示。

【例 11-6】

```php
1 <?php
2     $file=fopen("C:/lamp/apache2/htdocs/index.html","r");
```

```
3    echo "文件打开成功"."<br/>";
4    fclose($file);
5    echo "文件关闭成功";
6 ?>
```

运行结果如图 11-6 所示。

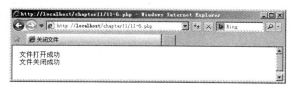

图 11-6　例 11-6 运行结果

从图 11-6 中可以看出，文件打开和关闭操作被成功执行了。首先通过 fopen()函数打开指定文件，并且指定对文件的操作模式，然后对文件进行相关的操作，最后通过 fclose()函数关闭当前文件。

11.2.2　读取文件

在程序开发中，经常需要对文件进行读写操作。为了方便对文件进行读写，PHP 中提供了 fread()、fgetc()、fgets()、file_get_contents()等函数，这些函数可以以不同形式对文件进行读写，接下来将针对这些函数分别进行讲解。

1. fread()函数

fread()函数用于在打开文件时读取指定长度的字符串，其声明方式如下：

```
string fread ( resource $handle , int $length )
```

fread()函数中的 handle 参数表示文件系统指针，length 参数用于指定读取的字节长度。该函数在读取指定 length 个字节数，或读取到文件末尾时就会停止读取文件，返回所读取的字符串，如果出错返回 false。

接下来通过一个案例来演示 fread()函数的用法，如例 11-7 所示。

【例 11-7】

```
1 <?php
2    //从文件中读取指定长度字符串
3    $filename="C:/lamp/apache2/htdocs/itcast.txt";
4    $handle1=fopen($filename, "r"); //以只读的方式打开文件
5    $content1=fread($handle1, 10); //从文件中读取前 10 个字节
6    echo $content1."<br>";
7    fclose($handle1);  //关闭文件资源
8    //一次性读取整个文件
9    $handle2=fopen($filename, "r");
10   $content2=fread($handle2, filesize($filename)); //一次读取整个文件
11   echo $content2."<br>";
```

```
12    fclose($handle2);
13?>
```

运行结果如图 11-7 所示。

图 11-7　例 11-7 运行结果

在例 11-7 中，第 4 行代码以只读方式打开文件，第 5 行代码通过 fread()函数读取文件中的前 10 个字节，第 10 行代码通过 fread()函数一次性读取整个文件，在读取整个文件时使用了 filesize()函数，该函数用于获取文件的大小。从运行结果可以看出，文件中的内容被成功读取出来了，并且第一次只读取 10 个字节，第 2 次读取了整个文件的内容。

2. fgetc()函数和 fgets()函数

fgetc()函数用于在打开的文件中读取一个字符，其声明方式如下：

```
string fgetc( resource $handle )
```

上述声明中，$handle 参数表示一个文件指针。该函数每次只能读取一个字节。返回一个包含一个字符的字符串，如果遇到文件结束标志 EOF 时，则返回 false。

和 fgetc()函数相对应，fgets()函数用于在打开的文件中读取一行，其声明方式如下：

```
string fgets( int $handle [, int $length ] )
```

上述声明中，$length 是可选参数，指定了读取的字节数。该函数一次至多从打开的文件中读取一行内容，碰到换行符、EOF 或者已经读取了 length – 1 字节后停止（看先碰到那一种情况）。如果没有指定$length，则默认为 1 024 字节。

下面给出一个简单的示例，如例 11-8 所示。

【例 11-8】

```
1  <?php
2    $filename="C:/lamp/apache2/htdocs/hello.txt";
3    $handle1=fopen($filename,'r');
4    $content1=fgetc($handle1);
5    echo $content1."<br>";
6    fclose($handle);
7    $handle2=fopen($filename,'r');
8    $content2=fgets($handle2);
9    echo $content2."<br>";
10   fclose($handle);
11?>
```

运行结果如图 11-8 所示。

从图 11-8 可以看出，使用 fgetc()函数只读取一个字符，fgets()函数读取一行的内容。

图 11-8　例 11-8 运行结果

3. file_get_contents()函数

file_get_contents()函数用于将文件的内容全部读取到一个字符串中，其声明方式如下：

```
string file_get_contents( string $filename [, bool $use_include_path [,
resource $context [, int $offset [, int $maxlen ]]]] )
```

　　file_get_contents()函数中，$filename 指定要读取的文件名，$use_include_path 为可选参数，如果想在 include_path 中搜寻文件的话，可以将该参数设为 1。$context 为可选参数，它指定文件指针的上下文，可以用于修改流的行为，若使用 null，则忽略。$offset 为可选参数，指定在文件中开始读取的位置，默认从文件头开始。$maxlen 为可选参数，指定读取的最大字节数，默认为整个文件的大小。

　　接下来通过一个具体的案例来学习 file_get_contents()函数的用法，如例 11-9 所示。

【例 11-9】

```
1 <?php
2     $filename="C:/lamp/apache2/htdocs/itcast.txt";
3     $content1=file_get_contents($filename);
4     echo $content1."<br>";
5 ?>
```

运行结果如图 11-9 所示。

图 11-9　例 11-9 运行结果

　　在例 11-9 中，使用 file_get_contents()函数实现了将文件全部内容读取到字符串的功能，并将读取的字符串在浏览器中输出。file_get_contents()函数是用来将文件的内容读入到一个字符串中的首选方法，如果操作系统支持还会使用内存映射技术来增强性能。

4. file()函数

　　file()函数的作用是将整个文件读入到数组中，如果该函数执行成功，则返回一个数组，数组中的每个元素都是文件中的一行，包括换行符在内。如果执行失败，则返回 false。其声明方式如下：

```
array file ( string $filename [, int $use_include_path [, resource
$context ]] )
```

　　$filename 参数指定了要读取的文件名，也就是说该函数不需要使用 fopen()函数打开文件。可选参数$use_include_path 表示是否需要在 include_path 中搜索文件，$context 表示句柄的环境，若使用 null，则忽略。

接下来通过一个简单的案例来演示 file()函数的用法，如例 11-10 所示。

【例 11-10】

```php
1 <?php
2    // 将一个文件读入数组，本例中通过 HTTP 从 URL 中取得 HTML 源文件
3    $lines=file('http://www.itcast.cn/');
4    // 在数组中循环，显示 HTML 的源文件并加上行号
5    foreach ($lines as $line_num => $line) {
6        echo "Line #<b>{$line_num}</b> : " . htmlspecialchars($line) . "<br
/>\n";
7    }
8 ?>
```

运行结果如图 11-10 所示。

图 11-10　例 11-10 运行结果

在例 11-10 中，使用 file()函数读取 "http://www.itcast.cn" 中的首页文件，将读取到的结果逐行存入到数组中，然后通过循环输出每一行的内容。从运行结果可以看出，成功获取到了传智播客官网的内容。由于页面内容较多，这里只截取了一部分效果图。

11.2.3　写入文件

当对读取出来的文件进行处理后，通常都会将处理后的结果写入到文件中，在 PHP 中提供了 fwrite()和 file_put_contents()等函数用于将数据写入到文件的操作，下面将针对这两个函数进行详细讲解。

1.　fwrite()函数

fwrite()函数用于写入文件，其声明方式如下：

```php
int fwrite( resource $handle , string $string [, int $length ] )
```

上述声明中，参数$handle 表示 fopen()函数返回的文件指针，参数$string 表示要写入的字符串。参数$length 为可选参数，指定写入的字节数，如果指定了$length，则写入指定$length 长度的字节，如果省略，则写入整个字符串。

为了让读者更好地掌握 fwrite()函数的用法，接下来通过一个简单案例进行详细讲解，如例 11-11 所示。

【例 11-11】

```
1 <?php
2     $filename="write.txt";
3     $content="传智播客欢迎你! \n";
4     $handle=fopen($filename,'w');  //打开文件
5     fwrite($handle, $content);          //向文件写入数据
6     fclose($handle);                    //关闭文件
7     echo "文件写入成功";
8 ?>
```

运行结果如图 11-11 所示。

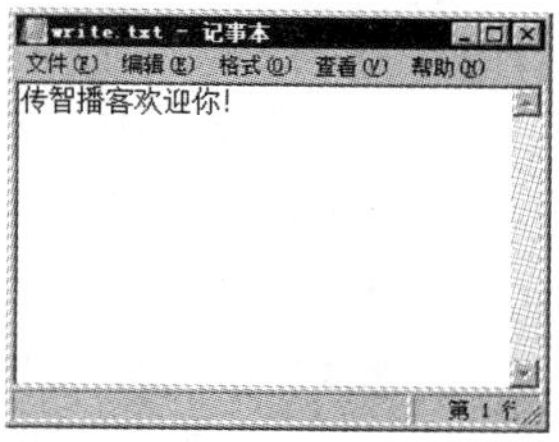

从图 11-11 中可以看出，字符串已经成功写入到文件。其中，程序第 4 行以只写模式打开文件 write.txt，如果文件不存在，则在根目录下创建该文件，程序第 5 行使用 fwrite()函数将字符串中的内容写入到 write.txt 文件中，程序第 6 行关闭文件。

2. file_put_contents()函数

在 PHP 中，file_put_contents()函数也可以用来对文件进行写入操作，而且不需要使用 fopen()函数打开文件，其声明方式如下：

图 11-11　例 11-1 运行结果

```
int file_put_contents( string $filename , mixed $data [, int $flags [,
resource    $context ]] )
```

上述声明中，参数 $filename 表示指定要写入的文件，参数$data 表示指定要写入的内容。可选参数$flags 表示指定写入的特征，例如 FILE_USE_INCLUDE_PATH 表示在 include 目录里搜索 file name，FILE_APPEND 表示追加写入，参数$context 表示一个资源，该函数执行成功时返回写入到文件内数据的字节数，失败则返回 false。

为了让读者更好地掌握 file_put_contents()函数的使用，接下来通过一个简单的案例来演示如何使用该函数，如例 11-12 所示。

【例 11-12】

```
1 <?php
2     $filename="write.txt";
3     $content="传智播客欢迎你! \n";
4     file_put_contents($filename,$content,FILE_APPEND); //以追加方式写入
5     echo '写入成功';
6 ?>
```

运行结果如图 11-12 所示。

从图 11-12 中可以看出，数据被成功写入到文件中了。其中，程序第 4 行通过 file_put_contents()函数以追加的模式将字符串中的数据写入到 write.txt 文件中。需要注意的是 file_put_contents()函数和依次调用 fopen()、fwrite()和 fclose()三个函数的功能是一致的。

图 11-12　例 11-12 运行结果

第 11 章　文件操作

多学一招：文件加锁机制

　　Web 应用程序上线之后面临的一个普遍的问题就是并发访问，这对于文件操作尤为明显。如果有多个浏览器在同一时刻访问服务器上的某一个文件，这意味着不同的访问进程会在同一时刻读写同一个文件，很有可能造成数据的紊乱或者文件的损坏。为了避免这个问题，PHP 中提供了文件加锁机制，这种机制是通过 flock()函数来实现的，flock()函数的声明方式如下：

```
bool flock( resource $handle , int $operation [, int &$wouldblock ] )
```

　　flock()函数中的$handle 参数表示文件系统指针，$operation 指定了使用哪种锁类型，$wouldblock 为可选参数，若设置为 1 或 true，则当进行锁定时阻挡其他进程。

　　需要注意的是，flock()函数的$operation 参数有多个取值，具体如下：

- LOCK_SH：取得共享锁定（读文件时使用）。
- LOCK_EX：取得独占锁定（写文件时使用）。
- LOCK_UN：释放锁定（无论共享或独占，都用它释放）。
- LOCK_NB：如果不希望 flock() 在锁定时堵塞，则给 operation 加上 LOCK_NB。

　　当一个用户进程在访问文件时加上锁，其他用户进程想要对该文件进行访问，就必须等到锁定被释放，这样就可以避免在并发访问同一个文件时破坏数据。接下来通过一个案例来演示这种情况，如例 11-13 所示。

　　【例 11-13】

```php
1  <?php
2      $fp=fopen("lock.txt", "w+");
3      if (flock($fp, LOCK_EX)) { // 取得独占锁定
4          fwrite($fp, "Write something here\n");
5          flock($fp, LOCK_UN); // 释放锁定
6      } else {
7          echo "文件不能被锁定";
8      }
9      fclose($fp);   //关闭文件资源
10 ?>
```

　　运行上述程序，此时会在 lock.txt 文件中输入一些信息，如图 11-13 所示。

图 11-13　例 11-13 运行结果

　　在例 11-13 中，为确保数据的安全，在写数据之前，取得独占锁，其他进程在访问该文件时，就必须处于等待状态。当数据写入完成之后，释放锁定，这时就可

以让其他进程来访问并操作该文件。

　　需要注意的是，由于 flock()需要一个文件指针，所以不得不用一个特殊的锁定文件来保护打算通过写模式打开的文件的访问（在 fopen()函数中加入"w"或"w+"）。

11.2.4　其他操作

在前面小节中学习了对文件内容的读写操作，除此之外还可以对文件本身进行操作，比如删除、复制及重命名等，为此 PHP 提供了 copy()、rename()和 unlink()等函数，接下来将对这三个函数进行详细讲解。

1. 复制文件

copy()函数用于实现拷贝文件的功能，其声明方式如下：

```
bool copy( string $source , string $dest )
```

上述声明中，参数$source 表示指定源文件，参数$dest 表示指定目标文件，当文件复制成功时其返回值为 true，失败时返回值为 false。为了让读者更好地掌握 copy()函数的使用，接下来通过一个简单的案例来学习，如例 11-14 所示。

【例 11-14】

```php
1 <?php
2     $file="D:/itcast/source/hello.txt";
3     $newfile="D:/itcast/target/hello.txt.bak";
4     if (!copy($file, $newfile)) {
5         echo '文件拷贝失败';
6     } else {
7         echo '拷贝成功';
8     }
9 ?>
```

程序运行结束后，打开 target 文件夹，发现 source 文件夹中的"hello.txt"文件被成功复制到了 target 文件夹中，如图 11-14 所示。

图 11-14　例 11-14 运行结果

例 11-14 中，实现了 itcast.txt 文件复制的过程。需要注意的是，在使用 copy()函数进行复制时，如果目标文件已经存在，则被覆盖。

2. 重命名文件

rename()函数用于实现文件或目录的重命名功能，其声明方式如下：

```
bool rename( string $oldname , string $newname [, resource $context ] )
```

上述声明中，变量$oldname 表示指定源文件的名称，变量$newname 表示指定新的文件名称，如果该函数执行成功返回 true，失败则返回 false。下面通过一个简单示例来学习一下 rename()函数的使用，如例 11-15 所示。

【例 11-15】

```
1 <?php
2    rename("itcast.txt", "itcast.bak"); //重命名操作
3    echo '文件重命名成功'."<br/>";
4    rename("write.txt","D:/write.bak"); //移动操作
5    echo '文件重命名并指定新位置';
6 ?>
```

程序运行结束后，打开脚本文件的根目录以及 D 盘根目录，如图 11-15 所示。

图 11-15　例 11-15 运行结果

从图 11-15 中可以看出，文件重命名操作被成功执行了。其中，程序第 2 行使用 rename() 函数将 itcast.txt 文件重命名为 itcast.bak 文件，程序第 4 行又将 write.txt 文件重命名为 write.bak 文件并移动到 D 盘中。需要注意的是，在使用 rename()函数时，如果两个文件在同一个目录下，则是重命名操作，如果两个文件在不同的目录下，则为移动操作。

3. 删除文件

unlink()函数的作用是删除文件，其声明方式如下：

```
bool unlink( string $filename )
```

上述声明中，参数$filename 表示文件名或文件路径，如果删除成功返回值为 true，失败则返回 false。为了让读者熟练掌握 unlink()函数的用法，接下来通过一个简单的案例来学习，如例 11-16 所示。

【例 11-16】

```
1 <?php
2    $fp = fopen("D:/test.html", "a");
3    fwrite($fp, "Write something here\n");
4    fclose($fp);
5    unlink('D:/test.html');
6    echo "删除成功";
7 ?>
```

程序运行结束后，打开 D 盘根目录，如图 11-16 所示。

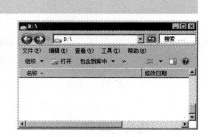

图 11-16　例 11-16 运行结果

从图 11-16 中可以看出，文件删除成功。其中，程序第 2 行通过函数 fopen() 以追加或者创建的方式打开文件，第 3 行通过 fwrite() 函数向文件中写入数据，第 4 行通过 fclose() 函数关闭文件，第 5 行通过 unlink() 函数删掉 test.html 文件。

11.3 目 录 操 作

在程序开发中，不仅需要对文件进行操作，而且还需要对文件目录进行操作，例如解析目录、遍历目录、创建和删除目录等，在 PHP 中提供了相应的函数来操作文件的目录，接下来进行详细地讲解。

11.3.1 解析目录

在程序中经常会对文件的目录进行操作，如获取目录名、文件的扩展名等，在 PHP 中提供了 basename()、dirname() 和 pathinfo() 三个函数来完成对文件目录的解析操作，接下来分别进行讲解。

1. basename() 函数

basename() 函数用于返回路径中的文件名，其声明方式如下：

```
string basename( string $path [, string $suffix ] )
```

在上述声明中，$path 用于指定路径名，$suffix 是可选参数，如果指定了该参数，且文件名是以 $suffix 结尾的，则返回的结果中会被去掉这一部分字符。接下来通过一个案例来学习 basename() 函数的使用，如例 11-17 所示。

【例 11-17】

```
1 <?php
2     $path="C:/lamp/apache2/htdocs/index.html";
3     $file1=basename($path);
4     echo $file1 , "<br />";
5     $file2=basename($path,".html");
6     echo $file2;
7 ?>
```

运行结果如图 11-17 所示。

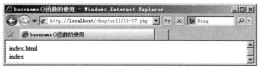

图 11-17 例 11-17 运行结果

在例 11-17 中，通过 basename() 函数实现了返回指定路径文件名的功能。在代码的第 3 行和第 5 行都使用了 basename() 函数来获取 $path 路径下文件名，程序的输出结果却不同，这是因为在代码第 5 行的 basename() 函数中获取的文件名 "index.html" 的扩展名和第二参数相同，所以去掉扩展名部分，输出为 "index"。

2. dirname() 函数

dirname() 函数用于返回路径中的目录部分，其声明方式如下：

```
string dirname( string $path )
```

在上述声明中，该函数只有一个参数 path，即路径名，该函数的返回值为文件的目录。接下来通过一个具体的案例来演示，如例 11-18 所示。

【例 11-18】

```
1 <?php
2     $path="C:/lamp/apache2/htdocs/index.html";
3     echo dirname($path);
4 ?>
```

运行结果如图 11-18 所示。

图 11-18　例 11-18 运行结果

从图 11-18 可以看出，index.html 文件的路径名为 "C:/lamp/apache2/htdocs"，这说明程序第 3 行代码使用的 dirname()函数成功获取了$path 文件路径中文件的目录部分。

3．pathinfo()函数

pathinfo()函数用于以数组的形式返回路径的信息，包括目录名、文件名、文件基本名和扩展名。其声明方式如下：

```
mixed pathinfo( string $path [, int $options ] )
```

在上述声明中，参数$path 表示指定的路径名，可选参数$options 指定要返回哪些项，默认返回全部。该函数的返回值是一个关联数组。接下来通过一个具体的案例来演示，如例 11-19 所示。

【例 11-19】

```
1 <?php
2     $path ="C:/lamp/apache2/htdocs/index.html";
3     echo "<pre>";
4     print_r(pathinfo($path));
5     echo "</pre>";
6 ?>
```

运行结果如图 11-19 所示。

图 11-19　例 11-19 运行结果

在例 11-19 中，通过使用 pathinfo() 函数实现了获取文件路径的信息的功能。在第 4 行代码中，通过 pathinfo() 函数来获取路径 $path 的相关信息，并使用 print_r() 函数输出。

11.3.2 遍历目录

在程序中有时需要对某个目录下的所有的子目录或文件进行遍历，在 PHP 中提供了 opendir()、readdir()、closedir() 和 rewinddir() 等函数用于实现目录的遍历。接下来针对这四个函数进行详细的讲解。

1. opendir() 函数

opendir() 函数用于打开一个目录句柄，其声明方式如下：

```
resource opendir( string $path [, resource $context ] )
```

在上述声明中，$path 指定要打开的目录路径，$context 是可选参数，表示上下文，通常省略。函数如果执行成功，则返回目录句柄的 $resource，否则返回 flase。

2. readdir() 函数

readdir() 函数用于从目录句柄中读取条目，其声明方式如下：

```
string readdir( resource $dir_handle )
```

在上述声明中，函数只有一个参数 $dir_handle，它用于接收一个目录句柄的 $resource，函数执行成功返回目录中下一个文件的文件名，否则返回 false。

3. closedir() 函数

closedir() 函数用于关闭目录句柄，其声明方式如下：

```
void closedir( resource $dir_handle )
```

在上述声明中，函数只有一个参数 $dir_handle，它用于接收一个目录句柄的 $resource。没有返回值。

4. rewinddir() 函数

rewinddir() 函数用于倒回目录句柄，其声明方式如下：

```
void rewinddir( resource $dir_handle )
```

在上述代码中，函数只有一个参数 $dir_handle，它指定由 opendir() 函数打开的目录句柄的 $resource。执行该函数将 $dir_handle 指定的目录流重置到目录的开头，没有返回值。

为了读者更好地理解上述 4 个方法是如何实现对目录进行遍历，接下来通过具体的案例来演示，如例 11-20 所示。

【例 11-20】

```
1  <?php
2      $path="D:/itcast";
3      $handle=opendir($path);
4      while (false!==($file=readdir($handle))){
5          echo "$file <br />";
6      }
7      closedir($handle);
8  ?>
```

运行结果如图 11-20 所示。

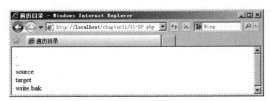

图 11-20   例 11-20 运行结果

在例 11-20 中，实现了遍历目录的功能。在第 3 行代码使用 opendir() 函数来打开目录句柄，在第 4 行代码中，通过 while 循环使用 readdir() 函数来获取目录句柄中的条目，在第 7 行代码中使用 closedir() 函数关闭目录句柄。

需要注意的是，在遍历任何一个目录的时候，都会包括 "."和".."两个特殊的目录，前者表示当前目录，后者则表示上一级目录。

11.3.3 创建和删除目录

在 PHP 中进行文件管理时，经常需要对文件目录进行创建和删除，为此 PHP 提供了 mkdir() 和 rmdir() 函数来实现文件目录的创建和删除，接下来将对这两个函数进行详细讲解。

1. mkdir()函数

在 PHP 中，mkdir() 函数用于新建目录，其声明方法如下：

```
bool mkdir( string $pathname [, int $mode [, bool $recursive [, resource
$context ]]] )
```

在上述声明中，$pathname 指定要创建的目录，$mode 为可选参数，指定目录的访问权限，默认值为 0777。$recursive 为可选参数，指定是否递归创建目录，默认值为 false。$context 为可选参数，指定上下文，通常可以忽略。该函数执行成功返回 true，失败则返回 false。为了让读者更好地掌握 mkdir() 函数的用法，接下来通过一个具体的案例来演示，如例 11-21 所示。

【例 11-21】

```
1 <?php
2    mkdir("path");  //创建目录 path
3    mkdir("path1/path2",0777,true); //递归创建目录
4 ?>
```

运行结果如图 11-21 所示。

图 11-21   例 11-21 运行结果

在例 11-21 中,实现了通过 mkdir()函数来新建目录的功能。第 2 行代码创建一个名为 path 的目录, 第 3 行代码则将$recursive 参数设置为 true, 可以实现递归创建目录的功能。

2. rmdir()函数

与 mkdir()函数相对应, rmdir()函数用于删除目录, 其声明方式如下:

```
bool rmdir( string $dirname )
```

在上述声明中, 函数只有一个参数$dirname, 即指定要删除的目录名。函数执行成功时返回 true, 否则返回 false。接下来通过一个具体的案例来演示, 如例 11-22 所示。

【例 11-22】

```
1 <?php
2    if (rmdir("path")){
3        echo "删除目录成功";
4    } else {
5        echo "删除目录失败";
6    }
7    if (rmdir("path1/path2")){
8        echo "删除目录成功";
9    } else {
10        echo "删除目录失败";
11    }
12?>
```

运行结果如图 11-22 所示。

图 11-22　例 11-22 运行结果

在例 11-22 中, 实现了删除目录的功能。在程序的第 2 行代码试图删除 path 目录, 如果该目录存在且为空, 则可以删除, 否则删除失败。第 7 行试图递归删除 path1/path2 目录, 但在目录都为空的情况下, 只能删除二级目录 path2, 也就说 rmdir()只能删除空的单层目录。

需要注意的是, 在删除文件时必须保证该目录是空的, 且具备相应的权限。

11.3.4　统计目录中所有文件的大小

在实际生活中, 经常会向计算机中复制一些文件, 在复制文件的过程中, 通过需要看下该目录有多少文件以及文件的总大小, 这个文件总大小是通过计算机统计的。在程序中如果要想实现统计目录中所有文件的总大小, 则需要使用递归思想, 首先读取一个目录, 然后遍历该目录，对该目录下的每一个文件进行判断，如果是普通文件，则计算其大小并纳入统计结果，如果是目录，则进入该目录重复上述操作，直至遍历完所有的文件夹和文件。接下来通过一个案例来演示这个过程，如例 11-23 所示。

【例 11-23】

```php
1  <?php
2     //定义一个函数统计某个目录下所有文件的大小
3     function getDirSize($dirname) {
4         $dirsize=0;//初始化一个大小为 0
5         $handle=opendir($dirname);
6         //从目录句柄中循环读取条目，并按照系统中的顺序返回目录中下一个文件的文件名
7         while($filename=readdir($handle)){
8             if($filename!="." && $filename!=".."){
9                 $file = $dirname . '/' . $filename;
10                //判断给定文件名是否是一个目录
11                if(is_dir($file)){
12                    //如果是一个目录，则调用函数 getDirSize()
13                    $dirsize+=getDirSize($file);
14                }else{
15                    //如果不是目录是一个文件，则取得其大小并且累加到变量$dirsize
16                    $dirsize+=filesize($file);
17                }
18            }
19        }
20        closedir($handle);//关闭目录句柄
21        return $dirsize;//返回累加的大小
22    }
23    $dirname="D:/itcast";//指定要遍历的目录
24    echo $dirname."目录中文件的总大小为：".getDirSize($dirname)."B";
25 ?>
```

运行结果如图 11-23 所示。

图 11-23   例 11-23 运行结果

在例 11-23 中，第 3 ~ 22 行代码定义了一个 getDirSize()函数，用于统计某个目录中所有文件的大小。第 7 ~ 19 行代码定义了一个 while 循环，从目录句柄中循环读取条目，并按照顺序返回读取到的文件名，然后对其进行判断。如果是目录，则继续调用 getDirSize()函数进行递归操作，如果是文件，则将其大小进行累加，最后将其累计的结果返回。第 23 行代码用

于指定要遍历的目录，第 24 行代码调用 getDirSize()函数进行遍历统计操作。从运行结果可以看出，D:/itcast 目录下文件的总大小为 153 字节，说明文件统计成功了。

> **多学一招：查看磁盘大小或可用空间**
>
> 　　上面递归的方式不仅可以统计一个目录中所有文件的大小，还可以统计某个磁盘中所有文件的大小。但是如果使用这种方式来统计某个盘符中的文件时就会很慢。为此，PHP 专门提供了两个函数：disk_total_space()和 disk_free_space()，其中 disk_total_space()函数用于统计磁盘总大小，disk_free_space()函数用于统计磁盘的可用空间，使用这两个函数的示例代码如下：
>
> ```php
> <?php
>     echo disk_total_space("d:"); //统计 d 盘总大小
>     echo disk_free_space("d:");  //统计 d 盘可用空间大小
> ?>
> ```
>
> 　　注意：这两个函数只对磁盘根目录起作用，如果给出的是一个文件夹目录，则会忽略后面的文件夹。

11.4　文件上传与下载

　　文件的上传与下载是 Web 中最常见的应用之一。在 PHP 中可以接收任意来自标准浏览器的上传文件，使用这种特性可以上传文本文件、图片或二进制文件。本节将针对文件上传与文件下载进行详细地讲解。

11.4.1　文件上传

　　文件上传的过程实质上就是文件复制的过程。首先需要在浏览器端通过 HTTP 协议将文件上传到服务器端的文件夹，然后再将其移动到指定的目录，从而完成文件的上传。在文件上传的过程中，会涉及客户端表单设置和服务器端文件操作，接下来针对这两部分的操作分别进行讲解。

1. 文件上传表单

　　在实现文件上传时，首先需要设置文件上传表单，这个表单的提交方式必须为 POST。另外，还需要添加上传的属性 enctype="multipart/form-data"，该属性说明浏览器可以提供文件上传功能，服务器端提交的数据中包含文件的数据。文件上传表单的代码如例 11-24 所示。

【例 11-24】form.html

```html
<form enctype="multipart/form-data" action="upload.php" method="POST">
    <input type="hidden" name="max_file_size" value="30000" />
    选择文件: <input type="file" name="userfile" />
    <input type="submit" value="上传文件" />
</form>
```

通过上述表单可以完成文件的上传操作，该表单与普通表单有一些不同之处，具体如下：

- 表单的提交方式为 POST，并且有一个 enctype 属性提示表单中有二进制文件数据。
- 第 1 个 input 标签的 type 属性为 hidden，表示隐藏，通过 value 值指定允许上传文件的最大尺寸。
- 第 2 个 input 标签的 type 属性为 file 显示一个文件输入框，并提供"浏览"按钮用于选择文件。

2. PHP 处理上传文件

当用户通过上传表单选择一个文件并提交后，PHP 会自动生成一个 $_FILES 二维数组，该数组保存了上传文件的信息。

例如上传表单中选择文件的代码如下：

```
<input type = "file" name = "userfile" />
```

关于该文件的所有信息都包含在 $_FILES["userfile"]数组中，并且该数组包含了多个键，具体如下：

- $_FILES['userfile']['name']：上传文件的名称，如 girl.jpg、boy.png 等。
- $_FILES['userfile']['type']：上传文件的 MIME 类型，如 image/png 等。
- $_FILES['userfile']['size']：上传文件的大小，以字节为单位。
- $_FILES['userfile']['tmp_name']：存储在服务器文件的临时名称。
- $_FILES['userfile']['error']：由文件上传导致的错误代码。

上传文件出现错误时，$_FILES['userfile']['error']会返回不同的常量值表示不同的错误，具体如表 11-5 所示。

表 11-5　文件上传错误代码

代码	常 量 值	说 明
0	UPLOAD_ERR_OK	没有错误发生，文件上传成功
1	UPLOAD_ERR_INI_SIZE	文件大小超过了 php.ini 中 upload_max_filesize 选项限制的值
2	UPLOAD_ERR_FORM_SIZE	文件大小超过了表单中 max_file_size 选项指定的值
3	UPLOAD_ERR_PARTIAL	文件只有部分被上传
4	UPLOAD_ERR_NO_FILE	没有文件被上传
6	UPLOAD_ERR_NO_TMP_DIR	找不到临时文件夹
7	UPLOAD_ERR_CANT_WRITE	文件写入失败

文件上传成功后会暂时存储在服务器端的临时文件夹中（C:\Windows\Temp），为了让文件存储在指定目录中，需要使用 is_uploaded_file()函数和 move_uploaded_file()函数进行设置。is_uploaded_file()函数用于判断文件是否是通过 HTTP POST 上传的，move_uploaded_file()函数用于将上传的文件从临时文件夹移动到新的位置。

接下来在当前脚本文件所在的目录中创建一个 uploads 文件夹，用于存储上传的文件，下面通过一个案例来演示如何实现文件的上传功能，如例 11-25 所示。

【例 11-25】upload.php

```
1 <?php
```

```php
2    //判断文件上传到临时目录是否会出错，如果出错则输出错误信息并退出
3    if ($_FILES['userfile']['error'] > 0){
4        $error_msg='上传错误:';
5        switch ($_FILES['userfile']['error']) {
6            case 1:
7                $error_msg.="文件大小超出了php.ini中upload_max_filesize的值";
8                break;
9            case 2:
10               $error_msg.="文件的大小超出了表单中max_file_size选项指定的值";
11               break;
12           case 3:
13               $error_msg.="文件只有部分被上传";
14               break;
15           case 4:
16               $error_msg.="没有文件被上传";
17               break;
18           case 6:
19               $error_msg.="找不到临时文件夹";
20               break;
21           case 7:
22               $error_msg.="文件写入失败";
23               break;
24           default:
25               $error_msg.="未知错误";
26               break;
27       }
28       echo $error_msg;
29       exit;
30   }
31   //上传到临时目录成功,将其复制到脚本文件所在的uploads文件夹中
32   $destination='uploads/'. $_FILES['userfile']['name']; //目标文件
33   if (is_uploaded_file($_FILES['userfile']['tmp_name'])){
34       if (move_uploaded_file($_FILES['userfile']['tmp_name'], $destination)){
35           echo "上传成功";
36       }
37   }
38 ?>
```

运行结果如图11-24所示。

图 11-24　例 11-25 运行结果（一）

在图 11-24 中，选择好要上传的文件后单击"上传文件"按钮，此时如果文件上传成功会出现图 11-25 所示的页面。

为了验证 itcast.txt 文件已经上传到 uploads 文件夹，下面打开 uploads 文件夹，如图 11-26所示。

图 11-25　例 11-25 运行结果（二）

图 11-26　打开 uploads 文件夹

从图 12-6 可以看出，uploads 文件夹中存在一个 hello.txt 文件，因此说明文件已经上传成功了。

脚下留心

在现实生活中，我们喜欢用中文作为文件名，但是在 PHP 程序中这些中文的文件名很可能出现乱码。其原因是由于 PHP 中的文件处理函数相对其他函数而言要古老一些，它只支持 gb2312 编码，不支持 utf-8 编码。为了解决这个问题，PHP 中提供了一个 iconv()函数，该函数可以进行编码转换，其示例代码如下：

```
iconv('utf-8','gb2312',$filename);
```

上面的代码是将$filename 从 utf-8 编码转换为 gb2312 编码。这样在使用中文文件名时，就不会出现乱码问题了。

11.4.2　文件下载

与文件上传相比，文件下载要简单得多。在实现文件下载时，需要在 HTTP 消息中设置两个响应消息头，这两个响应消息头用于告诉浏览器不要直接在浏览器中解析该文件，而是将文件以下载的方式打开。下面给出一个简单的示例，以下载图片 girl.jpg 为例，示例代码如下：

```
header("Content-type: image/jpeg"); //指定文件 MIME 类型
header("Content-Disposition: attachment;filename=girl.jpg");//指定文件描述
```

在上面的代码中，"Content-type"用于指定文件 MIME 类型，常见的有 image/gif、image/jpeg、text/html、text/css 等。"Content-Disposition"用于文件描述，其中 attachment 表明这是一个附件，"filename=girl.jpg"则指定了下载后的文件名。

接下来通过一个案例来演示如何下载 uploads 文件夹中的 hello.txt 文件，如例 11-26 所示。

【例 11-26】download.php

```php
1 <?php
2     header('Content-Type:text/html;charset=utf-8');
3     define('ROOT_PATH',dirname(__FILE__));
4     //定义一个函数用于下载
5     function downfile($file_path){
6         //判断文件是否存在
7         $file_path=iconv('utf-8','gb2312',$file_path);
         //对可能出现的中文名称进行转码
8         if (!file_exists($file_path)){
9             exit('文件不存在!');
10        }
11        $file_name=basename($file_path); //获取文件名称
12        $file_size=filesize($file_path); //获取文件大小
13        $fp = fopen($file_path,'r');         //以只读的方式打开文件
14        header("Content-type: application/octet-stream");
15        header("Content-Disposition: attachment;filename={$file_name}");
16        $buffer=1024;
17        $file_count=0;
18        //判断文件是否结束
19        while (!feof($fp) && ($file_size - $file_count > 0)){
20            $file_data=fread($fp,$buffer);
21            $file_count+=$buffer;
22            echo $file_data;
23        }
24        fclose($fp); //关闭文件
25    }
26    //调用实例
27    downfile(ROOT_PATH . "./uploads/hello.txt");
28 ?>
```

运行结果如图 11-27 所示。

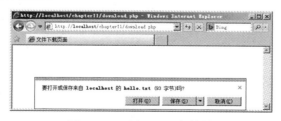

图 11-27　例 11-26 行结果

在图 11-27 中，单击"保存"按钮即可完成文件的下载。需要注意的是，如果浏览器中安装了某些特殊插件，可能不会弹出文件下载的对话框，而是直接开始下载文件。

本 章 小 结

本章首先简单介绍了文件的基本概念，然后重点讲解了文件操作和目录操作，最后讲解了开发过程中常用的案例——文件上传与文件下载。通过本章的学习，读者应该熟练掌握文件的常见操作，包括打开、关闭、读写等操作。并熟练掌握目录的常见操作、包括创建、删除、递归处理等。重点掌握文件上传和文件下载的原理及具体应用。

动 手 实 践

学习完前面的内容，下面来动手实践一下吧：

问题：制作一个简单的文件存储系统，实现上传与下载文件功能。

描述：

（1）将上传的文件保存到 uploads 目录中。

（2）在页面上列出 uploads 目录中所有的文件。

（3）限制允许上传的文件扩展名为 doc、zip、txt、jpg、png、gif。

（4）限制允许上传的文件的大小为 100KB-4096kb。

（5）每个文件名是一个链接，点击即可下载文件。

说明：动手实践参考答案可从中国铁道出版社教育资源数字化平台网址（http://www.tdpress.com/51eds/）下载。

第12章

➡ PHP 图像技术

学习目标

- 掌握 PHP 图像的相关知识。
- 掌握常见图像的处理方式。
- 学会使用 GD 函数生成验证码、添加水印等操作。
- 掌握 JpGraph 图表库的安装与使用。

在 Web 网页中，基本上是离不开图片的，这些图片有的是通过 PhotoShop 处理的，有的是使用 PHP 技术处理的。PHP 拥有强大的图像处理功能，因为它提供了对 GD 库的支持，GD 库是一个与图像处理相关的函数库。本章将针对 PHP 图像技术进行详细地讲解。

12.1 PHP 图像基础

12.1.1 GD 库简介

在 PHP 中，有些处理图像的函数是可以直接使用的，但是绝大多数图像处理相关的函数还是需要在安装 GD 库后才能使用。简单来说，GD 库是 PHP 处理图像的扩展库，它提供了一系列用来处理图像的 API，使用 GD 库可以生成缩略图、对图片加水印或者对网站数据生成报表等。

不同的 GD 库版本支持的图像格式不完全一样，最新的 GD2 版本支持 GIF、JPEG、PNG、WBMP、XBM 等格式的图像文件，此外还支持一些如 FreeType、Type1 等字体库。从 PHP 的 4.3 版本开始，PHP 捆绑了自己版本的 GD2 库，这是由 PHP 开发团队实现的。

在 Windows 操作系统下，GD 库默认已经安装好了，但没有开启。要想开启 GD 库，需要打开 php.ini 文件，将文件中 ";extension=php_gd2.dll" 选项中的分号 ";" 删除，保存修改后的文件，并重新启动 Apache 服务器即可启动 GD 函数库。

在成功启动 GD 函数库后，可以通过 phpinfo()函数获取 GD 函数库的安装信息，验证 GD 函数库是否安装成功。在 Apache 服务器的目录 chapter12 中创建 test.php 文件，并在文件中编写下列代码：

```php
<?php
    phpinfo();// 输出 PHP 配置信息
?>
```

使用 IE 浏览器访问地址 "http://localhost/chapter12/test.php"，浏览器会输出 PHP 相关信息，其中包含一些详细的 GD 库信息，具体如图 12-1 所示。

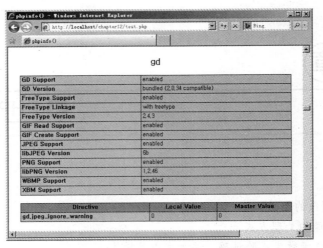

图 12-1　使用 phpinfo()查看 GD 库信息

从图 12-1 中可以看出，使用 phpinfo()函数可以输出 GD 库信息，说明 GD 函数库安装成功了。

12.1.2　常见图片格式

在学习图像处理之前，先来了解一下常见的图像格式。图像格式是计算机存储图片的格式，下面简要介绍一下在 PHP 中可以处理的常见图像格式。

1．GIF

GIF 是图形文件交换格式（Graphics Interchange Format）的缩写，它是无损压缩格式，广泛用于网络，用来存储包含文本、直线和单块颜色的图像。

GIF 格式使用了 24 位 RGB 颜色空间的 256 种不同颜色的调色板。它还支持动画，允许每一帧使用不同的 256 色调色板。颜色的限制使得 GIF 格式不适用于产生高画质以及需要扩展颜色的图像，但是它适合非常简单的图像，例如具有特定颜色区域的图像或徽标。

GIF 使用 LZW 无损数据压缩技术进行压缩，这样减少了文件大小，而又不会降低可视质量。

2．JPEG

JPEG 是联合图像专家组（Joint Photographic Experts Group）的缩写，它是目前网络上最流行的图像格式，文件扩展名为 jpg 或 jpeg。

简单地说，JPEG 格式通常是用来存储照片或者存储具有丰富色彩和色彩层次的图像。这种格式使用了有损压缩，也就是说，为了将图形压缩成更小的文件，图像质量有所破坏。JPEG 压缩后可以保留基本的图像和颜色的层次，所以人眼可以忍受这些图像质量的损失。正是这个原因，JPEG 格式不适合绘制线条、文本或颜色块等较为简单的图片。

3．PNG

PNG 是可移植的网络图像（Portable Network Graphics）的缩写，它可以看作是 GIF 格式的替代品。PNG 网站将其描述为"一种强壮的图像格式"，并且是无损压缩。由于它是无损压缩，所以该图像格式适合包含文本、直线和单块颜色的图像，如网站 logo 和各种按钮。通常，一个相同图像的 PNG 压缩大小与 GIF 压缩版本的大小相当。PNG 还提供了可变的透明度、微细修正和二维空间交错，但不支持动画。但是，PNG 格式通常不适合保存大图像，因为它们通常很大。

4. WBMP

WBMP 是无线位图（Wireless Bitmap）的缩写，它是专门为无线通信设备设计的文件格式，但是并没有得到广泛应用。

多学一招：获取当前 PHP 版本支持的图像类型

在 PHP 中，可以使用 imagetypes()函数来获取当前 PHP 版本所支持的图像类型，其函数声明如下：

```
int imagetypes()
```

在上述声明中，int 表示函数返回值类型为整型，它可返回与当前 PHP 版本关联的 GD 库所支持的图像格式，如 IMG_GIF | IMG_JPG | IMG_PNG | IMG_WBMP | IMG_XPM。为了让读者更好地掌握该函数的用法，接下来，通过一个案例来检验当前 PHP 版本是否支持 PNG 格式图片，具体如例 12-1 所示。

【例 12-1】

```
1  <?php
2      if (imagetypes() & IMG_PNG) {
3          echo "支持 PNG 格式图片";
4      }
5  ?>
```

运行结果如图 12-2 所示。

图 12-2　例 12-1 运行结果

在例 12-1 中，第 2~4 行代码是一个 if 条件判断语句，在其判断条件中使用 imagetypes()函数返回值与 IMG_PNG 进行位运算，得到的结果如果是非 0 数字，说明当前 PHP 版本支持这种图像类型。

需要注意的是，PHP 预定义了 IMG_GIF、IMG_JPG、IMG_PNG、IMG_WBMP、IMG_XPM 常量，分别用十进制整型数 1、2、4、8、16 来表示，这些数字是一个很特殊的数字序列，在二进制下，它们完全没有重叠，可以有多种组合。

12.1.3　指定正确的 MIME 类型

在 PHP 中，众多图片格式类型的指定是通过 MIME 来实现的，MIME 是多用途 Internet 邮件扩展（Multipurpose Internet Mail Extensions）的缩写，它原来是一种用于帮助识别不同电子邮件内容类型的标准，后来 MIME 成了 Internet 内容类型描述的事实标准。

一般来说，Web 服务器在发送请求内容到用户浏览器之前必须以一种特殊的

Content-Type 头告知内容的类型，这样浏览器才能知道该如何处理这些内容。默认情况下，PHP 脚本发送的 MIME 类型是 text/html，它表示一个 HTML 文档。因此，当脚本发送的是图像而不是 HTML 时，指定正确的 MIME 类型就显得十分重要了。在 PHP 中，图片格式的类型是通过 header()函数来指定的，例如，向浏览器发送 PNG 格式图片的示例代码如下所示：

```php
<?php
    header('Content-Type:image/png');
?>
```

12.2　图像的常见操作

12.2.1　创建画布

GD 函数在图形图像绘制方面非常强大，开发人员既可以在已有的图片上绘制，也可以在没有任何素材的基础上绘制。正如绘画需要画纸一样，在没有任何素材基础上绘画时，首先要创建画布，所有的绘画都需要在画布上进行。在 PHP 的 GD 函数库中提供了专门创建画布的函数，具体如表 12-1 所示。

表 12-1　创建画布的相关函数

函数声明	功能说明
resource imagecreate(int $x_size, int $y_size)	创建一副空白图形，其中参数$x\_size、$y_size 为图像的尺寸，单位为像素
resource imagecreatetruecolor(int $x_size, int $y_size)	创建一副空白图形，其中参数$x\_size、$y_size 为图像的尺寸，单位为像素

表 12-1 列举了两个函数都用来创建一幅大小为$x\_size 、$y_size 的空白图形（通常背景是黑色的）。不同的是，imagecreate()函数用于创建基于普通调色板的图像，它只能支持 256 色，而 imagecreatetruecolor()函数可以创建一个真彩色，它支持的色彩比较丰富，但不支持 GIF 格式。

为了帮助大家更好地掌握画布的创建方式，接下来，以 imagecreate()函数为例，通过一个具体的案例来演示如何创建画布，具体如例 12-2 所示。

【例 12-2】

```php
1 <?php
2     //创建一个 300× 200 的基于 256 色的图形
3     $img=imagecreate(300,200);
4     imagegif($img);
5 ?>
```

运行结果如图 12-3 所示。

在例 12-3 中，使用 imagecreate()函数创建了一个大小为 300 × 200 像素的空白图形，并返回一个图像标识符$img，然后使用 imagegif()函数输出画布，从图 12-3 中可以看出，画布被创建成功了，并且默认的颜色是黑色。

图 12-3　例 12-2 运行结果

12.2.2 颜色处理

正是因为有了颜色，这个世界才变得缤纷多彩，在绘制图形的时候，同样也离不开颜色的设置。PHP 提供了 imagecolorallocate()函数设置颜色，该函数的声明方式如下所示：

```
int imagecolorallocate( resource $image, int $red, int $green, int $blue )
```

在上述声明中，$image 是由图像创建函数返回的图像标识符，$red，$green 和$blue 分别是所需要的颜色的红、绿、蓝成分，这些参数是 0 到 255 的整数或者十六进制的 0x00 到 0xFF。接下来，通过一个案例来演示如何使用 imagecolorallocate()函数给画布填充颜色，如例 12-3 所示。

【例 12-3】

```
1 <?php
2     //创建画布
3     $img=imagecreate(300,200);
4     // 背景设为红色
5     imagecolorallocate($img, 255, 0, 0);
6     imagegif($img);
7 ?>
```

运行结果如图 12-4 所示。

在例 12-3 中，首先使用 imagecreate ()函数创建一个大小为 300×200 像素的画布，然后在该画布资源上使用 imagecolorallocate()函数将画布的背景设置为红色，最后使用 imagegif()函数输出画布，从图 12-4 中可以看出，画布的颜色被成功处理成了红色。

注意：在 PHP 中，如果使用 imagecreate()函数创建画布，则第一次对 imagecolorallocate()函数的调用，会给基于调色板的图像填充背景色。

图 12-4　例 12-3 运行结果

12.2.3 输出图像

PHP 作为一种 Web 语言，无论是解析出的 HTML 代码还是二进制的图片，最终都要通过浏览器显示。GD 库提供了一系列用于输出 gif、jpg、png 和 bmp 格式图片的函数，具体如表 12-2 所示。

表 12-2　输出图形的函数

函数声明	功能描述
imagegif(resource $image [,string $filename])	从$image 图像以$filename 为文件名创建一个 gif 图像
imagejpeg(resource $image [,string $filename [,int $quality]])	从$image 图像以$filename 为文件名创建一个 jpeg 图像
imagepng(resource $image [,string $filename])	从$image 图像以$filename 为文件名创建一个 png 图像
imagewbmp(resource $image [,string $filename [,int $foreground]])	从$image 图像以$filename 为文件名创建一个 bmp 图像

表 12-2 列举了输出不同格式图片的相关函数，这些函数都包含$image 和$filename 两个

参数，其中$image 为图像标识符，通常是调用 imagecreate()或 imagecreatetruecolor()函数后的
返回值。而$filename 是可选参数，如果省略，则直接输出到浏览器，否则就创建一个名为
$filename 的图片。需要注意的是，当使用这些函数输出图形前，需要使用 header()函数发送
HTTP 头消息给浏览器，告知所要输出图形的类型。

为了帮助大家更好地掌握图形的输出，接下来，以 imagegif()函数为例，通过一个具体的
案例来演示如何输出 gif 格式的图片，如例 12-4 所示。

【例 12-4】

```php
1 <?php
2     //创建一个 400x300 的基于 256 色的图形
3     $img = imagecreate(400,300);
4     //指定输出为 gif 图片
5     header("Content-Type:image/gif");
6     //直接输出到浏览器
7     imagegif($img);
8 ?>
```

运行结果如图 12-5 所示。

在例 12-4 中，首先创建了一个画布$img，然后使用 header()函数指定图片类型为 gif 格式，
最后使用 imagegif()函数将图片输出。为了验证图片输出的格式是否为 gif，右击图 12-5 所示
的图像，查看图像的属性，结果如图 12-6 所示。

图 12-5　例 12-4 运行结果

图 12-6　图片的属性

从图 12-6 可以看出，图片为 gif 格式，由此可见，imagegif()函数可以输出 gif 格式的图
片。由于其他输出图像的函数与 imagegif()类似，因此，这里不再赘述，有兴趣的同学可以自
己尝试。

12.2.4　绘制基本形状的图像

在绘制图像时，无论多么复杂的图形都离不开一些基本图形，比如，点、直线、矩形、
圆等。只有掌握了这些最基本图形的绘制方式，才能绘制出各种独特风格的图形。在 GD 函
数库中，提供了许多绘制基本图形的函数，具体如表 12-3 所示。

表 12-3　绘制基本图形的函数

函数声明	功能描述
imagesetpixel(resource $image, int $x, int $y, int $color)	绘制一个点，其中参数$x 和$y 用于指定该点的坐标，$color 用于指定颜色
imageline(resource $image, int $x1, int $y1, int $x2, int $y2, int $color)	用$color 颜色在图像$image 中从坐标（x1,y1）到（x2,y2）绘制一条线条
imagerectangle(resource $image, int $x1, int $y1, int $x2, int $y2, int $color)	用$color 颜色在 image 图像中绘制一个矩形，其左上角坐标为（x1，y1），右下角坐标为（x2，y2）
imageellipse(resource $image, int $cx, int $cy, int $w, int $h, int $color)	在$image 图像中绘制一个以坐标（cx，cy）为中心的椭圆。其中，$w 和$h 分别指定了椭圆的宽度和高度，如果$w 和$h 相等，则为正圆。成功时返回 true，失败则返回 false

表 12-3 列举了一些绘制基本图形的函数，这些函数的用法都比较简单，接下来，通过一个绘制椭圆的案例来演示这些函数的使用，具体如例 12-5 所示。

【例 12-5】

```php
1 <?php
2     // 新建一个 400×300 像素的空白图像
3     $img=imagecreatetruecolor(400, 300);
4     // 设置椭圆的颜色
5     $col_ellipse=imagecolorallocate($img, 255, 255, 255);
6     // 画一个椭圆
7     imageellipse($img, 200, 150, 300, 200, $col_ellipse);
8     // 输出图像
9     header("Content-type: image/png");
10    imagegif ($img);
11    imagedestroy($img);
12?>
```

运行结果如图 12-7 所示。

在例 12-5 中，首先创建了一个 400×300 像素大小的画布，然后在该画布上以坐标（200，150）为圆心，绘制一个长为 300 像素，高为 200 像素的椭圆。从图 12-7 中可以看出，椭圆绘制成功了。需要注意的是，为了释放与$image 关联的内存，需要使用 imagedestroy()函数销毁图形。

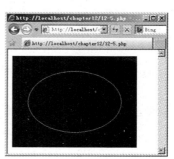

图 12-7　例 12-5 运行结果

12.2.5　绘制文本

在 GD 函数库中，不仅提供了绘制基本图形的函数，还提供了绘制文本的函数，接下来，通过一张表来列举 GD 函数库中绘制文本的相关函数，如表 12-4 所示。

表 12-4　绘制文本的相关函数

函数声明	功能描述
imagechar(resource $image, int $font, int $x, int $y, string $c, int $color)	将字符串$c 的第一个字符绘制在$image 指定的图像中，其坐标为 ($x, $y)，颜色为$color，字体为$font，$font 值越大，字体越大
imagecharup(resource $image, int $font, int $x, int $y, string $c, int $color)	将字符串$c 的第一个字符垂直绘制在$image 指定的图像中，其坐标为 ($x, $y)，颜色为$color，字体为$font，$font 值越大，字体越大
imagestring(resource $image, int $font, int $x, int $y, string $s, int $color)	将字符串$s 画到 $image 图像中，其坐标为 ($x, $y)，颜色为$color，字体为$font，$font 值越大，字体越大
imagestringup(resource $image, int $font, int $x, int $y, string $s, int $col)	将字符串$s 垂直水平画到 $image 图像中，其坐标为 ($x, $y)，颜色为$color，字体为$font，$font 值越大，字体越大

表 12-4 列举了绘制文本的相关函数，这些函数的用法比较简单，接下来，通过一个案例来演示这些函数的用法，如例 12-6 所示。

【例 12-6】

```php
1 <?php
2     //创建一个200 × 200 像素的空白图形
3     $img=imagecreate(200,200);
4     //设置字符串
5     $string='http://php.itcast.cn';
6     //设置背景颜色为白色
7     $bg=imagecolorallocate($img, 255, 255, 255);
8     $black=imagecolorallocate($img, 0, 0, 0);
9     $red=imagecolorallocate($img, 255, 0, 0);
10    $blue=imagecolorallocate($img, 0, 0, 255);
11    //将字符h输出到画布中的(20,20)处
12    imagechar($img, 5, 20, 20, $string, $black);
13    //将字符h垂直输出到画布中的(20,180)处
14    imagecharup($img, 5, 20, 180, $string, $black);
15    header('Content-type: image/png');
16    //将整个字符串输出到画布中的(10,100)处
17    imagestring($img, 5, 10, 100, $string, $red);
18    //将整个字符串垂直输出到画布中的(90,190)处
19    imagestringup($img, 5, 90, 190, $string, $blue);
20    imagepng($img);
21    imagedestroy($img);
22?>
```

运行结果如图 12-8 所示。

图 12-8　例 12-6 运行结果

在例 12-6 中，首先使用 imagecreate() 函数创建了一个画布，并使用 imagecolorallocate() 函数设置了四种颜色，然后在画布上绘制了两个字符和字符串，从图 12-8 可以看出，使用不同函数绘制出来的文本样式是不一样的。

12.3　图像处理的经典案例

12.3.1　验证码

在登录网站时，为了提高网站的安全性，避免用户灌水等行为，经常需要输入各种各样的验证码。通常情况下，验证码是图片中的一个字符串（数字或英文字母），用户需要识别其中的信息，才能正常登录。PHP 中的验证码是通过绘制图片实现的，为了帮助大家熟练掌握图形绘制的相关知识，接下来，通过一个具体的案例来实现验证码，具体步骤如下：

（1）编写用户登录的表单 index.html，用于输入用户登录的信息，具体如例 12-7 所示。

【例 12-7】

```
1  <!DOCTYPE html PUBLIC "-//W3C//DTD XHTML 1.0 Transitional//EN"
2    "http://www.w3.org/TR/xhtml1/DTD/xhtml1-transitional.dtd">
3  <html xmlns="http://www.w3.org/1999/xhtml" xml:lang="en">
4    <head>
5      <meta http-equiv="Content-Type" content="text/html;charset=UTF-8" />
6      <title>验证码使用示例</title>
7      <style type="text/css">
8        ul,li{margin:0; padding:0;}
9        form{margin:40px 30px 0;}
10       form li{list-style:none; padding:5px 0;}
11       form li label{float:left; width:70px; text-align:right;}
12       form li a{font-size:12px; color:#999; text-decoration:none;}
13       .login_btn{border:none; background:#01A4F1; color:#fff;
14       font-size:14px;font-weight:bold; height:28px; line-height:28px;
15       padding:0 10px; cursor:pointer;}
```

```
16          form li img{vertical-align:top;}
17      </style>
18  </head>
19  <body>
20      <form action="login.php" method="POST">
21          <fieldset>
22              <legend>用户登录</legend>
23              <ul>
24                  <li>
25                      <label for="">用户名：</label>
26                      <input type="text" name="username" />
27                  </li>
28                  <li>
29                      <label for="">密　码：</label>
30                      <input type="password" name="password" />
31                  </li>
32                  <li>
33                      <label for="">验证码：</label>
34                      <input type="text" name="captcha" />
35                      <img src="code.php" alt="" id="code_img"/>
36                      <a href="" id="change">看不清，换一张</a>
37                  </li>
38                  <li>
39                      <label for=""> </label>
40                      <input type="submit" value="登 录" class="login_btn" />
41                  </li>
42              </ul>
43          </fieldset>
44      </form>
45      <script type="text/javascript">
46          var change = document.getElementById("change");
47          var img = document.getElementById("code_img");
48          change.onclick = function(){
49           img.src="code.php?t="+new Date(); //增加一个随机参数，防止图片缓存
50              return false; //阻止超链接的跳转动作
51          }
52      </script>
53  </body>
54</html>
```

在例 12-7 中，第 1~44 行代码创建了一个用户登录的表单，该表单中包括用户名、密码和验证码，当单击"看不清，换一张"时，会自动调用第 45~52 行定义的 JavaScript 代码，重新输出一个验证码，并显示在表单中。

（2）创建一个用于输出验证码的文件 code.php，具体如例 12-8 所示。

【例 12-8】

```php
1  <?php
2      //载入验证码类
3      require "Captcha.class.php";
4      //实例化对象
5      $captcha = new Captcha();
6      //生成验证码图片
7      $captcha->generate(70,22,5);
8  ?>
```

（3）编写一个绘制验证码的类 Captcha.class.php，具体如例 12-9 所示。

【例 12-9】

```php
1  <?php
2    class Captcha {
3      /**
4       * 生成验证码
5       * @param $img_w int 验证码图片的宽
6       * @param $img_h int 验证码图片的高
7       * @param $char_len 码值长度
8       * @param $font 验证码字体大小
9       */
10     public function generate($img_w=100, $img_h=25, $char_len = 4, $font=5) {
11       //生成码值,不需要 0，避免与字母 o 冲突
12       $char=array_merge(range('A','Z'), range('a','z'),range(1, 9));
13       $rand_keys=array_rand($char, $char_len);
14       if ($char_len==1) {
15         $rand_keys=array($rand_keys);
16       }
17       shuffle($rand_keys); // 将保存随机数的数组打乱
18       $code='';
19       foreach($rand_keys as $key) {
20         $code.= $char[$key];
21       }
22       //保存 session 中
23       @session_start();
```

```
24    $_SESSION['captcha_code']=$code;
25    //写入到图片中并展示
26    //1 生成画布
27    $img=imageCreateTrueColor($img_w, $img_h);
28    //设置背景
29    $bg_color=imageColorAllocate($img, 0xc0, 0xc0, 0xc0);
30    imageFill($img, 0, 0, $bg_color);
31    //干扰像素
32    for($i=0; $i<=300; ++$i) {
33        $color=imageColorAllocate($img, mt_rand(0, 255), mt_rand(0, 255),
34        mt_rand(0, 255));
35        imageSetPixel($img, mt_rand(0, $img_w), mt_rand(0, $img_h), $color);
36    }
37    //矩形边框
38    $rect_color=imageColorAllocate($img, 0xff, 0xff, 0xff);//白
39    imageRectangle($img, 0, 0, $img_w-1, $img_h-1, $rect_color);
40    //2 操作画布
41    //设定字符串颜色
42    if (mt_rand(1, 2)==1) {
43        $str_color=imageColorAllocate($img, 0, 0, 0);//分配颜色,黑
44    } else {
45        $str_color=imageColorAllocate($img, 0xff, 0xff, 0xff);//白
46    }
47    //设定字符串位置
48    $font_w=imageFontWidth($font);//字体宽
49    $font_h=imageFontHeight($font);//字体高
50    $str_w=$font_w * $char_len;//字符串宽
51    imageString($img, $font, ($img_w-$str_w)/2, ($img_h-$font_h)/2, $code,
52    $str_color);
53    //3 输出图片内容
54    header('Content-Type: image/png');
55    imagepng($img);
56    //4 销毁画布
57    imagedestroy($img);
58    }
59 }
```

　　在例 12-9 中定义了一个 generate() 函数,该函数用于完成验证码图片的生成,其中第 12~21
用于生产验证码图片中的随机数,第 23~24 行代码用于将产生的随机数保存到 Session 中,第

27~57 行代码用于绘制验证码图片。

（4）对用户输入的信息进行验证，这里只对输入的验证码进行判断。编写 login.php，具体如例 12-10 所示。

【例 12-10 】

```php
1  <?php
2    header("Content-Type:text/html;charset=utf-8");
3    //开启 session
4    session_start();
5    //获取用户输入的验证码字符串
6    $code=trim($_POST["captcha"]);
7    //将字符串都转成小写然后再进行比较
8    if (strtolower($code)==strtolower($_SESSION['captcha_code'])){
9       echo "验证码正确";
10      //获取到用户名和密码
11      $username=$_POST["username"];
12      $password=$_POST["password"];
13      if( ($username=='itcast') && ($password =='123456') ){
14         echo '你好'.$username.',登录成功';
15      }else{
16         echo '用户名或者密码错误!';
17      }
18   } else{
19      echo "验证码输入错误";
20   }
?>
```

在例 12-10 中，首先获取用户提交的验证码，然后通过与 Session 中保存的随机数进行判断，如果不相同，则提示 "验证码输入错误"。

（5）运行程序，结果如图 12-9 所示。

图 12-9　运行结果

从图 12-9 中可以看出，验证码绘制成功了。这时，如果单击 "看不清，换一张" 会重新绘制一幅验证码图片，并且验证码图片中显示的字符会在用户单击"登录"按钮时校验。

12.3.2　添加水印

在实际网站中，为了保证网站中所上传的图片不被他人盗用，经常需要在所上传的图片中添加水印。接下来，通过一个具体的案例来演示如何在一张图片上添加水印，具体步骤如下：

（1）载入图片

根据不同的图片格式，需要使用相应的函数来载入，例如，载入 gif 格式图片的函数声明如下所示：

```
resource imagecreatefromgif( string $filename )
```

（2）获取图片信息

载入图片后，就可以获取图片的信息，在 PHP 中，经常需要使用 getimagesize() 函数获取图片的大小，其声明方式如下所示：

```
array getimagesize( string $filename [, array &$imageinfo ] )
```

在上述声明中，参数 $filename 用于指定图片名称，参数 $imageinfo 是可选的，它允许从图像文件中提取一些扩展信息，例如，mime、channels 和 bits 等，默认情况下，参数 $imageinfo 是省略的。

（3）添加水印图片

由于添加水印的本质是图像的复制，因此，需要借助复制图像的函数 imagecopy() 来完成，其声明方式如下所示：

```
bool imagecopy( resource $dst_im, resource $src_im, int $dst_x, int $dst_y,
int $src_x,int $src_y, int $src_w, int $src_h )
```

上述函数的作用是将 $src_im 图像中坐标从（$src_x, $src_y）开始，宽度为 $src_w，高度为 $src_h 的一部分复制到 $dst_im 图像中坐标为（$dst_x 和 $dst_y）的位置上。

（4）将上述功能定义在 Image 类中，具体代码如例 12-11 所示。

【例 12-11】

```php
1 <?php
2    // 图像处理类,命名为 Image.class.php
3    class Image{
4        private $thumbPrefix='thumb_'; //缩略图前缀
5        private $waterPrefix='water_'; //水印图片前缀
6        //图片类型和对应创建画布资源的函数名
7        private $from=array(
8            'image/gif'=>'imagecreatefromgif',
9            'image/png'=>'imagecreatefrompng',
10           'image/jpeg'=>'imagecreatefromjpeg'
11       );
12       //图片类型和对应生成图片的函数名
13       private $to=array(
14           'image/gif'=>'imagegif',
```

```
15        'image/png'=>'imagepng',
16        'image/jpeg'=>'imagejpeg'
17    );
18    /**
19    * 添加水印功能
20    * @access public
21    * @param $image string 源图片
22    * @param $water string 水印图片
23    * @param $postion number 添加水印位置，默认 9，右下角
24    * @param $path string 水印图片存放路径,默认为空，表示在当前目录
25    * @return
26    */
27    public function watermark($image,$water,$postion=1,$path= ''){
28        //获取源图和水印图片信息
29        $dst_info=getimagesize($image);
30        $water_info=getimagesize($water);
31        $dst_w=$dst_info[0];
32        $dst_h=$dst_info[1];
33        $src_w=$water_info[0];
34        $src_h=$water_info[1];
35        //获取各图片对应的创建函数名
36        $dst_create_fname=$this->from[$dst_info['mime']];
37        $src_create_fname=$this->from[$water_info['mime']];
38        //使用可变函数来创建画布资源
39        $dst_img=$dst_create_fname($image);
40        $src_img=$src_create_fname($water);
41        //水印位置
42        switch ($postion) {
43            case 1: //左上
44                $dst_x=0;
45                $dst_y=0;
46                break;
47            case 2: //右上
48                $dst_x=$dst_w - $src_w;
49                $dst_y=0;
50                break;
51            case 3: //中中
52                $dst_x=($dst_w-$src_w)/2;
53                $dst_y=($dst_h-$src_h)/2;
```

```
54            break;
55         case 4: //下左
56             $dst_x=0;
57             $dst_y=$dst_h-$src_h;
58             break;
59         default: //下右
60             $dst_x=$dst_w-$src_w;
61             $dst_y=$dst_h-$src_h;
62             break;
63     }
64     //将水印图片添加到目标图标上
65     imagecopy($dst_img, $src_img, $dst_x, $dst_y, 0, 0, $src_w, $src_h);
66     //生成带水印的图片
67     $waterfile=$path.$this->waterPrefix.$image;
68     $generate_fname=$this->to[$dst_info['mime']];
69     if ($generate_fname($dst_img,$waterfile)){
70         return $waterfile;
71     } else {
72         return false;
73     }
74     }
75 }
76?>
```

在例 12-11 中定义的 Image 类中，定义了一个添加水印图片的方法 watermark()，该方法中的形参 image 用于指定源图片，water 用于指定水印图片，position 用于指定水印位置，默认位于右下角，path 用于指定目标图片的保存路径，默认情况下，path 代表的是当前路径。

（5）创建一个 Image 对象，调用 watermark()方法在一张图片上添加水印，具体代码如例 12-12 所示。

【例 12-12】

```
1 <?php
2     include 'test.php';
3     $img = new Image();
4     $img->watermark('classroom.jpg','logo. gif');
5 ?>
```

在例 12-12 中，第 2 行代码用于引入 test.php 中创建的 Image 类，第 4 行代码用于调用 Image 类中的 watermark()方法将图片 "logo.gif" 作为水印添加到图片 classroom.jpg 上。

（6）程序运行前后的图片效果如图 12-10 所示。

图 12-10　程序运行前后的效果对比

12.4　JpGraph 图表库

在 Web 开发中，经常需要以图表的形式来展示数据的统计结果，就像 Excel 中常见的线状、网状、饼状和柱状图等。PHP 中不仅提供了丰富的图像函数，而且还有很多开源的图表库。JpGraph 就是其中的佼佼者，本节将针对 JpGraph 图标库进行详细的介绍。

12.4.1　JpGraph 简介

JpGraph 是一个完全使用 PHP 语言编写的类库，它能够很容易地集成到 PHP 应用程序中。当使用 JpGraph 库开发图表时，开发者只需掌握为数不多的内置函数，然后从数据库中获取相关数据，定义标题和图表类型，就可以画出非常炫目的图表。下列是一些使用 JpGraph 绘制的图表，如图 12-11 所示。

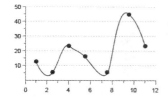

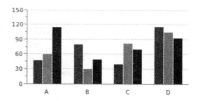

图 12-11　使用 JpGraph 绘制的图表

从图 12-11 中可以看出，使用 JpGraph 库可以绘制出各种各样的图表，可以很清晰、明了地显示数据。

12.4.2　安装 JpGraph

JpGraph 目前最新版本是 3.5.0，它是基于 PHP5 的，我们可以在 JpGraph 官网上进行下载，下载页面如图 12-12 所示。

单击图 12-12 中的"jpgraph-3.5.0b1.tar.gz"进行下载。下载成功后，解压文件可以看到 JpGraph 文件的目录结构，具体如图 12-13 所示。

从图 12-13 中可以看出，JpGraph 由 2 个文件夹和 2 个文件组成，其中 docs 文件夹是使用文档，src 文件夹是源文件，VERSION 是版权声明，README 是类库文件的相关说明。在使用 JpGraph 之前，可以根据实际需求对 JpGraph 文件进行配置，具体如下：

1.　JpGraph 图表库对服务器中的所有项目都有效

将 src 文件夹保存到默认站点目录下，并重命名为 jpgraph，编辑 php.ini 文件，修改 include_path 配置项，在该项后增加 Jpgraph 库的保存目录，如 include_path= ".;默认站点目

第 12 章　PHP 图像技术

261

录\jpgaph"，重启服务器，配置生效。

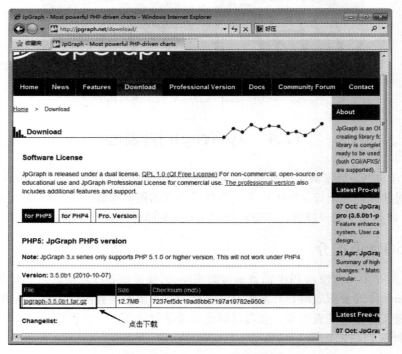

图 12-12　JpGraph 下载页面

图 12-13　JpGraph 的目录结构

（2）JpGraph 图表库只针对单个项目有效

直接将上述 src 文件夹复制到项目目录下，并重命名为 jpgraph 即可。需要注意的是，在使用 JpGraph 图表库开发程序时，必须确保 PHP 配置文件 php.ini 中开启了 GD 库扩展服务。

12.4.3　使用 JpGraph

JpGraph 图表库是使用面向对象的思想来实现的，它使用起来很方便。在程序中，只需要引入类文件（jpgraph.php），然后实例化一个 Graph 对象，最后通过 Graph 对象调用相应的方法来完成各种图表的绘制即可。为了帮助大家更好地理解 JpGraph 图表库的用法，接下来通过一个案例来演示如何使用 JpGraph 图表库绘制浏览器市场份额饼图，具体如例 12-13 所示。

【例 12-13】

```php
1  <?php
2      //载入基本类和饼图类
3      require_once ('jpgraph/jpgraph.php');
4      require_once ('jpgraph/jpgraph_pie.php');
5      require_once ('jpgraph/jpgraph_pie3d.php');
6      //初始数据，$browser 表示浏览器，$percent 则对应各浏览器的百分比
7      $browser=array('IE','Chrome','Firefox','Safari','other');
8      $percent=array(58,18,16,6,2);
9      //实例化 PieGraph 对象
10     $graph=new PieGraph(400,300);
11     //设置标题
12     $graph->title->Set("浏览器市场份额一览图"); //设置标题内容
13     $graph->title->SetFont(FF_SIMSUN,FS_BOLD,18); //设置字体类型为中文黑体
14     $graph->title->SetColor("blue"); //设置字体颜色为蓝色
15     $p1 = new PiePlot3D($percent);//实例化 PiePlot3D 对象
16     $p1->ExplodeSlice(1); //设置第 2 块（即 Chrome）从饼图中分离出来
17     $p1->SetSize(0.4); //设置饼图的大小
18     $p1->SetCenter(0.45,0.42); //设置饼图中心所处位置
19     $p1->SetLegends($browser); //设置说明文字
20     $graph->Add($p1); //将饼图添加到$graph 上
21     $graph->Stroke(); //输出
22?>
```

运行结果如图 12-14 所示。

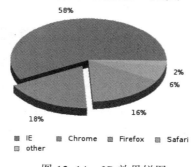

图 12-14　3D 效果饼图

例 12-13 中使用 JpGraph 图表库成功绘制了浏览器市场份额饼图。其中第 3～5 行代码使用 require_once()函数导入了 jpgraph 的基类和饼图类，第 7～8 行代码，手动填写了饼图中显示的名称和数据，第 10～21 行创建了 graph 对象，并通过调用 graph 对象的相关方法设置饼的颜色和显示效果等。

需要注意的是，在 JpGraph 中还有很多图形类，这里就不一一列举了。当需要绘制某种图表效果时，只需要查阅帮助手册中的相关说明，并结合例子来使用即可。

注意： 在使用 JpGraph 图表库时，中文汉字默认为 gb2313 编码格式，程序会将中文汉字按照 gb2313 格式转换成 utf-8 之后再显示。实际开发时，如果文件编码是 gb2312 时，则需要将 SetFont()函数中第一个参数设置为 FF_SIMSUN 即可，如例 12-13 第 13 行代码所示。如果文件编码是 utf-8，则需要在调用 SetFont()函数之前先使用 iconv()函数把中文汉字编码转换为 gb2312。

本 章 小 结

本章主要介绍了 PHP 的图像处理技术，首先介绍了图像处理的一些基础知识，包括 GD 库概念、常见图片类型和指定正确的 MIME 类型，然后介绍了图像的一些常见操作，并通过验证码和添加水印的案例加深 GD 库函数的使用，最后简单介绍了 JpGraph 图表库，通过本章的学习，读者应该熟练掌握 PHP 绘图和处理图像的基本步骤，并能够熟练使用 JpGraph 图表库来实现各种图表效果。

动 手 实 践

学习完前面的内容，下面来动手实践一下吧：

问题： 生成一个按比例缩放的缩略图。

描述： 在网站的实际开发过程中，会经常需要将上传图片制作成固定大小的缩略图，进行统一显示。假设有一个已有的原图路径和缩放比例，请将原图按比例制作成缩略图。

要求： 输出缩略图（100*100 像素），并与原图进行对比。

参考效果图：

图 12-15　原图　　　　　　　　　　图 12-16　生成的缩略图

说明： 动手实践参考答案可从中国铁道出版社教育资源数字化平台网址（http://www.tdpress.com/51eds/）下载。